Uwe Beitz

ZUR ZIERDE DER STADT

Uwe Beitz

Zur Zierde der Stadt

Baugeschichte des Braunschweiger Burgplatzes seit 1750

Friedr. Vieweg & Sohn Braunschweig / Wiesbaden

Mein Dank für das Entstehen dieser Arbeit gilt meinen Lehrern Professor Heinrich Klotz und Professor Hans-Joachim Kunst, die durch zahlreiche Gespräche mein Vorhaben gefördert haben. Zu besonderem Dank bin ich meinen Freunden Dr. Ingrid Höpel und Dr. Christiane Wiebel verpflichtet, die mich durch viele Anregungen und wichtige Hinweise unterstützt und das Manuskript kritisch durchgesehen haben. Den Archiv- und Bibliotheksmitarbeitern in Braunschweig, Wolfenbüttel und Marburg danke ich für die freundliche und geduldige Hilfe bei der Beschaffung des verstreuten Materials.

Nicht zuletzt gilt mein Dank aber ausdrücklich meinen Eltern Maria Beitz geb. Laffranchini und Reimar Beitz für ihr Vertrauen und ihre vorbehaltlose Unterstützung.

CIP-Titelaufnahme der Deutschen Bibliothek

Beitz, Uwe:
Zur Zierde der Stadt: Baugeschichte d. Braunschweiger Burgplatzes seit 1750/Uwe Beitz.
[Hrsg. in Zusammenarbeit mit d. Dt. Architekturmuseum Frankfurt am Main]. – Braunschweig; Wiesbaden: Vieweg, 1989
ISBN 3-528-08732-3

Der Verlag Vieweg ist ein Unternehmen der Verlagsgruppe Bertelsmann.

Herausgegeben in Zusammenarbeit
mit dem Deutschen Architekturmuseum Frankfurt am Main

Einbandgestaltung: Peter Neitzke
Lithographie: Schütte & Behling, Berlin
Satz: Vieweg, Braunschweig
Druck: Lengericher Handelsdruckerei, Lengerich
Buchbinderische Verarbeitung: Hunke & Schröder, Iserlohn
Printed in Germany

ISBN 3-528-08732-3

Inhalt

Einleitung *7*

TEIL 1
Der Burgplatz zwischen 1745 und 1798.
Bauprojekte zur Optimierung und Aktualisierung
eines feudalen Herrschaftsbereiches

1 Der Burgplatz als feudale ‚Insel'.
Zu den Bauprojekten der von Veltheim zwischen 1746 und 1757 *13*

2 Das Mosthaus in der zweiten Hälfte des 18. Jahrhunderts.
Vom herzoglichen Notquartier zum unvollendeten Prinzenpalais *22*

3 Ein Neubauprojekt für das unbebaute Grundstück
von Veltheim-Destedt 1785 *31*

TEIL 2
Der Burgplatz um 1800.
Zum Wandel der Platzgestalt unter bürgerlichem Einfluß

1 Die Öffnung des Platzes um 1800 *36*

2 Die Bauprojekte am Burgplatz um 1800 *40*

2.1 Voraussetzungen und Anfänge: Von der Zuschüttung des Burggrabens
zum Bau des Dompredigerhauses *40*

2.2 Das Wohn- und Verlagshaus Vieweg *45*

2.3 Das Wohnhaus Vor der Burg 2–4 *57*

2.4 Entwurf für ein Adelspalais um 1805 *62*

TEIL 3
Der Burgplatz im 19. Jahrhundert.
Vom Kasernenvorplatz zum Verkehrsplatz

1 Mosthaus und Ferdinandspalais als Kaserne
und die Umgestaltungspläne von 1830 und 1855 *66*

1.1 Der Burgplatz im Schloßentwurf Peter Joseph Krahes (1830/1831) *66*

1.2 Die Rekonstruktionspläne für die Burgkaserne
von Friedrich Maria Krahe (1855/1860) *72*

2 Die ‚Wiederentdeckung‘ der Burg Dankwarderode *77*

2.1 Der Brand von 1873 und die Folgen *77*

2.2 Die ‚Entdeckung‘ der romanischen Baufragmente im Innern und an der Ostfassade des Mosthauses *82*

2.3 Winters Baubefund auf der Grundlage seiner Untersuchung im Jahre 1880 *94*

2.4 Überlegungen zur Datierung des Palas der Herzogspfalz Dankwarderode *103*

2.5 Die Palasrekonstruktion von Ludwig Winter *111*

3 Nebenbauten am Burgplatz im Rahmen der Restaurierung *122*

4 Das Neue Rathaus. „Brennpunkt aller realen und idealen städtischen Interessen“ *130*

TEIL 4
Der Burgplatz im 20. Jahrhundert.
Vom Verkehrsplatz zum Burghof: Der Platz als Denkmal

1 Die Begrünung des Platzes um 1900 *139*

2 Vom Verkehrs- zum Versammlungsplatz: die Neupflasterung im Jahre 1937 *141*

3 Der Burgplatz als museale ‚Traditionsinsel‘ *149*

Anmerkungen *152*

Anhang

Abkürzungen/Verzeichnis der abgekürzt zitierten Literatur *174*

Auch Pläne sind etwas Wirkliches.
Selbst wenn sie nicht verwirklicht
werden, bleibt etwas davon zurück.
John Steinbeck

Einleitung

Auf den ersten Blick beeindruckt der Braunschweiger Burgplatz den heutigen Besucher durch die Geschlossenheit seiner Platzwände und durch seine proportionale Ausgewogenheit. Bei genauerem Hinsehen wird der Betrachter jedoch feststellen, daß diese Einheitlichkeit nur dem äußeren Schein nach gegeben ist; besonders an den Bauten der West- und Nordseite des Platzes zeigen die unterschiedlichen Baustile an, daß dieses Ensemble erst im Laufe von Jahrhunderten zusammengewachsen ist. Dies wäre nur von geringem Interesse, wenn die Nahtstellen nicht zugleich Ausdruck von aufeinanderfolgenden Bauplanungen wären, deren gemeinsames Ziel die Verschönerung des Platzes im Sinne der jeweils maßgeblichen Architekturtheorien gewesen ist.[1]

Der Burgplatz zeichnet sich unter den zahlreichen Plätzen der Stadt[2] dadurch aus, daß die seit dem Mittelalter feststellbaren Interessenkonflikte zwischen den welfischen Herzögen als Stadtherren und dem nach weitgehender Autonomie strebenden städtischen Bürgertum an seiner Baugeschichte und an den erhaltenen Bauwerken erfahrbar werden. Der zeitliche Rahmen für die Betrachtung der Platzentwicklung ergibt sich aus inhaltlichen Erwägungen. Zum einen schafft die Rückverlegung der herzoglichen Residenz von Wolfenbüttel nach Braunschweig in der Mitte des 18. Jahrhunderts neues Konfliktpotential um die bauliche Gestaltung des einstigen Herrschaftssitzes Heinrichs des Löwen in der Stadt (Burgfreiheit), zum anderen sind zu diesem Zeitpunkt erstmals umfangreiche Bauvorhaben im Burgbereich belegt, die, wenn auch im Interesse und auf Anregung, meist *nicht im Auftrag des Hofes* in Gang gesetzt wurden.[3]

Mit der Darstellung der baulichen Entwicklung des Burgplatzes seit der Mitte des 18. Jahrhunderts läßt sich veranschaulichen, wie zeitlich aufeinanderfolgende Bauprojekte gesellschaftlich konkurrierender Auftraggeber sowohl die Platzgestalt als auch die Platzfunktion determinieren. Es ist also nach den architektonischen Ausdrucksmöglichkeiten zu fragen, die in einer spezifischen historischen Situation dem einzelnen Bauherrn an die Hand gegeben sind, um die von ihm beanspruchte Stellung in der gesellschaftlichen Rangordnung adäquat sichtbar werden zu lassen.[4] An den dokumentierten

Bauprojekten läßt sich nachweisen, daß Anspruch und Fähigkeit einzelner Auftraggeber unvereinbar weit auseinanderfallen können, so daß es nur zu fragmentarischen Lösungen kommt, deren Relikte in dem jeweils folgenden historischen Abschnitt fragwürdig werden.

Ein kurzer Abriß der Vorgeschichte des Platzes mag genügen, um den Leser an den untersuchten Zeitraum heranzuführen.

Das von den Stadtmauern eingeschlossene und selbst noch einmal mit Graben und Mauer[5] befestigte ehemalige Zentrum welfischer Herrschaft, das Kaiser Otto IV. (1198–1218) noch 1209 zu seiner Residenz gewählt hatte[6] – die Burgfreiheit mit dem für Herzog Heinrich den Löwen (1139–1195) in Anlehnung an salische Bauten errichteten Saalbau (Palas)[7], dem zur Grablege bestimmten ‚Dom' St. Blasius[8] und dem auf hohem Sockel 1166 aufgestellten Bronzelöwen[9] –, wurde in den Jahrhunderten nach der Teilung des welfischen Territoriums im Jahre 1267 derart vernachlässigt, daß der Palas der Burg Dankwarderode nach einem Brand in der ersten Hälfte des 16. Jahrhunderts zur Ruine verfiel.[10]

1 Der um 1600 in Braunschweig entstandene Klappriß[11] belegt, daß trotz erheblicher Schäden am aufgehenden Mauerwerk und am inneren Ausbau der mittelalterliche Baubestand im Kern erhalten geblieben war. Die nach 1600 durchgeführten Instandsetzungs- und Modernisierungsarbeiten am alten Saalbau ließen zwar den Grundriß unangetastet[12], sie entstellten aber die dem Platz zugewandte Westfassade so sehr, daß am Ende des 19. Jahrhunderts kein originales Mauerwerk mehr nachweisbar war.

Der Verfall des Gebäudes und der unentschlossene Wiederaufbau sind historisch zu begründen. Von der Teilung des welfischen Herzogtums 1267 an blieb Braunschweig bis zur Unterwerfung im Jahre 1671 Gemeinbesitz des welfischen Gesamthauses.[13] Die Herzöge der Wolfenbütteler Linie betrachteten die Stadt allerdings als ihr Alleineigentum, da Braunschweig, wie Herzog Heinrich Julius (1589–1613) in einem Prozeß vor dem Reichskammergericht[14] zu beweisen versuchte, „vollständig von wolfenbüttelschem Territorium umgeben war"[15]. Dem Burgbezirk galt in diesem Streit die besondere Aufmerksamkeit aller beteiligten Interessengruppen, sowohl der Herzöge der Lüneburger und der Wolfenbütteler Linie als auch der Vertreter der Stadt, da er einen feudalen Immunbereich bildete, auf den die städtische Gerichtsbarkeit keinen Zugriff hatte.

Im Jahre 1561 regelte erstmals ein Vertrag zwischen Herzog Heinrich d. J. (1514–1568) und der Stadt die Rechte an der Burgfreiheit. Unter Anerkennung der herzoglichen Oberhoheit sollte der Stadt die halbe Burgvogtei „in peinlichen Dingen" zugestanden werden, während sich der Herzog darüber hinaus verpflichtete, „das Burggebiet nicht für den freien Verkehr zu sperren"[16].

1 2 Als Herzog Julius (1568–1589) in den Jahren 1584–1586 ein neues Tor am westlichen Burgzugang errichten ließ[17], fühlte sich die dort benachbart ansässige Familie von Bartensleben in ihren Rechten beeinträchtigt.[18] Auch die Stadt widersetzte sich dem herzoglichen Ansinnen, die oberen Räume des Tor-

1 Der Burgplatz um 1600. Ansicht von Osten, Klappriß

gebäudes einem Drucker zu überlassen[19], und verwahrte sich gegen die Absicht, in der Burgimmunität Sitzungen des herzoglichen Hofgerichts abzuhalten.[20]

Sichtbaren Ausdruck dafür, daß der Wolfenbütteler Herzog mehr als nur eine Sicherung des Burgbereichs beabsichtigte, sahen die Lüneburger Herzöge in diesem Bauakt: „Um einer widerrechtlichen Ersitzung des Besitztitels durch die Wolfenbütteler Herzöge entgegenzuwirken, hat man sofort ‚eine Contradiction' angebracht."[21] Auch der vor dem Reichskammergericht verhandelte Prozeß mußte schließlich 1626 ergebnislos eingestellt werden.[22] Erst der Regierungsantritt Herzog Rudolf Augusts (1666–1704) im Jahre 1666 ließ eine Änderung der Politik erwarten, obwohl zunächst „weiter nichts (geschah), als daß der neue Herzog (...) in der Burg seine Wappen anbringen ließ"[23]. Mit diesem Akt meldete er sofort nachdrücklich Anspruch auf die Braunschweiger Alleinherrschaft an, die ihm nach der Unterwerfung der Stadt im Jahre 1671 auch zugestanden wurde.[24]

Sowohl der Wappenstreit als auch die besorgten Reaktionen der Braunschweiger Bürger auf jede dauernde Anwesenheit und (Bau-)Tätigkeit der Herzöge im Burgbereich zeigen, daß alle Beteiligten der herzoglichen Exklave eine außerordentliche historisch-politische Bedeutung zumaßen. Der Burgplatz, in dessen Mitte die Bronzefigur des Löwen als historisches Rechtsmal seit

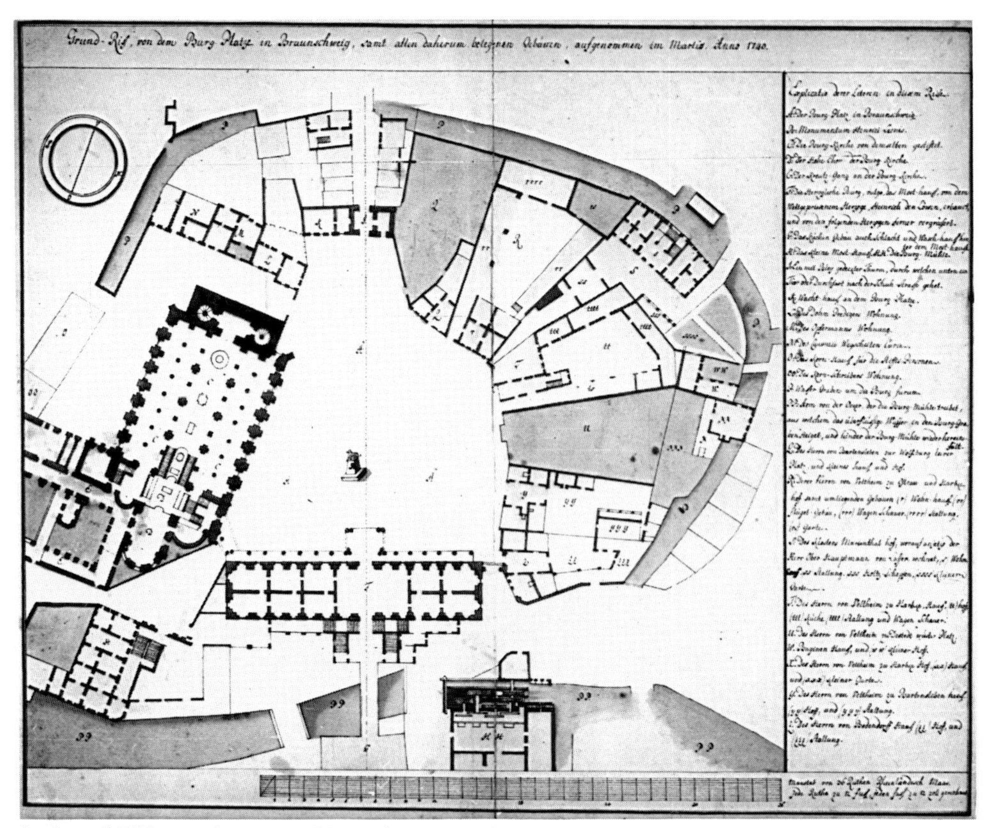

2 Grund-Riß von dem Burg Platze in Braunschweig, samt allen daherum belegenen Gebäuen, aufgenommen im Martio Anno 1740

1166 steht, war deutlich als Symbol für den rechtmäßigen Anspruch der Herzöge auf die Stadt Braunschweig als Teil ihres Herrschaftsbereiches ausgewiesen.

3 Die topographische Situation des Burggebietes war im Hinblick auf die Einrichtung der herzoglichen Hofhaltung gemäß den Vorstellungen eines absolutistischen Fürsten ungeeignet; die notwendige Erweiterung der vorhandenen Gebäude zu einer repräsentativen Schloßanlage schien auf dem von einem Graben umgebenen Gelände nicht durchführbar. So wurde das Mosthaus (ehemals Palas) provisorisch, unter anderem als Zeughaus[25], genutzt, bis Herzog Anton Ulrich (1704–1714) dort nach erneutem Umbau 1685 als Mitregent seines in Wolfenbüttel residierenden Bruders Rudolf August einzog.

Der Mangel an Gebäuden, die für eine zeitgemäße Hofhaltung geeignet waren, dürfte während der Regierungszeit der Herzöge Anton Ulrich und August Wilhelm (1714–1731) für das Festhalten an der Wolfenbütteler Residenz ausschlaggebend gewesen sein. Vermutlich gehen auf Herzog Anton Ulrich Pläne zurück, die außerhalb des Burgbereichs, auf dem Gelände des Stadthofs

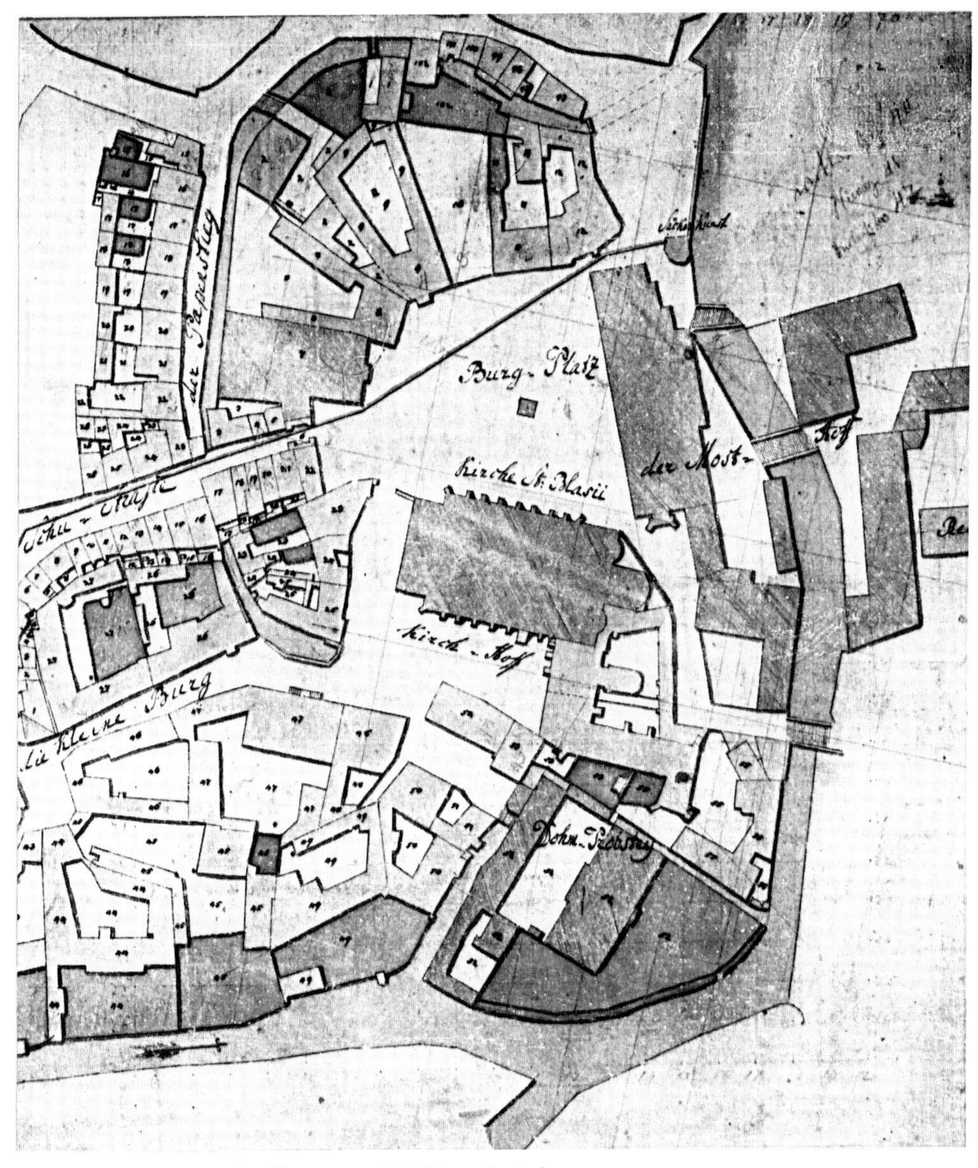

3 Andreas Haacke: Distrikt-Karte „D" (Ausschnitt)

der Riddagshäuser Zisterziensermönche (‚Grauer Hof'), einen Schloßneubau vorsahen, der dann unter August Wilhelm begonnen wurde.[26]

Die Verlegung der Residenz kündigte sich schrittweise an, beginnend mit dem Umzug der Herzoglichen Kammer[27] im Jahre 1731, wobei festzustellen ist, daß sich im Jahrzehnt vor der tatsächlichen Übersiedlung (1753/1754) die Maßnahmen drängten, die der Stadt auch gesellschaftlich den Charakter einer fürstlichen Residenz geben sollten.[28] In diese Phase fällt die Anwerbung eines neuen Landbaumeisters, dem schließlich neben seinen vertraglich festgelegten Aufgaben[29] die architektonische Neugestaltung des Burgplatzes übertragen wurde. Dabei galt das Interesse Herzog Karls I. (1735–1780) nicht nur diesem Platz, sondern der ‚Verschönerung' der ganzen Stadt, „die (...) mit ihren zahlreichen Fachwerkbauten (...) weder in der Führung und Breite ihrer Straßen und Gassen, noch in der Bauweise der Häuser mit ihren weit vorkragenden Obergeschossen oder im Zuschnitt der Grundstücke mit der meist sehr geringen Breite der Straßenfront den gültigen Vorstellungen des 18. Jahrhunderts vom Charakter einer fürstlichen Residenz (entsprach)"[30].

Zu den ersten Aufgaben des ab Ende 1744 bestallten Martin Peltier (de Belford)[31] gehörte die Erweiterung des Schlosses am Bohlweg (‚Grauer Hof'), an dem die Arbeiten seit 1730 ruhten.[32]

Die Berufung eines Franzosen zum ranghöchsten Architekten des Landes, dem die Leitung des um 1682 eingerichteten Fürstlichen Bauamtes[33] oblag, führte von Anfang an zu Spannungen innerhalb der Behörde.[34] Die Folge davon war, daß dieser Posten nach dem Ausscheiden Peltiers (um 1765) nicht wieder besetzt wurde und daß die Herzogliche Kammer, die bis dahin die Finanzierung der öffentlichen Bauten kontrolliert hatte, bereits ab 1762 die Geschäfte des Bauamtes mitübernahm.[35] Zudem wurde um 1750 die Stelle eines Hofbaumeisters eingerichtet, deren erster Inhaber Georg Christoph Sturm war.[36]

Die genannten Maßnahmen zur Optimierung des herzoglichen Bauwesens geben zu erkennen, daß der Landbaumeister Peltier den Anforderungen seines Amtes offensichtlich nicht gewachsen war; von ihm gingen keine bemerkenswerten Impulse zur Planung eines regelmäßigen Stadtbildes aus, wie sie Karl I. im Hinblick auf die angestrebte Verlegung der Residenz erwartet hatte.[37]

In Peltiers Aufgabenbereich fiel auch das von herzoglicher Seite angeregte Projekt, den Burgplatz vollkommen neu zu gestalten, um ihn der fürstlichen Repräsentation nutzbar zu machen. Dabei bedurfte es der Zustimmung und Beteiligung der adligen Familien, die im Besitz der an der west- und nördlichen Platzseite gelegenen Lehnsgrundstücke waren.

TEIL 1
Der Burgplatz zwischen 1745 und 1798. Bauprojekte zur Optimierung und Aktualisierung eines feudalen Herrschaftsbereiches

1 Der Burgplatz als feudale ‚Insel'. Zu den Bauprojekten der von Veltheim zwischen 1746 und 1757

Ein im Auftrag des Josias von Veltheim als Vertreter des Familienverbandes unter dem Titel „Conditiones welche man Ser^{mo} zu proponiren hätte, wen (!) die Gebrüder von Veltheim sich anheissig machen wolten (!), ihre Häuser auf der Burg zu Braunschweig neu zu erbauen"[38] erstelltes Gutachten vom 25. Januar 1746 nimmt „die schlechte Beschaffenheit der beyden Häuser" zum Anlaß, ihren Abbruch und die Neubebauung des Harbkeschen und des Ader-
1 2 stedtschen Grundstücks (R und T) vorzuschlagen; insbesondere deshalb, „weil dieses letztere Hauß sowohl als die dabey befindl. Hinter Gebäude (...) sonst gar bald einfallen dürften"[39].

In einer ersten persönlichen Stellungnahme zu den „Conditiones", die Josias von Veltheim am 1. Februar 1746 seinem Bruder Friedrich August schriftlich übermittelt, weist er auf den „Braunschweiger Hof" als Initiator des Projektes hin.[40] Daher ist wohl der Schluß erlaubt, daß auch der Burgplatz in die Maßnahmen zur städtischen Strukturverbesserung einbezogen werden sollte, die als Voraussetzungen für eine Rückverlegung der Residenz nach Braunschweig in den 1740er Jahren ergriffen wurden, obwohl er durch den Schloß-Neubau am Bohlweg ins zweite Glied des herzoglichen Repräsentationsgefüges gerückt worden war.

2 Der im März 1740 entstandene „Grund-Riß von dem Burg Platze in Braunschweig samt allen daherum belegenen Gebäuen (!)"[41] stellt eine annähernd exakte Wiedergabe der Platzsituation vor den anstehenden Umbauten dar. Aus der gleichen Zeit stammende Fassadenrisse der fraglichen Gebäude (Q, R, T, Y, Z) sind nicht erhalten, so daß der um 1600 zu datierende Klappriß als Hilfsmittel herangezogen werden muß.

Die Besitzverhältnisse an den Lehnsgrundstücken der West- und Nordseite des Platzes sind aus heutiger Sicht nicht mehr lückenlos zu rekonstruieren; den Archivalien, die die frühe Planungsphase des von Veltheimschen Projekts belegen[42], ist zu entnehmen, daß es hinsichtlich der Fragen nach Lehns- und/oder Fideikommißbesitz und den damit verbundenen Rechtsfragen Differenzen zwischen den von Veltheimschen Familienzweigen gab. Die Grundstücke liegen zwischen dem Burgtor im Westen (I) und dem ‚Düsteren Tor‘, auf dem Plan von 1740 unbezeichnet zwischen dem Fürstlichen Mosthaus (F) und dem Grundstück von der Schulenburg (Z).[43]

Die kleinteilige Bebauung dieser Grundstücke steht in ihrer unregelmäßigen Linienführung sowohl im Grund- als auch im Aufriß in scharfem Gegensatz zu den dominierenden Gebäuden, der Stiftskirche St. Blasius (C) und dem Mosthaus (F). Die Vorschläge für Neubauten zielen deshalb auf eine Begradigung der Hausfronten und ihre regelmäßige Ausrichtung auf die herrschaftlichen Gebäude, deren Fluchtlinien als Konstanten der Platzform seit ihrer Errichtung im 12. Jahrhundert – abgesehen von der aus dem 15. Jahrhundert stammenden Umgestaltung des nördlichen Seitenschiffs der Stiftskirche – anzusehen sind. Der an den Herzog einzureichende Grundriß sollte deshalb mit der Forderung verbunden sein, „daß Ser^{mus} genehmichten, die Facade solchergestallt (!) anzulegen, daß sie mit der gegenüberliegenden Burg Kirche und dem Herrschaftl. Moßthoff einen gleichen Winkel machen müßte, wodurch dann ein Stück des Burg Platzes neuerl. zu den Veltheimschen Häusern kom̄en würde.“[44] Mit anderen Worten: Die Platzwände sollen in die Form eines gleichschenkligen Dreiecks gebracht werden, dessen Basis das Mosthaus, dessen Schenkel die Stiftskirche und die neuen adligen Stadtpalais bilden würden.

Trotz der im Gutachten geforderten Beihilfe an Baumaterialien meldet Josias von Veltheim Bedenken gegen eine aufwendige Bebauung in seinem schon erwähnten Schreiben vom 1. Februar 1746 an, indem er auf die zu erwartenden hohen Baukosten hinweist, „zumahlen (!) da das Bauen in Braunschweig überhaupt kostbaar (!) fällt“. Außerdem geht daraus hervor, daß die von Veltheim eine hohe Schuldenlast[45] abzutragen haben, „und die dazu ausgesetzten gemeinschaftlichen Güter in 10 Jahren noch nicht hinreichend seyn werden, solche zu tilgen“, so daß er das der Familie angetragene Unternehmen für undurchführbar hält.

Am 4. Februar erneuert Josias von Veltheim sein Votum vom ersten des Monats und schlägt für den Fall, daß sein Bruder Friedrich August dennoch die Absichten des Herzogs unterstützen möchte, vor, „die Harpckesche und Destedtsche Stelle in einszuziehen (...), worauf ein gantz raisonables Haus gesetzet werden und in der Face 3 Stuben (...) nebst einer Cammer auf der einen Seite angebracht werden könnten“[46]. Die beiden Grundstücke sind auf dem Plan von 1740 mit T und U bezeichnet; der gleichzeitig vorgeschlagene *4* Tausch der Grundstücke Q und U ist auf einem ebenfalls zum Depositum von Veltheim zählenden Plan des Burgplatzes angedeutet[47], der bisher nicht datiert oder einem konkreten Zweck zugeschrieben werden konnte. Der Plan bildet jedoch die Grundlage für das später ausgearbeitete Projekt.

Erst vier Jahre später (1750) treten die beteiligten Grundstückseigentümer in ein detailliertes Planungsstadium ein. Die Gründe für diese auffallend lange Unterbrechung der Projektdiskussion sind nicht aktenkundig; möglicherweise stehen sie mit den Klagen und Vorwürfen um die Person des Landbaumeisters

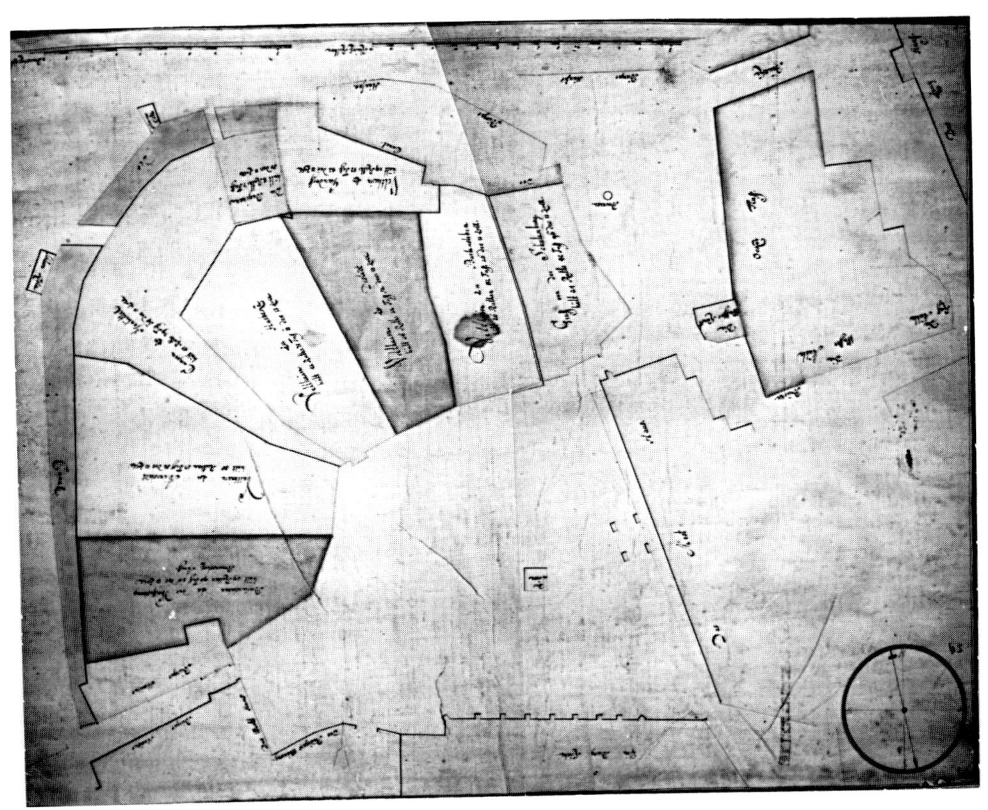

4 Der Burgplatz. Um 1746–1749

Peltier in Zusammenhang, der in diesen Jahren wegen seiner nachlässigen Amtsführung mehrfach getadelt wurde. Auch familieninterne Umstände, etwa der Tod des Josias von Veltheim (1747), als dessen Nachfolger Friedrich August von 1750 an federführend in der Korrespondenz in Erscheinung tritt, könnten für die Verzögerung verantwortlich sein.

In der Zwischenzeit schufen die Veränderungen am von Bartenslebenschen Grundstück (Q) neue Voraussetzungen und Baubedingungen für die weitere Projektierung der von Veltheimschen Palais. Beinhalteten die „Conditiones" vom 25. Januar 1746 noch den Vorschlag, das Gesamthaus von Veltheim mit dem brachliegenden Gelände zu belehnen, um es entweder mitzubebauen oder mit einem anderen (U) zu tauschen, so zeigte sich 1749, daß der Herzog selbst an diesem Baugrund interessiert war. Er ließ in sehr kurzer Zeit – die Abrechnungen reichen von Juni bis Oktober 1749 – ein kleines Theater, das sogenannte ‚Pantomimen-' oder Komödienhaus errichten[48], dessen Burgplatzfassade sich an den gegebenen Fluchtlinien orientierte und keine Rücksicht auf die von Veltheimschen Vorschläge hinsichtlich der möglichen (Dreiecks-) Platzform nahm.

3

Von diesem Bauwerk existieren keine Zeichnungen oder Pläne, und nur der damalige Oberkommissar beim Braunschweiger Packhof, Philipp Christian Ribbentrop, hat es 1789 in seinem Buch über Braunschweig noch als Augenzeuge beschrieben: „Stehet mit einer Ecke, worin der Haupteingang ist, am Burgplatz, ist ein großes von Holz aufgeführtes Gebäude, dessen innere schöne Einrichtung dem Endzweck ganz entspricht; die Länge des Gebäudes gehet hinter den umliegenden Häusern durch, weshalb keine äußern Verzierungen angebracht werden können."[49] Ob Peltier an Entwurf und Ausführung beteiligt gewesen ist, geht aus den Archivalien nicht hervor; die „Bau-Rechnung über das neuerbaute Pantomimenhaus in der Burg zu Braunschweig"[50] wurde von dem Obristen A. U. von Blum am 24. Oktober 1749 ausgefertigt; über seine Funktion bei diesem Bau ist nichts bekannt.

Als entwerfender Architekt greift Peltier mit seinem „Projèt Pour mettre en valeur les places et vieux batimens (!) apartenants aux Familles des Seigneurs de Veltheim" am 11. September 1750 erstmals in die Planung ein. Dabei macht er sich einen im Gutachten vom 25. Januar 1746 formulierten Gedanken zu eigen, der „zu beßerer Gemächlichkeit der Kauff und Handels Leüte (!) (...) eine Colonnade, um die boutiquen zu bedecken", anregte; sein Vorschlag geht von folgenden Ideen aus: "Comme ces places sont situés dans le plus beaux lieux de la Ville, et que leur situation permet d'y faire un Batiment grand, comode et à tous usages de ville, le Plan ci joint Nro 1 fait voir le Rez de chaussé, dans lequel ont peut faire, au moien des Arcades symetrisés, des Boutiques avec leurs arrières boutiques; des Salles ou Chambres; des Rémises ou Magazins; Ecuries ou autres, parce que leurs entrées et leurs sorties et lumières permettent tous ces differens usages."[51]

In den „Conditiones" wurde die vorübergehende „Einquartirung einiger Kauffleute in Meßzeiten", also für die Dauer der beiden Warenmessen zu Lichtmeß (2. Februar) und zu Laurentii (10. August), erwogen. Der Gutachter Kamlah setzte dabei voraus, daß hinsichtlich der Rechtsverhältnisse am Burgplatz „die von Veltheim (...) mithin für alle Collisiones mit anderen Gerichten (...) sicherzustellen seyn würden", weshalb er die Eintragung „dieser Häuser als Ritter Sitze in die Ritter Matricul" forderte.[52]

Peltier dagegen geht von dauernder bürgerlicher Nutzung der unter den Arkaden liegenden Räume aus und scheint die juristische Seite seiner Vorschläge nicht bedacht zu haben. Auf diesen Punkt kommt Friedrich August von Veltheim in seinem „Votum Bey dem Fürschlage des H. Peltier die Braunschw. Häuser auf der Burg betre." vom 15. September 1750 zu sprechen; er beantragt beim Herzog die Zusicherung, daß er „in die neuen Gebäude allerley Leute ohne Unterschied sie mögten bürgerl. Nahrung treiben oder nicht, z. B. Fabricanten einnehmen dürfe ohne daß solche denen hergebrachten Freyheiten delogire(n)"[53].

Die auf die architektonische Gestaltung bezogenen Entwürfe Peltiers finden den Beifall des Hofgerichtspräsidenten von Veltheim: „Und es ist wahr, daß eine andere Figur, als diese, nicht wohl statthaben könne. Doch wird Mr. Peltier

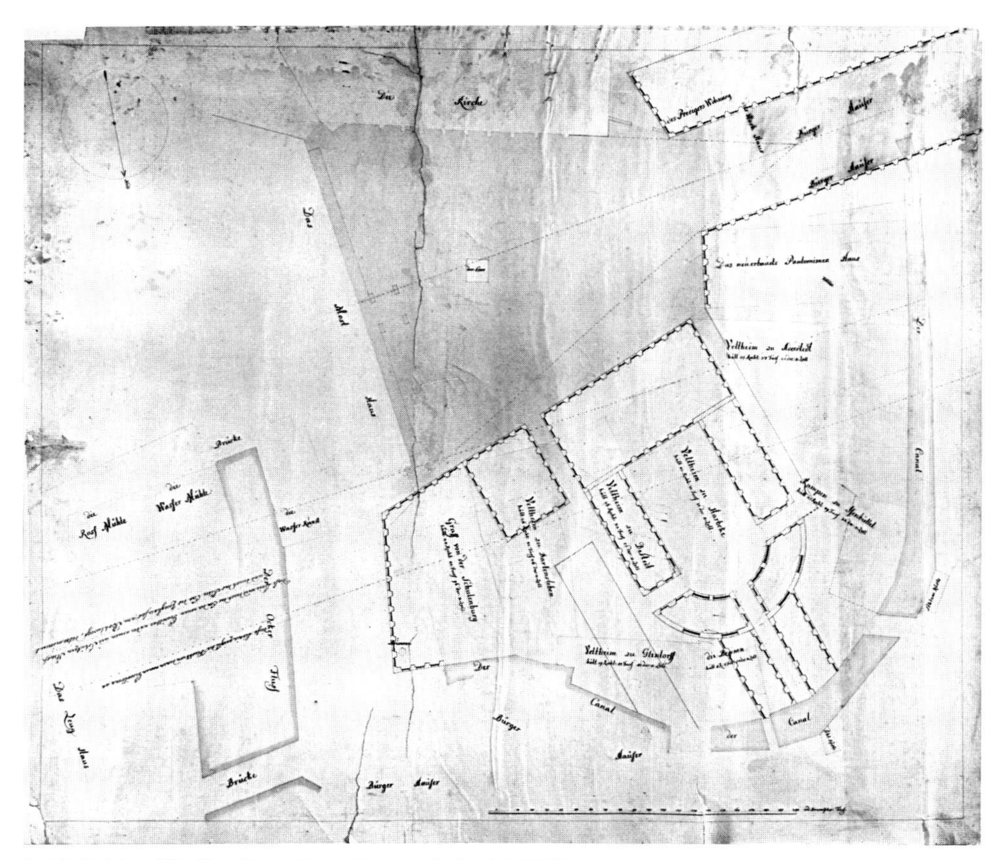

5 M. Peltier (?): Der Burgplatz. Entwurf. Wohl 1750

annoch die besonderen Höffe, die Treppen, (...) die Einfahrten, die Gräben und Brücken, auch die nächst anstoßenden Gegenden, und insonderheit die Verhältniß mit dem Burgplatze deutl. anzuzeigen haben (...). Besonders finde ich die Schwibbogen gut, als woraus alles, was man verlangt, sich machen läßt.“[54]

Nach diesen Worten zu urteilen, liegt ein nur grob umrissener Plan vor, dem die geforderten Details nicht zu entnehmen sind, mit einer Ausnahme: In Punkt 2 seines Votums bittet der Verfasser darum, „daß man auch einen Theil des Platzes vor dem Mühlen Graben, wo jetzo ein kleiner Brunnen stehet, mit dazunehmen“ dürfe. Dieser Brunnen ist nun auf einem im Staatsarchiv Wolfenbüttel aufbewahrten Plan verzeichnet, der bisher weder datiert noch diesem von Veltheimschen Projekt zugeordnet worden ist.[55] Der Plan ist mit einer anderen Darstellung des Platzes identisch; sowohl die an gleicher Stelle stehenden Eintragungen der Gebäude und Grundstücke als auch die übertragenen Grundlinien stimmen überein und können auf den Plan von 1740 zurückgeführt werden, dessen Format von etwa 45 x 55 cm nahezu dem der beiden jüngeren Pläne entspricht. Für die Datierung in die Zeit um 1750 spricht auch der Vermerk „Das neuerbauete Pantomimen Haus“, der nicht vor der Mitte des Jahres 1749 denkbar ist und nach wenigen Jahren nicht mehr benutzt wurde.

Der Entwurf sieht vor, den bisher schmalen und durch ein Tor verstellten westlichen Platzzugang durch eine breite, vertikal auf das Mosthaus zulaufende Straße zu ersetzen; zu diesem Zweck müßten die den Zugang beiderseits flankierenden Häuser sowie das Tor und das Wachhaus beseitigt werden. Stattdessen sollen beidseitig Kolonnaden, wie sie auch für die Gebäude am Burgplatz vorgesehen sind, die Straße säumen. Einschließlich der vorhandenen, auf hölzernen Säulen ruhenden Galerie am Mosthaus, aber mit Ausnahme der Stiftskirche, würde der Platz durch die Kolonnaden im Erdgeschoßniveau einheitlich zusammengefaßt.

Über Peltiers Herkunft ist wenig bekannt. 1737 bezeichnet ihn ein Protokoll des Bremer Rates als einen „gewissen Königl. Großbritt. Bedienten in Hannover“[56]. Fritz von Osterhausen ist der Ansicht, daß er seinem mußmaßlichen Alter entsprechend erst außerhalb Frankreichs Erziehung und Ausbildung erhalten habe. Darüber hinaus ist wahrscheinlich, daß er zum Militärarchitekten ausgebildet worden ist.[57]

Berücksichtigt man die Unklarheiten um seine Person, vor allem die nicht nachgewiesene Ausbildung, so überrascht seine Kenntnis der zeitgenössischen französischen Architekturtheorie, die sich in den ersten Entwürfen für das Burgplatzprojekt niedergeschlagen hat. Seine Idee, den Platz mit den „Arcades symetrisés“ zu umgeben, findet ihre Entsprechung in De Cordemoys „Nouveau traité de toute l'architecture ...“: „Les Grecs & les Romains y faisoient ordinairement régner tout-à-l'entour un double Portique fort ample, soûtenu par des Colonnes, & terminé par une Terrasse.“[58]

De Cordemoys Vorstellungen haben zum Ziel, die nicht mehr im antiken Sinn genutzten zeitgenössischen Plätze in den Dienst städtischer Repräsentation zu stellen: „Car outre (...) elles sont plus gracieuses à la vûe, & qu'elles donnent un grand air de magnificence aux Villes qui les renferment, c'est qu'elles sont, pour ainsi dire, un régale perpétuel aux Etrangers qui les viennent voir.“ Aber nicht nur für Plätze, sondern auch für große Straßen hält er Kolonnaden für unabdingbar: „Mais au moins faut-il accorder que le Portique d'en bas est tout-à-fait nécessaire, & que rien n'est plus grand. On devroit même l'étendre, & le continuer des deux côtés le long de toutes les grandes rues des grandes Villes, où les carosses, & les autres ambarras incommodent les gens de pied.“

Peltiers Gestaltung der von Westen auf den Platz stoßenden Straße Vor der Burg adaptiert diesen Gedanken des Theoretikers De Cordemoy wörtlich. Das Fehlen jeglicher Aufrißzeichnungen der Platzwände von der Hand Peltiers muß deshalb als besonders bedauerlich bezeichnet werden. Die Bauweise dürfte sich allerdings von den großstädtischen Vorstellungen De Cordemoys wesentlich unterschieden haben und als Zugeständnis an die das Braunschweiger Stadtbild bestimmende Architektur zu verstehen sein: „La hauteur au Rez de chaussé est de maconnerie, et l'Elevation à commencer du premier Etage, peut étre de bois.“[59]

Dieser Gedanke Peltiers muß insofern überraschen, als rund einen Monat später eine neue Bauverordnung in Kraft tritt, die zur Erlangung von Baudouceur-Geldern die Errichtung der Straßenfassade in Stein vorschreibt.[60] Daraus ist unter anderem zu schließen, daß Peltier, trotz seiner Funktion als oberster Baumeister im Herzogtum, an der Abfassung der Verordnung nicht beteiligt gewesen sein kann, da er andernfalls seine Vorschläge in der zukünftig gültigen Richtung ausgearbeitet haben dürfte.

Einem von dem Hofrat Schrader zu Schliestedt verfaßten „Pro Memoria" vom 27. November 1750 ist zu entnehmen, daß Herzog Karl I. mit den Vorschlägen einverstanden ist, daß aber eine detaillierte Darstellung gewünscht wird. In der Frage der Gerichtsbarkeit für den Fall, daß Kaufleute oder ‚Fabrikanten' in die neuen Gebäude aufgenommen werden sollten, teilt der Hofrat mit: „So wird dies zwar geschehen können; die Leute werden aber bey der bürgerl. Nahrung auch bürgerliche Onera geben und denen Gilde, Policey- und andern Stadt Reglements Folge leisten müssen, wie denn hiebey ratione Jurisdictionis noch verschiedenes zu regulirn seyn wird."[61]

Am 5. Dezember gibt Friedrich August von Veltheim die Aufforderung zur Präzisierung der Pläne an Peltier weiter.[62] Am 14. Dezember 1750 antwortet Peltier mit dem ergänzenden Vorschlag, in den Gebäuden sowohl eine Börse als auch einen Bürger-Versammlungssaal unterzubringen.[63] Er stößt damit bei Friedrich August von Veltheim auf heftige Ablehnung, die in adligem Standesbewußtsein zum Ausdruck gebracht wird: „D'ailleurs je prevois, qu'il faudra se desister de l'idée de Bourse de Marchands, d'Artisans, et de Bourgois. Il paroit, bien, qu'on ne voudra pas admettre *des Sujets pareils dans notre Ile*."[64] Rechtliche Bedenken treten hinter Standesinteressen zurück, wofür Peltier wenig Verständnis hat und sein Konzept noch einmal erläutert: „Je crois, qu'il est digne de Votre Magnificence, de votre affection pour la Patrie, pour le Prince et pour le Pais et plus encore pour Vous même, d'elever un Edifice sage commode utile et œconome, dans lequel Vous puissier Messieurs Vous loger noblement, commodement avec Vos Vasseaux, et representer par cet edifice de Ville la demeure des Grands tels que Vous Messieurs, sans mepriser un révenu annuel, que peut produire le superflu de ce grand Edifice, en y logeant d'honnetes Bourgois, Artisans et autres de la Ville. Certainement cet Edifice peut servir a la commodile respectable Famille, a son profit reel, et a l'embellissement de la Ville, dont Vous faites, un de plus grands ornements."[65]

Der weitere Schriftwechsel ist von der Verärgerung der Auftraggeber über die anhaltenden Verzögerungen bei der Projektierung getragen; Peltiers schmeichelnde Worte lassen die von Veltheim unbeeindruckt – im Gegenteil, Friedrich August drängt auf eine Forcierung der Planung, während eine Familienkonferenz die internen Interessenkonflikte lösen soll.[66]

Nach erneuter längerer Unterbrechung legt Peltier, der zur gleichen Zeit auch auf den von Veltheimschen Gütern in Harbke und Destedt tätig ist, am 7. Februar 1754 (!) einen neuen Entwurf zu einem großen Stadtpalais den Herren

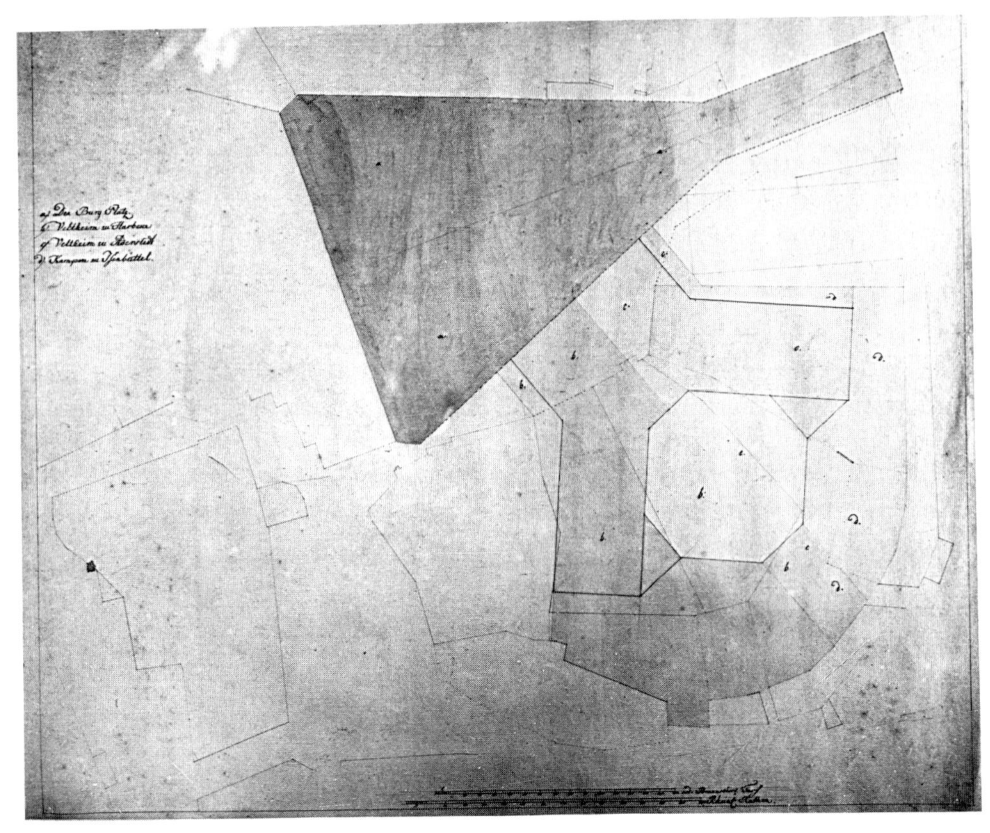

6 M. Peltier (?): Der Burgplatz. Entwurf. Februar 1754 (?)

von Veltheim-Aderstedt und -Harbke vor, dem ein im Staatsarchiv Wolfenbüttel gesondert aufbewahrter Grundplan zuzuordnen ist.[67]

Peltier übernimmt den erstmals 1746 formulierten Gedanken eines Dreiecks als Grundform des Platzes, indem er die zu errichtenden Gebäude an der Nordseite weiter in den Platz hineinrückt und das Pantomimenhaus mittels eines ‚Peristyls'[68] in die Fluchtlinie bringt und es zugleich aus dem Blickfeld nimmt. Die von der Stadt her auf den Burgplatz zulaufende Straße Vor der Burg wird auf die Breite der am Burggraben endenden Schuhstraße erweitert; das Burgtor und die kleinen Bürger- und Stiftshäuser zu beiden Seiten fallen der großzügigen, symmetrischen Anlage zum Opfer.

Der Neubau soll sich auf den Grundstücken von Veltheim-Aderstedt (R), -Harbke (S) und -Destedt (T) sowie Campen zu Isenbüttel (U) erheben: „Les places marquées rouge lit: b. c. sont occupés de bâtimens pour former un grand corps de logis, avec 2 ailes et une belle cour octogone qui a ces entrées par les places marqué bleu tant par le bourg, que par la Höhe."[69] Im Aufriß soll das Gebäude aus Keller, Erdgeschoß, Beletage, Attika und Mansarde bestehen, pro

Etage 24, also inklusive Keller 120 Zimmer bekommen. Nach Peltiers Ansicht können darin „24 familles (loger) comodement et même plus"!

Unabhängig von den voneinander abweichenden Details verdeutlichen beide Pläne, daß der Braunschweiger Adel um die Mitte des 18. Jahrhunderts, im Rahmen der Residenzverlegung nach Braunschweig, seine gesellschaftliche Stellung in Stadt und Staat durch das Medium Architektur zum Ausdruck bringen möchte und sich dabei seiner Privilegien erinnert, die im Fall von Veltheim bis ins 14./15. Jahrhundert anhand der Belehnungen mit dem herzoglichen Küchenhof und dem Erbküchenmeisteramt[70] zurückzuverfolgen sind.

Eine Bemerkung Josias von Veltheims vom 1. Februar 1746 zeigt andererseits, daß der Adel seine gesellschaftlichen Vorrechte en detail verteidigen mußte: „Ist bekandt, wie seit Absterben Herzogs August Wilhelm man die Privilegia derer Vasallen, auf alle Art und Weise einzuschränken gesuchet, indem die willkürliche Nutzung derer Zehenden gäntzl. despectiret, auch die Einhebung derer in den Braunschweig. Ämtern befindl. Gefälle, sehr schwer und kostbahr gemachet wird."[71] Diese Klage ist geeignet, von den bedeutsamen Privilegien wie eigene Gerichtsbarkeit, Zoll- und Akzisefreiheit, die immer wieder bestätigt wurden[72], abzulenken. Die Vergünstigungen für ‚bürgerliche Nahrung' Treibende, die zum Beispiel in der Bauverordnung von 1750 enthalten sind, dienen hingegen der Sicherung staatlicher Einkünfte, indem sie die Attraktivität der Stadt für die Ansiedlung von Steuer zahlenden Kaufleuten und Unternehmern erhöhen.[73]

Die Aufgabe der alten Grundstücksgrenzen durch das Vorrücken an die eine Seite des gleichschenkligen Dreiecks manifestiert die Funktion des Adels als dritte gesellschaftliche Kraft neben dem Fürsten und dem Klerus.[74] Die Abweisung der Kaufleute und Handwerker erhält aus dieser Sicht ideologisch-politischen Charakter.

Das Archivmaterial zum von Veltheimschen Projekt reicht nur bis zum 10. April 1757, obwohl ein Kanzlei-Reskript vom 15. März desselben Jahres eine sechsmonatige Frist zur Aufnahme der Bauarbeiten setzte, „wiedrigenfalls den Lehnrechten gemäß wider sie (die Familien von Veltheim, UB.) verfahren werden solle"[75]. Die politische Entwicklung in Europa wirkte sich in den folgenden Monaten auch in Braunschweig aus. Im August 1757 besetzten französische Truppen Land und Stadt (bis März 1758). Aus dem Fehlen jeglicher Unterlagen nach 1757 kann der Schluß gezogen werden, daß trotz der Androhung lehnsrechtlicher Schritte an ein Bauen nicht zu denken war und die Pläne ‚zu den Akten' gelegt wurden; auch nach Kriegsende bestand schließlich kein Interesse mehr an der Realisierung des Projekts.

Ein unter dem Datum des 8. August 1759 abgefaßtes Schreiben des Herzogs fordert Peltier auf, den Riß zu einem neuen Gebäude auf dem erweiterten Hofraum „bey dem Gräflich Schulenburgischen Hause auf dem Burgplatze"[76] (Z) einzureichen. Ob und welche Baumaßnahmen ausgeführt wurden, ist den Unterlagen nicht zu entnehmen. Es könnte sich um die Wiederaufnahme des zu jener Zeit ruhenden Projekts handeln[77]; wahrscheinlicher ist, daß die Bauarbeiten auf das eine Grundstück beschränkt bleiben sollten. In einem Brief des Grafen von der Schulenburg vom 22. November 1759, der sich auf sein Haus am Burgplatz beziehen könnte, heißt es, das nicht näher bezeichnete „Gebäude sei Gottseidank fertig und er hoffe nicht, Peltier noch einmal in die Hände zu fallen“[78].

Abgesehen von der Unzuverlässigkeit des Landbaumeisters Peltier, der seinen Teil zum Mißlingen eines großen Projekts beigetragen hat, scheint aber auch die Diskrepanz zwischen Anspruch und Fähigkeit zum Bauen symptomatisch für den ökonomischen Niedergang des Adels zu jener Zeit zu sein.

2 Das Mosthaus in der zweiten Hälfte des 18. Jahrhunderts. Vom herzoglichen Notquartier zum unvollendeten Prinzenpalais

Im Herbst 1746 legte Peltier einen Kostenanschlag für Reparaturarbeiten an der Westfassade des Mosthauses vor; dieses in französischer Sprache gehaltene Schriftstück ist zwar undatiert, doch berechtigt eine ebenfalls erhaltene, ins Deutsche übersetzte Liste vom 4. November 1746, die sich unter den Handakten Peltiers befindet, zu der ungefähren zeitlichen Einordnung.[79]

7 Dem französischen Original liegen je ein skizzierter Grund- und Aufriß bei, die erste Formvorstellungen des gedachten Umbaus vermitteln sollen. Peltier bedient sich dabei eines Aufrisses als Vorlage, der die Erneuerungsarbeiten seines Vorgängers Korb von 1720 und 1731–33 berücksichtigt.[80]

Den Schwerpunkt des Kostenanschlages bilden die reinen Reparaturarbeiten an der Galerie und am Dach; weiterreichende Umbauten an der Westfassade, wie sie die Zeichnung des Aufrisses nahelegen könnte, waren wohl zunächst nicht vorgesehen. Peltiers Entwurf läßt zwar die hölzerne Galerie vor der Fassade unverändert, formt aber die Fenster der ersten Etage und die drei Renaissance-Zwerchhäuser so um, daß die scharfen Kanten durch übergreifende Rokokoformen kaschiert werden. Das mittlere Zwerchhaus wird in seinem Giebel beträchtlich erhöht, so daß der Mittelteil des Gebäudes den Charakter eines leicht vorspringenden Risalits erhält. Der Entwurf gelangte nicht zur Ausführung.

Das umfangreiche Aktenmaterial im Staatsarchiv Wolfenbüttel läßt auf eine rege Bautätigkeit im Bereich des Fürstlichen Mosthofes schließen, wobei es sich aber meist um kleinere Ausbesserungen oder um Aus- bzw. Umbauten im Innern handelt, die hier nicht weiter zu beachten sind.[81] Umso mehr verwundert es, daß im Rahmen des Projekts für die Palais von Veltheim keine neuen Vorstellungen für das Mosthaus entwickelt wurden. Erst nach 1763, nach der Residenzerhebung Braunschweigs, kommt es zu einem umfangreichen Eingriff in die alte Bausubstanz des Burggebäudes.

Bevor dieser Umbau näher betrachtet werden soll, muß ein Gedanke Friedrich August von Veltheims aus seinem Votum vom 15. September 1750 berücksichtigt werden, der eine mögliche zukünftige Funktion des Burgplatzes an-

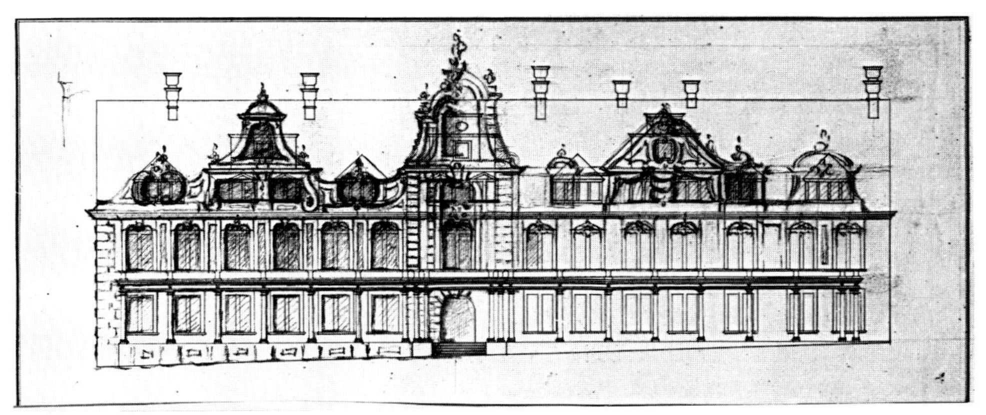

7 M. Peltier: Das große Mosthaus. Westfassade. 1746

deutete. Sein Vorschlag, „den Moßthoff wieder aufputzen zu laßen und zum Gebrauch der mehresten Braunschweig. und Wolfenbüttelschen Collegiorum zu widmen“[82], hätte bei der geplanten architektonischen ‚Verschönerung‘ des Platzes zu einer funktionalen Aufwertung des Ensembles führen können, indem die landesherrlichen Verwaltungseinrichtungen am historischen Zentrum welfischer Herrschaft und Rechtsausübung, deren Sinnbild der Bronzelöwe ist, zusammengezogen worden wären.

Die Anregung des Hofgerichtspräsidenten von Veltheim blieb ohne Resonanz; es ist nicht auszuschließen, daß Herzog Karl I. erst nach dem Umzug des Hofes über eine Verwendung des Gebäudes entscheiden wollte. Dafür spricht, daß er die sogenannte ‚Porzellangalerie‘ an der Ostseite des südlichen Gebäudeteils von 1753 an zur Aufnahme des ‚Naturalienkabinetts‘ umbauen ließ, das am 10. August 1754 eröffnet wurde.[83] Die weitere Entwicklung des Museums berechtigt zu der Annahme, daß diese Unterbringung von Anfang an als Provisorium gedacht war, bis ein geeignetes Gebäude zur Aufnahme der Schätze eingerichtet war.[84]

Mit einer Länge von 63 m und einer Breite von 15 m schloß das Mosthaus die Ostseite des Platzes bis auf zwei schmale Durchgänge ab; das sogenannte ‚Düstere Tor‘ zwischen dem Mosthaus und dem Haus des Grafen von der Schulenburg wurde 1759 abgebrochen, vermutlich im Zusammenhang mit den erwähnten Baumaßnahmen auf diesem Grundstück.[85] An der Südseite führte ein schmaler Tordurchgang zu den Nebengebäuden.

Das zweigeschossige Mosthaus war mit einem hohen Satteldach gedeckt; an der Westseite erhoben sich drei Zwerchhäuser mit abgetreppten Volutengiebeln in Renaissanceformen, die ebensowenig wie die dazwischenliegenden kleinen Dachgauben auf die fünfzehn Fensterachsen bezogen angeordnet waren. Als ästhetischen Mangel empfand und beschrieb der Architekturtheoretiker Leon-

8 Das Ferdinandspalais. Westfassade. Vor 1870

hard Christoph Sturm diese Unregelmäßigkeit in der Fassadengestaltung bereits 1719: „An der gantzen vordern faciata lauffet vor den Fenstern des zweyten Geschosses ein Himmel offener Gang vorbey, welcher sich vor der Mitte in einem ziemlich raumlichen Altan verbreitet. Alles dieses ist von Holtz gebauet, und ruhet auf einer Dorischen Colonnata, daran zweiffelsohne eben der Architect (...) es vor keinen großen Fehler gehalten, daß die Säulen nicht nur gar zu weit von einander stehen, sondern auch bald eine Säule mitten, bald eine andere Seitwerts vor ein Fenster zu stehen kömmt."[86] Die hölzerne Galerie, als deren Urheber vielleicht noch der 1694 verstorbene Landbaumeister Balthasar Lauterbach oder sein Nachfolger Hermann Korb (seit 1704) zu vermuten sind, mußte mehrfach ausgebessert werden. Um 1721 war sie so „verfallen, daß höchst nothwendig ist, solche, ehe jemand dabey zu Unglück kömt, herunter zu nehmen"[87]. Peltiers Kostenvoranschlag von 1746 ist schließlich die letzte Nachricht, in der es um die Erhaltung des Ganges geht.

8 Die Baugeschichte des später ‚Ferdinandspalais'[88] genannten Südteils des Mosthauses ist archivalisch kaum zu rekonstruieren; neben den wenigen schriftlichen Verfügungen Herzog Karls I. und den Baurechnungen sind keine weiteren, vor allem keine Entwurfsunterlagen erhalten. Dies erklärt wohl die unterschiedlichen Angaben zur Zweckbestimmung des Teilgebäudes, die sich meist aus der späteren Nutzung herleiten.

Im allgemeinen gilt der Herzog als Auftraggeber; er allein ist als regierender Landesherr befugt, Umbauten an den der Herzoglichen Hofstatt unterstellten Gebäuden in der Stadt Braunschweig zu veranlassen oder zu genehmigen. Er muß deshalb als oberster Bauherr aller für den Hof auszuführenden Bauarbeiten betrachtet werden. Aus diesem Grund ist die Annahme Mauvillons, wonach Herzog Ferdinand, der Bruder Karls I., das Mosthaus für sich hat ausbauen lassen, weil er Braunschweig „zum Orte seines beständigen Aufenthaltes" wählte, als sehr unwahrscheinliche Behauptung zurückzuweisen.[89] Als immer wiederkehrende Stereotype hat sich die von Ribbentrop bereits 1789 vertretene Ansicht bis in die Gegenwart gehalten, wonach der neue Gebäudeteil „zur Wohnung des Herrn Herzogs Ferdinand Durchlaucht (...) wieder aufgeführt"[90] wurde.

Nach Karl Schiller und ihm folgend Schultz war das Gebäude als *Erbprinzenpalais* für Carl Wilhelm Ferdinand geplant[91], der es jedoch nicht bezog, so daß die Räume Herzog Ferdinand als Stadtwohnung überlassen wurden.

Einig sind sich die Autoren darin, daß der Neubau im Jahre 1763 mit dem Abriß des dorischen Säulengangs begonnen wurde. Zugleich wurde ein „Theil der Façade, und zwar die sechs letzten Intercolumnien nach Süden hin"[92], abgebrochen. Entfernt wurden auch die beiden auf dem nicht in den Neubau einbezogenen Nordteil des Mosthauses verbliebenen Zwerchhäuser.

Über das genaue Datum ist keine Sicherheit zu erlangen: In den Notizen der Sackschen Sammlung wird der 14. März – „Montags nach Letare" – genannt, ein Datum, dem sich Karl Schiller in seinen Aufzeichnungen anschließt; es geht auf eine Aktennotiz Karls I. zurück: „Die Gallerie soll abgerissen werden, so bald als möglich." Einen späteren Zeitpunkt gibt Schultz mit dem 20. April leider ohne Quellennachweis an.[93]

Das früheste auffindbare Datum, das uns über die Bauabsicht informiert, gibt der mit dem Bau betraute Ingenieur Fleischer, der am 11. März 1763 eine Liste des benötigten Baumaterials zusammenstellt.[94] Fleischer bittet am 16. April um die Anstellung als Hofbaumeister, da diese Stelle mit dem Tode Georg Christoph Sturms im gleichen Monat vakant geworden war.[95] Es liegt nahe, den neuen Südtrakt des Mosthauses als Probearbeit Fleischers für eine Anstellung als Hofbaumeister anzusehen, denn erst nach Abschluß der Arbeiten erhielt er laut Verfügung vom 18. November 1765 den „Caractere eines Hofbaumeisters mit einer jährlichen Besoldung von 300 Rtlr."[96] zugesprochen; er war also nur kommissarisch für eine Übergangszeit mit der Leitung der Stelle beauftragt.

Das gesamte Bauwerk präsentiert sich nach der Fertigstellung dem auf dem Burgplatz stehenden Betrachter mit einer in zwei unterschiedliche und disharmonische Teile zerfallenden Fassade; während der nördliche Teil zwei annähernd gleich hohe Geschosse hat, über denen das hohe Satteldach unmittelbar ohne ausgeprägtes Gesims ansetzt, weist der neue südliche Trakt zweieinhalb Geschosse auf – Erdgeschoß, Beletage, Mezzanin; das breite Hauptgesims trägt eine Attika mit Balustrade, um das dahinterliegende Dach zu verdecken.

9 Farbige Zeichnung. Anonym: Mosthaus und Ferdinandspalais. Westansicht. Um 1850 (?)

Mit Ausnahme der sechsten, südlichsten Fensterachse, die vermutlich wegen einer geplanten Verbindung mit der Hofkirche St. Blasius ungegliedert blieb[97], ist das Erdgeschoß rustiziert, und zwar sowohl die mit dem Gurtgesims verkröpften Lisenen als auch die Flächen zwischen den rundbogigen Fenstern. Die anderthalb Obergeschosse sind verputzt und werden durch die auf dem Gurtgesims über den Lisenen ansetzenden glatten ionischen Pilaster gegliedert. Die Kapitelle sind ionisch in der Grundform, in ihren Detailformen aber nicht eindeutig zu bestimmen: Ein in den Jahren vor 1869 entstandenes Foto zeigt kräftige Kapitelle mit Voluten und Blattgirlanden. Die Fenster der Beletage sind schlanker und höher als die des älteren Mosthauses, setzen aber mit diesen in einer horizontalen Achse an und haben „einfache, an den Ecken verkröpfte Umrahmungen, die höheren Fenster des ersten Obergeschosses außerdem in phantastische Formen aufgelöste Ueberdachungen"[98]. Die quadratischen Fenster des Mezzanins setzen in Höhe der kleinen Dachgauben des Altbaus an.

8

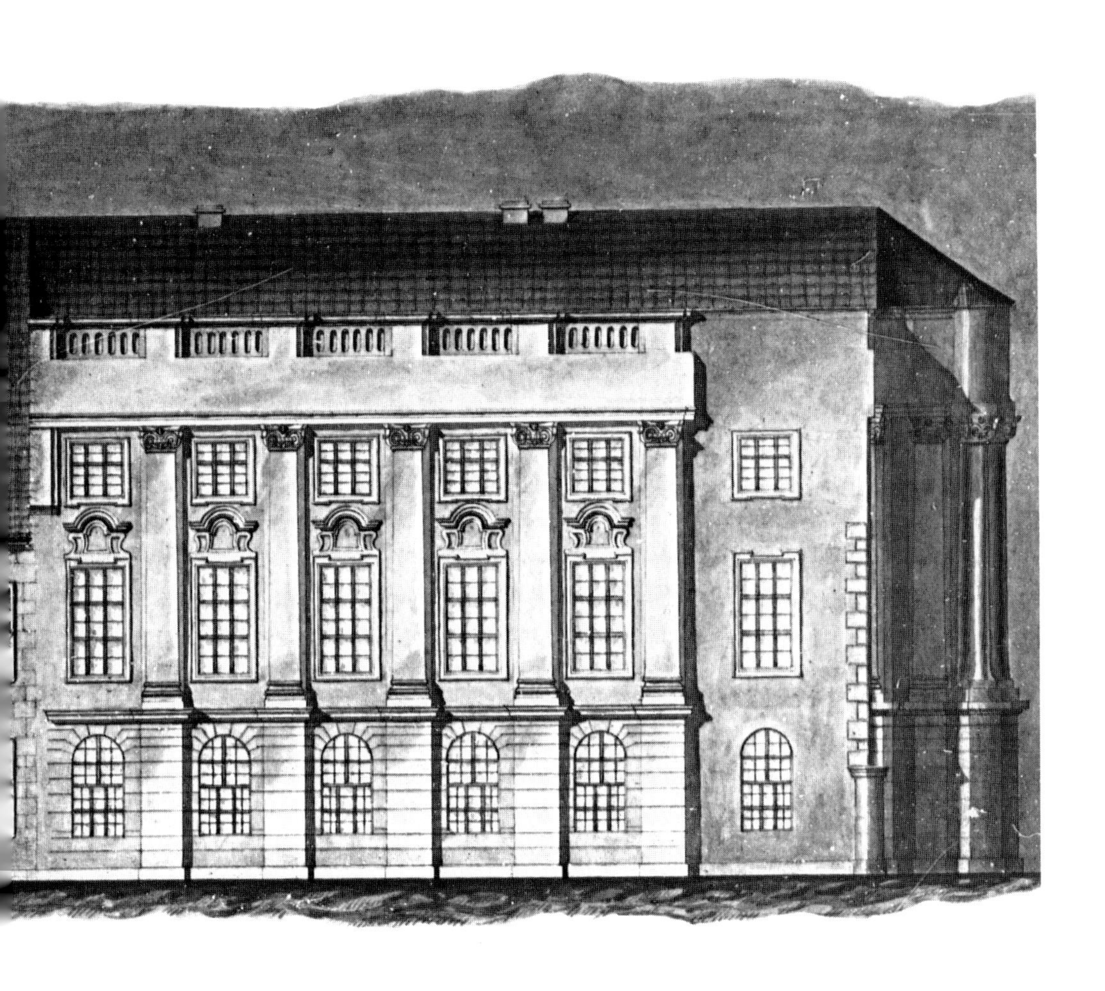

Den neuen Gebäudetrakt charakterisierte der Stadtbaumeister Ludwig Winter mit den ästhetischen Kriterien des ausgehenden 19. Jahrhunderts: „Im Aeußern zeigte der neue Anbau die ausgearteten Formen des Zopfstils in einfacher und nüchterner Behandlung. Dergestalt vollkommen die Richtung charakterisierend, in welcher die Baukunst sich damals bewegte, trat er zugleich in so merklichen Gegensatz zu dem aus früheren Perioden übriggebliebenen nördlichen Gebäudetheil, daß man glauben durfte, zwei voneinander unabhängige Bauwerke vor sich zu sehen."[99] Das Foto zeigt, daß eine harmonische Anbindung des Neubaus dem Anschein nach gar nicht angestrebt war: Die in Höhe der Attika sichtbare Scheidewand zwischen den Bauteilen läßt eine Erweiterung des Gebäudes nach Norden offen und deutet an, daß es sich bei dem Ferdinandspalais um das Fragment eines größeren, das gesamte alte Gebäude umfassenden und damit die Ostseite des Platzes neu begrenzenden Schloßgebäudes handeln könnte.[100]

Ein schriftlich fixierter Befehl des Herzogs zur Errichtung eines neuen Palastes anstelle des Mosthauses liegt nicht vor; das bildlich überlieferte Teilgebäude gibt aber selbst Aufschluß über den von Fleischer auszuführenden Auftrag.

Der genaue Ablauf der Bauarbeiten ist nicht überliefert; Winter gelangte bei seinen Untersuchungen um 1880 zu der Überzeugung, daß das Mosthaus „in einer Länge von 26 Meter(n)“[101] niedergelegt worden ist. Abweichend davon legen die von ihm publizierten Grundrisse die Deutung nahe, daß nur die Westfassade sowie ein Teil der Südwand abgetragen wurden. Die Pläne zeigen, daß die Raumaufteilung des Erdgeschosses weitgehend übernommen wurde, von unwesentlichen Verschiebungen einiger Zwischenwände abgesehen. Entscheidend ist die Wiederverwendung der Fundamente, wodurch das Bauwerk in seiner Grundform – mit Ausnahme der Südseite – bestehen blieb.

Ebenso wie die Einhaltung der Innengliederung deutet die Beibehaltung der Stockwerksebenen auf eine nur äußerliche Umgestaltung hin. Winters Baubefund von 1882/83 bestätigt Ribbentrops Beschreibung von 1789: „Der obengedachte neue Flügel ist mit doppelten Wänden von Holz aufgerichtet und dazwischen gemauert, ausserhalb mit Barnsteinen verblendet und mit Stucka übertragen, welche nachher mit Braunschweigischem Grün aus der Gravenhorstschen Fabrik übermahlt ist.“[102] Winter ergänzt: „Alle architektonischen Gliederungen – die Rustika des Erdgeschosses, das Gurtgesims, die Säulen und Pilaster der beiden Obergeschosse, die ionischen Kapitäle – (waren) aus Stuck hergestellt, desgleichen die Umrahmungen und Ueberdachungen der Fenster; abweichend zeigte nur das Hauptgesimse seiner bedeutenden Ausladung wegen eine Holzconstruction.“[103]

Größere Veränderungen wurden an der Südseite zum Domchor hin vorgenommen; bisher nur eine geschlossene Wand, wurde sie jetzt der Westfassade dreiachsig angeglichen, wobei die mittlere der Achsen von zwei ionischen Säulen flankiert als Portalvorbau aus der Wandfläche heraustrat. Dabei stand die Funktion des Eingangs in keinem angemessenen Verhältnis zu der in der Architektur angelegten Bedeutung: Es war nur ein Kellerzugang. Der Haupteingang befand sich weiterhin an der Ostseite des alten Mosthauses, wo noch weitere Anbauten errichtet wurden.

Der Eindruck des Unvollendeten in der Gesamtwirkung des Gebäudes wird durch die fragmentarische Behandlung wesentlicher Teile der Fassadengliederung noch betont. Läßt man die südliche, nicht in die Pilasterordnung einbezogene Fensterachse im folgenden unberücksichtigt, so sind die übrigen fünf Achsen des Neubaus zwar gleichartig, aber unsymmetrisch behandelt. Das Wandfeld zwischen dem Altbau und der ersten Fensterachse des neuen Teils ist ungegliedert und im Erdgeschoß nicht rustiziert; das Gurtgesims bricht unvermittelt an der Stelle ab, an der es mit der Lisene verkröpft sein müßte; der Pilaster fehlt ganz; in Höhe der Sohlbank der Mezzaninfenster setzt ein bis unter das Dachgesims reichender Wandstreifen an, der funktionslos bleibt; und das Eckpostament der Balustrade ist zur Scheidewand hin nicht wie sein Pendant am entgegengesetzten Attikaabschluß profiliert. Diese Elemente sprechen gegen die allgemeine Annahme, daß der Neubau als abgeschlossener, eigenständiger Komplex zu betrachten sei.[104] Aus ästhetischen Erwägungen heraus hätte der Herzog einem fragmentarischen, unsymmetrischen Gebäude seine Zustimmung verweigern müssen, da es der obligatorischen Forderung, ‚zur Zierde des Platzes' zu gereichen, nicht entsprochen hätte.

Ein weiteres Indiz scheint mir zu sein, daß an der Westfassade nach Abschluß der Bauarbeiten kein Eingang vorhanden war, da der im Vorgängerbau unter der Galerie gelegene vermauert und durch zwei Fenster, axial zum Obergeschoß, ersetzt worden war. Da auch der Zugang an der Ostseite nicht den repräsentativen Ansprüchen genügt haben dürfte und der neue südliche nur Kellerzugang war, scheint die Annahme gerechtfertigt, entweder an der Westseite oder bei vollständiger Umgestaltung der Ostseite durch Entfernung der Fachwerkanbauten hier ein entsprechendes Portal geplant zu sehen.

Wenn die südliche Hälfte der Westfassade nur Teil einer Umgestaltung und Umfunktionierung des gesamten alten Gebäudes in einen die Ostseite des Burgplatzes einnehmenden Palast war, dann muß die Frage nach der Funktion eines solchen Bauwerks im Rahmen des herzoglichen Macht- und Repräsentationsgefüges gestellt werden; auch die Funktion des Burgplatzes, der nach der Residenznahme des Hofes im Schloß am Bohlweg keine nennenswerten repräsentativen Aufgaben mehr zu erfüllen hatte, wäre mithin je nach der Zweckbestimmung des Palastes neu zu definieren.

Es kann wohl vorausgesetzt werden, daß der Zeitpunkt des Baubeginns und die intendierte Architekturform nicht willkürlich, sondern dem beabsichtigten Zweck entsprechend gewählt wurden.[105] Demnach ist die gebaute Architektur als adäquater Ausdruck der gedachten Verbindung von Bauwerk und Bewohner zu verstehen. Nach Ulrich Schütte ist „die Gestaltung und Benutzbarkeit (hier: herrschaftlicher Gebäude, UB.) genau bestimmbar, da ihre Funktion nicht beliebig ist, sondern innerhalb der ständischen Gliederung genau definiert werden kann"[106].

Anhaltspunkte zur Funktionsbestimmung bieten die innere Einteilung des Gebäudes, seine ‚commodité'[107], ebenso wie seine Fassadengliederung, durch deren ‚Ordnung' der Charakter des Bauwerks betont wird: „Die Frage des Bauherrn bzw. des Bewohners ist (...) bei der Anwendung der Genera wichtig und bleibt der Bestimmung des Gebäude- und Ordnungscharakters nicht äußerlich."[108] Unter dieser Prämisse gibt das sogenannte Ferdinandspalais Aufschluß hinsichtlich seiner ursprünglich gedachten Bestimmung, die von der späteren tatsächlichen Nutzung abweicht.

An den neuen Fassaden (West/Süd) des Ferdinandspalais ist nur eine Säulenordnung zur Anwendung gebracht: die *ionische*; es besteht keine Veranlassung, für den nichtausgeführten Mittelteil eine andere anzunehmen. Zu fragen ist deshalb nach dem Anwendungs- und Bedeutungsbereich der zweiten Ordnung nach der Vitruvschen Einteilung.[109]

Vitruv hat die Proportionen der ionischen Säulen auf „frauliche Zierlichkeit, fraulichen Schmuck und frauliches Ebenmaß“[110] zurückgeführt und die einzelnen Teile der Ordnung anthropomorph hergeleitet. Übereinstimmend weisen die deutschsprachigen Architekturtheoretiker der Ionica „die Mittelstell (...) zwischen der Solidität der Dorica, vnd der Liebligkeit der Corinthia“[111] zu. Sie wird so, in der Theorie, zur Vermittlerin der Charaktere: „Sie nimmt deren Elemente in sich auf und stimmt sie so aufeinander ab, daß Widersprüche vermieden werden.“[112] Dadurch wird sie, in der Praxis, für verschiedene Bauaufgaben verwendbar.

Im 16. Jahrhundert hat Philibert Delorme die Ionica mit einem bestimmten Bautyp in Verbindung gebracht. Sie diene „pour edifier un Palays ou chasteau de plaisir, et donner contentement aux Princes et grand Seigneurs“[113], wobei mit ‚grand Seigneur‘ ein Herr von Stand gemeint ist. Diese Zuweisung deckt sich mit jener des deutschen Theoretikers Friedrich Christian Schmidt, der 1790 feststellte: „Die Fassade dieses Hauses ist einfach, erlangt aber doch durch die angeblendeten jonischen Wandpfeiler eine gewisse Würde, die den Besitzer als einen Mann von Stand ankündigt.“[114] Obwohl zwischen den Aussagen der beiden Architekturtheoretiker mehr als zweihundert Jahre liegen, hat sich an der Sinngebung der beschriebenen Säulenordnung nichts verändert. Schütte kommt aufgrund seiner Untersuchung deutschsprachiger Architekturtheorien des 18. Jahrhunderts zu dem Ergebnis, daß die Ionica bei vielen Autoren mit einem ‚ernsten‘ und/oder ‚jungen‘ Mann in Verbindung gebracht wird.[115]

Die am südlichen Mosthaus-Trakt, dem Ferdinandspalais, zur Anwendung gekommene ionische Säulenordnung ist demnach als Hinweis auf den zukünftigen Bewohner zu verstehen, bei dem es sich, unter Berücksichtigung der in der Architektur zum Ausdruck gebrachten Eigenschaften, nur um den Erbprinzen Carl Wilhelm Ferdinand handeln kann.

Von der historischen Seite aus betrachtet ist in der auf den 16. Februar 1764 angesetzten Hochzeit des Thronfolgers mit der Prinzessin Auguste von Wales in London ein ausreichender Anlaß gegeben; von langer Hand vorbereitet – die Verlobung wurde englischerseits nach der Schlacht bei Vellinghausen (15./16. Juli 1761) angeregt[116] –, muß zum Zeitpunkt des Hubertusburger Friedensschlusses (15. Februar 1763) mit dem Ende des Siebenjährigen Krieges auch der Hochzeitstermin festgelegt worden sein. Aus welchen Gründen das Erbprinzenpaar das Gebäude nicht zur Wohnung genommen hat, ist nicht zu ermitteln.[117]

Als Erklärung dafür, daß die Bauarbeiten 1765 eingestellt wurden, bietet sich an, daß ein Neubau in den geplanten Ausmaßen nicht mehr benötigt wurde, da die ihm zugedachte Funktion – Erbprinzenpalais – durch eine andere – Alterssitz und Stadtresidenz – ersetzt worden war.[118] Über die Verwendung des Bauwerks nach dem Tode des Herzogs Ferdinand 1792 gehen die Ansichten weit auseinander.[119] Wahrscheinlich ist, daß einer der Söhne Herzog Carl Wilhelm Ferdinands zeitweilig dort wohnte.

9 Vom Ende der Umbauarbeiten 1765 bis zur Errichtung eines neuen Portalvorbaus 1826 gab es vom Burgplatz aus keinen Eingang in das Gebäude. Der Platz, der im Rahmen eines vollendeten Erbprinzenpalais als ‚Cour d'Honneur' eine neue Funktion bekommen hätte, spielte in diesem Zeitraum nur noch als Vorplatz der als Hofkirche dienenden Stiftskirche St. Blasius oder bei festlichen Anlässen wie dem Einzug des Erbprinzenpaares Karl Georg August und Friderike Luise Wilhelmine im Jahre 1790 eine repräsentative Rolle.[120] Außerdem verlor der Platz auch für die adligen Anlieger dadurch an Attraktivität, daß der Haupteingang zum alten Mosthaus an der Ostseite, also vom Burgplatz abgewandt, verblieb.

Die alten Fachwerkhäuser an der Nordseite des Burgplatzes wurden zwar nicht, wie um die Jahrhundertmitte noch geplant, abgebrochen, aber trotz der 1746 konstatierten Baufälligkeit auch nicht restauriert.

3 Ein Neubauprojekt für das unbcbaute Grundstück von Veltheim-Destedt 1785

Das geringe Interesse an diesem Platz, der offenbar keinen gesellschaftlichen Gebrauchswert aufwies, kommt in einem Projekt des Oberkammerherrn Johann Friedrich von Veltheim zum Ausdruck, der ein neuerworbenes, in bürgerlicher Umgebung gelegenes Grundstück anstelle seines Besitzes am Burgplatz bebauen ließ.[121]

10 Aus dem Bestand des Depositums von Veltheim stammt ein Grund- und Fassadenriß für ein dreigeschossiges Wohnhaus mit seitlicher Hofeinfahrt, den der Hofbaumeister Christian Gottlieb Langwagen 1785 für von Veltheim anfertigte.[122] Das Blatt trägt keinen Vermerk über seine Zugehörigkeit zu einem bestimmten Aktenbestand, woraus die bei der Zuordnung zu einem konkreten Bauprojekt aufgetretenen Schwierigkeiten resultieren. Anders als Rauterberg, der das Blatt einem von Johann Friedrich von Veltheim vor 1785 am Damm erworbenen Grundstück zuweist[123], bin ich der Ansicht, daß der Entwurf für das seit etwa 1740 unbebaute Grundstück am Burgplatz (Assekuranz-Nr. 48) bestimmt war.

11 Das von dem Oberkammerherrn von Veltheim angekaufte Grundstück am Damm (Ass. Nr. 219) trägt in der 1765 angefertigten Distrikt-Karte ‚C', die im Rahmen der von Herzog Karl I. 1762 angeordneten Stadtvermessung aufgenommen wurde, die Nr. 17 (Auf dem Damme).[124] Im Vergleich beider Grundstücke werden wesentliche Formabweichungen sichtbar; hinzu kommt, daß das Grundstück am Damm einschließlich Haupt- und Nebengebäuden sowie dem Hofraum nicht nur insgesamt größer ist, sondern auch eine breitere Straßenfront[125] aufweist, die eine solche auf vier Achsen eingeschränkte Fassade, wie sie Langwagens Entwurf vorsieht, nicht erfordert hätte.

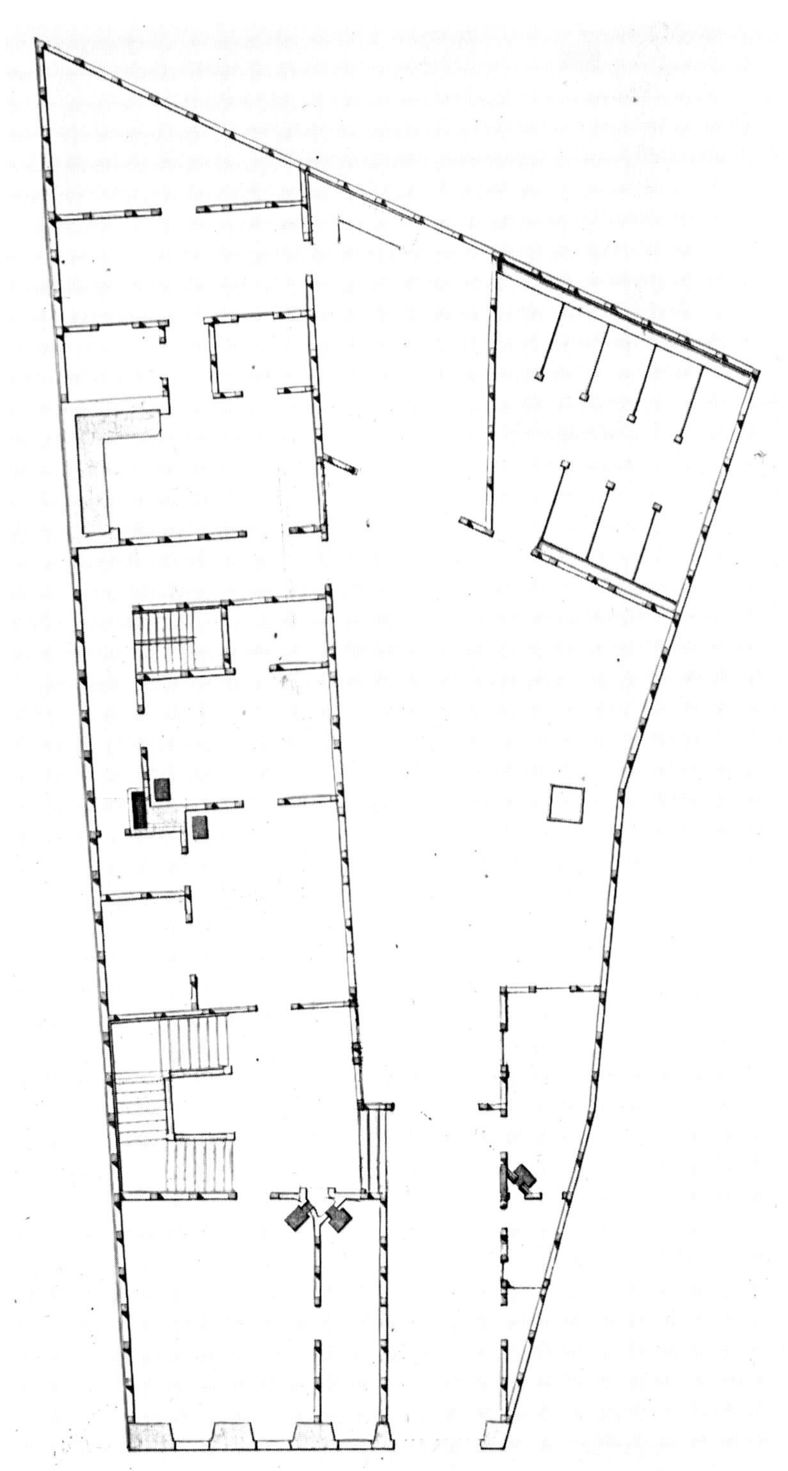

10 C. G. Langwagen: Von Veltheimsches Haus am Burgplatz. Entwurf. 1785

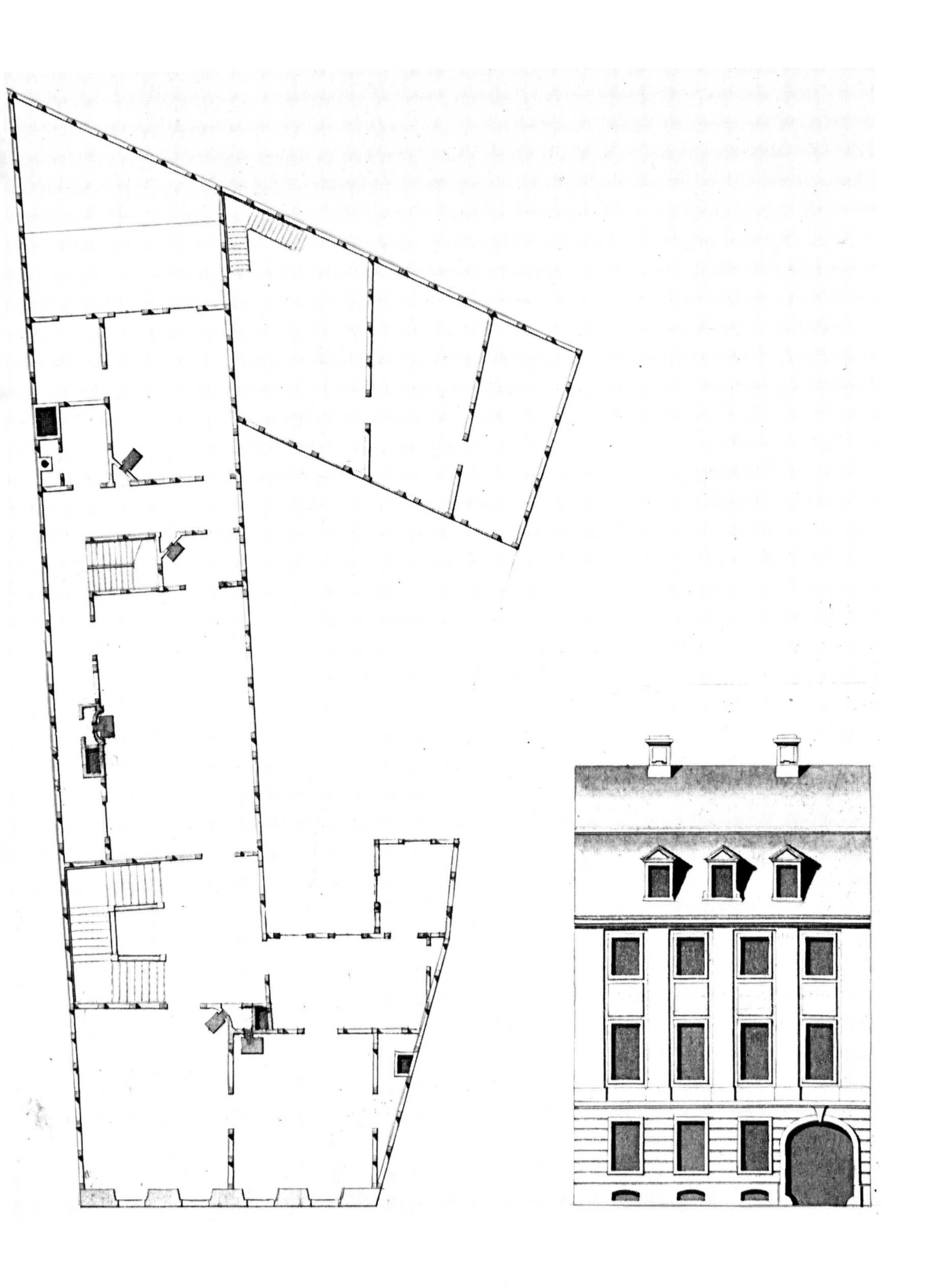

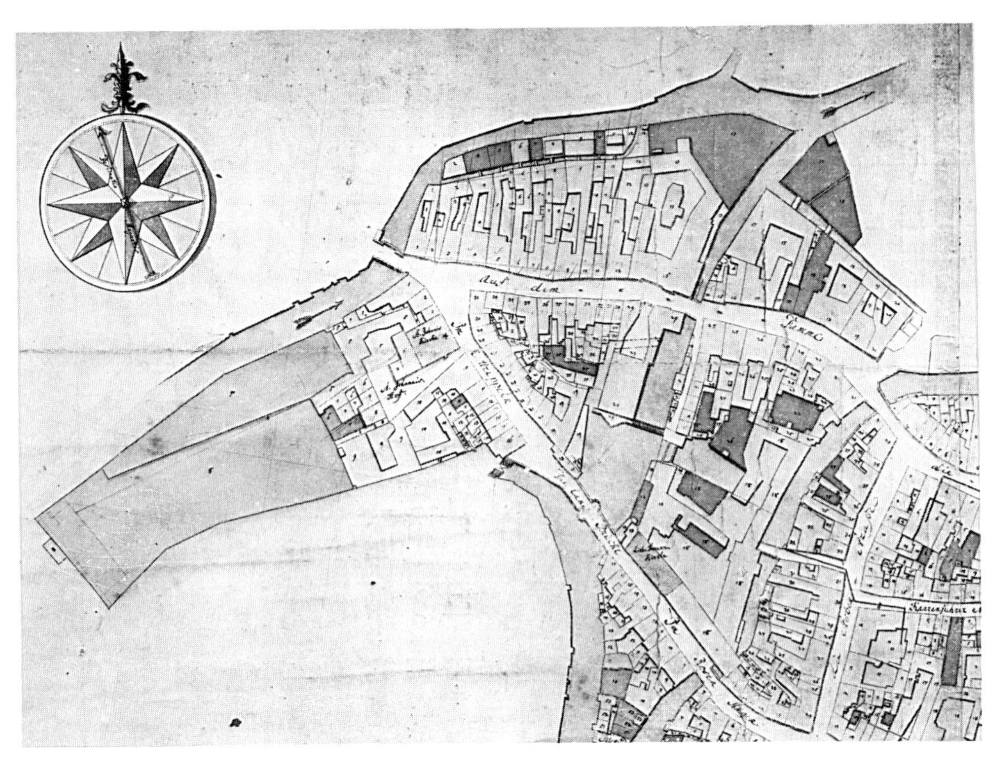

11 A. Haacke: Distrikt-Karte „C“ (Ausschnitt). 1765

4 10

Ein Vergleich der Maße und Winkel des Planes mit jenen des Burgplatz-Grundstücks führt, bei aller Vorsicht hinsichtlich der Zeichengenauigkeit, zu einer auffallenden Übereinstimmung. Als sicherer Beleg dieser Zuordnung dient ein 1899 aufgenommener Grundriß des am Burgplatz gelegenen Geländes[126], der zwar in einem anderen Maßstab gezeichnet, im übrigen aber mit dem Langwagen-Plan deckungsgleich ist.

Langwagen nimmt in seinem Entwurf Rücksicht auf die umliegenden Gebäude, die als Fachwerkbauten eine behutsame Anpassung verlangen. In der Planung korrespondieren die Geschoß- und Firsthöhen mit dem westlich benachbarten Fachwerkhaus von 1573 einerseits, die Fassadengliederung mit Rustika im Erdgeschoß und Pilastern in den Hauptgeschossen nimmt andererseits Bezug auf das neue Ferdinandspalais. Als innovatives Element führt Langwagen das Mansarddach mit den zum Mosthaus korrespondierenden Dachgauben ein, das von den Satteldächern der Fachwerkhäuser deutlich abgesetzt ist: „Die Durchbildung der Fassade ist für Braunschweig neu, sie geht zurück auf den Dresdener Wohnhausbau, besonders auf die Typenentwürfe, die 1736 vom Dresdener Oberbauamt als Vorbilder für bürgerliche Bauten hergestellt wurden (...).“[127] Bei der geringen Fassadenbreite, mit der dieser Entwurf zu rechnen hatte, blieb wenig Raum für eine dem adligen Charakter des Hauses zukommende Ausstattung, so daß der Erwerb eines weiteren Grundstücks am Damm (Ass. Nr. 218) von 1786 an den Bau eines großzügiger bemessenen Gebäudes erlaubte, worauf der Plan für den Burgplatz fallen gelassen wurde.[128]

Die Platzentwicklung bis gegen 1800 ist vor allem im 18. Jahrhundert von Widersprüchen gekennzeichnet, die hier kurz zusammengefaßt werden sollen, da sie auch in der weiteren Baugeschichte des Burgplatzes wirksam bleiben.

Mit der Teilung des welfischen Herzogtums im Jahre 1267 und der in der Folgezeit sich entwickelnden politischen Stellung der Stadt Braunschweig ging die seit Herzog Heinrich dem Löwen im Burgbezirk manifestierte Einheit von realer Herrschaftsausübung und architektonischer Machtdemonstration allmählich verloren, deren optischer Ausdruck der Palas der Herzogspfalz Dankwarderode und der auf dem Burghof errichtete Bronzelöwe sowie die als welfische Grablege dienende Stiftskirche St. Blasius waren.

Mit fortschreitender Verselbständigung der stadtbraunschweigischen Wirtschaftspolitik als Mitglied der Hanse, die durch die Stellung als welfischer Gesamtbesitz begünstigt wurde, gerieten der dem Burgbezirk anhaftende herzogliche Machtanspruch und dessen architektonischer Ausdruck immer mehr in Widerspruch zueinander. Zwar wurden die Gebäude, und hier vor allem das Westtor als hoheitlicher Wappenträger, von den Herzögen und den Bürgern der Stadt gleichermaßen als wichtige Ausdrucksträger der realen Herrschaftsverhältnisse betrachtet, doch ist der Platz mit dem kaum genutzten und vernachlässigten Mosthaus und den überalterten Wohnbauten des Adels zugleich Ausdruck dafür, daß von ihm reale Macht nicht mehr ausgeht.

Die Bemühungen um eine systematische Verschönerung des Burgplatzes im 18. Jahrhundert blieben trotz der herzoglichen Unterstützung nicht zufällig schon im Ansatz stecken, denn die noch aus dem Mittelalter herrührenden Besitzverhältnisse gestatteten kein freies Verfügen des Landesherrn über die Lehnsareale am Platz; sie schlossen auch die staatsautoritäre Durchsetzung eines Gesamtbauplanes von vornherein aus. So haftet selbst dem Teilbau des Ferdinandspalais, der im Grunde nur ein Umbau war, etwas Halbherziges an.

Bis um 1800 ist der Burgplatz zwar ein geschlossen umbauter Raum, ein Hof, aber kein einheitlich konzipierter Platz gewesen. Die Projektierung einer Neubebauung der Nordseite bei gleichzeitiger Vereinheitlichung aller Platzwände, wie sie Peltier vorgeschlagen hatte, tendierte in die Richtung einer Öffnung des architektonischen Ensembles, die jedoch nicht allein an den finanziellen Grenzen, sondern auch und gerade an den ideologischen Schranken der adligen Anlieger scheiterte. Der Widerspruch zwischen baulicher Verfassung und politisch-ideologischer Bewertung des Burgplatzes – soweit sei hier vorausgegriffen – sollte das wesentliche Merkmal des alten Stadtzentrums bis in die Gegenwart bleiben.

TEIL 2
Der Burgplatz um 1800. Zum Wandel der Platzgestalt unter bürgerlichem Einfluß

1 Die Öffnung des Platzes um 1800

Bis 1671 war Braunschweig eine gut befestigte Stadt, deren Verteidigungsanlagen in den vergangenen Jahrhunderten einer Reihe von Belagerungen standgehalten hatten. 1672 deckt Johann Bernhard Scheither in seiner ‚Novissima Praxis Militaris' die Mängel der braunschweigischen Befestigungen auf und belegt, daß sie zum Zeitpunkt der Eroberung nicht mehr den an sie gestellten Ansprüchen genügten.[129] Ihre Erweiterung und Verbesserung nach vaubanschem Muster ab 1692 wurde deshalb mit Vorrang betrieben und war wohl die umfangreichste Bauaufgabe in der Stadt nach der Unterwerfung.[130] Etwa um 1740 wird die Anlage vollendet gewesen sein.

Bereits im Siebenjährigen Krieg spielte auch diese Wallanlage strategisch keine wirksame Rolle mehr, da sie mit der Entwicklung der Kriegstechnik im allgemeinen und der Belagerungskunst im besonderen nicht mehr Schritt gehalten hatte. Die neuen Wälle und Tore, die von 1730 an die Funktion der alten Stadttore übernommen und diese zu Baumaterial-Reservoiren[131] degradiert hatten, wurden zwar weiter instandgehalten, doch „schon um 1770 waren die Erlaubnis zur Errichtung von gewerblichen Betrieben auf dem Glacis erteilt und einige Raveline auf Erbzins vergeben worden"[132]. Ein Verkauf der Festungswerke an städtische Institutionen oder an Privatinteressenten, der vermutlich zu ihrer baldigen Schleifung und damit zu frühzeitiger Öffnung und Erweiterung[133] der Stadt über ihre alten Grenzen hinaus geführt hätte, wurde noch 1792 von Herzog Carl Wilhelm Ferdinand abgelehnt, obwohl die daraus zu erwartenden Einnahmen der leeren Staatskasse hätten willkommen sein müssen.[134]

Die spätere Verwendung des geschleiften Festungsringes – ab November 1801 wurden die Befestigungen, ab 1803 unter der Leitung Peter Joseph Krahes, in parkartige Wallanlagen mit privaten Villen und öffentlichen Gebäuden umgewandelt[135] – bestätigt die Vermutung, daß eine übereilte, planlose Nutzbarmachung des Terrains verhindert werden sollte.

Innerhalb des Festungsgürtels bildete der mit Graben und Mauer umgebene Burgbereich seit der Stadtunterwerfung einen historisch-topographischen Anachronismus. Bis 1671 dienten die mittelalterlichen Befestigungen der Sicherung des herzoglichen Machtanspruchs über die Stadt; mit der Einlösung des Anspruchs wurde der Symbolcharakter des Burgplatzensembles hinfällig, so daß Graben und Mauer nur noch als Relikte einer bedeutungslos gewordenen Festung wahrgenommen wurden. Der Schloßneubau außerhalb des historischen Herrschaftszentrums auf dem östlichen Okerufer rückte die Instandhaltung der autarken Burgbefestigung endgültig in die Sphäre historischer und funktionaler Belanglosigkeit.

Daß Burgmauer und -graben als Wehranlage gegen städtische Übergriffe längst keine Bedeutung und Bestimmung mehr hatten, belegt Ribbentrop im Jahre 1789 mit der Bemerkung, daß „der Burgplatz (...) jetzo nur noch ein nach der Schuhstraße hin liegendes Thor (hat), (...) welches aber nicht mehr verschloßen wird“[136].

Der Platz war demnach öffentlich zugänglicher Raum, aber vermittelt durch die Architektur des Ensembles, besonders durch die engen Zugänge im Westen, Nord- und Südosten, bildete er gleichwohl einen isolierten, geschlossen wirkenden Komplex, dessen Sonderdasein – als feudale ‚Insel‘ um die Mitte des 18. Jahrhunderts – ideologisch begründet war.

‚Öffnung des Platzes‘ meint deshalb nicht die Schaffung eines formal bereits eingelösten freien Zugangs, sondern die Aufhebung und Auflösung des über die Architektur tradierten politisch-rechtlichen Anspruchs, als dessen Ausdrucksträger gerade das zur Stadt gerichtete westliche Burgtor verstanden wurde. Im folgenden wird zu zeigen sein, daß der Platz durch die Umgestaltung des westlichen Torbereichs einerseits zwar seine Eigenständigkeit verliert und zu einem dem Stadtgebiet angegliederten Gebäudekomplex wird, andererseits gerade dadurch aber eine auch politisch neue Ausdrucksqualität gewinnt.

3 Im Grundriß zeigt der Burgplatz eine unregelmäßige Viereckform mit den Dominanten Stiftskirche St. Blasius an der Süd- und Mosthaus an der Ostseite. Der auf hohem Sockel 1166 errichtete Bronzelöwe, der seinen Blick nach Osten richtet, bildet die optische und funktionale Platzmitte. Als Hauptzugang von der Stadt her, von Westen, dient der im Verlauf der Straße Vor der Burg stehende Torturm aus dem 16. Jahrhundert, der vom Graben her so weit in das Burggelände hineingerückt ist, daß hier an der nördlichen Straßenseite drei, an der südlichen fünf kleine Häuser Platz gefunden haben. Südlich an das Tor schließen das Haus der Burgwache[137] und daran das alte Dompredigerhaus an, nördlich des Tores erstreckt sich hinter den Häusern das Pantomimenhaus vom Graben am Papenstieg aus bis in den Platz hinein.

1 3 Noch etwas weiter als das Pantomimenhaus rückt das diesem benachbarte traufständige Gebäude in den Platz hinein. Dieses mehrgeschossige Haus mit steinernem geschweiftem Giebel wurde 1540 im Auftrag des Achaz von Veltheim zu Harbke errichtet[138] und befand sich am Ende des 18. Jahrhunderts im Besitz des Hofrichters von Veltheim-Aderstedt.

12 Die Häuser an der Nordseite des Burgplatzes. Vor 1868

Zwischen diesem und dem nächsten Gebäude befindet sich ein schmaler Durchgang vom Grundstück der von Campen zu Isenbüttel zum Burgplatz.

12 In der Nordwestecke steht das einzige noch heute erhaltene Gebäude des gesamten Lehnshofensembles, das 1573 für Achaz d. J. von Veltheim-Harbke und seine Frau Margarete von Salder erbaut wurde. Das dreigeschossige traufständige Fachwerkhaus mit steilem Satteldach und einer über alle Geschosse reichenden Auslucht mit spitzgiebliger Dachlaube[139] weist sich schon äußerlich als Adelssitz aus: Die oberen Geschosse kragen nur geringfügig über das Erdgeschoß vor, die Schmuckformen sind auf Diamantquader und Bandwelle reduziert[140]. Im Unterschied zum bürgerlichen Wohnhaus der Zeit fehlen sowohl ein Zwischengeschoß als auch ein Speicher. Am Türsturz der Hofeinfahrt verdeutlichen zudem die Familienwappen den gesellschaftlichen Rang der Besitzer.

Das anschließende Grundstück ist unbebaut und zum Burgplatz hin mit einer Mauer abgeschlossen.[141] Das genaue Datum, wann das auf dem Klappriß von 1600 ausgewiesene „traufständige Haus mit (...) vorgeblendete(m) kleine(m) Renaissancegiebel"[142] abgebrochen wurde, läßt sich archivalisch nicht fest-

2 stellen; dem Plan des Burgplatzes von 1740 zufolge lag die Stelle bereits in diesem Jahre brach.[143]

12 Das benachbarte Grundstück der Familie von Veltheim-Glentorf ist mit einem ebenfalls traufständigen zweieinhalbgeschossigen Fachwerkhaus zum

13 Ruhfäutchenplatz 1. Um 1887

Burgplatz hin bebaut und weicht in seinem Aufriß von den bisher genannten Gebäuden durch das Zwischengeschoß und die hohe Zahl von 13 Fensterachsen ab, wie sie im bürgerlichen Fachwerkbau Braunschweigs nicht ungewöhnlich sind. Das hohe Satteldach mit Ladeerker läßt einen dahinterliegenden Speicher erwarten; ein breites Tor führt durch das Vorderhaus in den Hof, auf dem sich mehrere kleinere Gebäude befinden. Ein Baudatum liegt nicht vor; die Art der Fassadengestaltung weist jedoch auf das 16. Jahrhundert als Entstehungszeit hin.[144] Obwohl in dieser Zeit das Küchenhofgelände kaum noch von Bedeutung für die herzogliche Hofhaltung gewesen ist, für die die Burg nur noch Absteige- und Gästequartier in der Stadt war, deutet die Architektur auf eine Zweckbestimmung als Wirtschaftshof hin.

13 Den Abschluß des Platzes an der Nordostecke bildet ein weiterer Lehnshof, der laut einer Balkeninschrift 1619 fertiggestellt worden sein soll und 1789 zum Besitz der Familie von der Schulenburg zählte.[145] Über einem gemauerten Erdgeschoß erhebt sich ein Fachwerkaufbau mit Satteldach, unter dem sich, durch kleine Gauben angedeutet, ein Speicher befunden haben dürfte. Sowohl zum Burg- als auch zum Ruhfäutchenplatz hin setzt in Traufhöhe ein als Geschoß ausgebildetes spitzgiebliges Zwerchhaus an. Die Hofzufahrt und der Hauseingang öffnen sich zum Ruhfäutchenplatz nach Osten.

2 Die Bauprojekte am Burgplatz um 1800

2.1 Voraussetzungen und Anfänge: Von der Zuschüttung des Burggrabens zum Bau des Dompredigerhauses

3 Der Burggraben, der in einer Teilstrecke am Südrand des Domkirchhofes (heute: Wilhelmsplatz) bereits überwölbt und überbaut worden war, hatte nicht nur längst keine Verteidigungsfunktion mehr, es häuften sich gegen Ende des 18. Jahrhunderts auch die Stimmen der Anwohner, die sich wegen des kloakenähnlichen Zustands und über die mangelhafte oder fehlende Absicherung und die daraus resultierenden Unfallgefahren beschwerten.[146]

Die Kosten für die jährlich erforderliche ‚Ausbringung', d. h. Reinigung des Grabens, scheinen den Ausschlag dafür gegeben zu haben, daß Herzog Carl Wilhelm Ferdinand die 1793 im Etat vorgesehene Summe aussetzte und stattdessen die Kammer zu einem Gutachten aufforderte, das die Möglichkeiten einer Zuschüttung erörtern sollte; davon mitbetroffen, wurde auch das St. Blasius-Stift um eine Stellungnahme gebeten.[147]

Darüber hinaus liegen aber auch städtebauliche Absichten des Herzogs auf der Hand, die zwar nicht explizit ausgesprochen werden, deren Notwendigkeit *14* aber aus dem Situationsplan des Burgplatzes, der dem ersten Gutachten von 1795 beigelegt ist, erhellt[148]; indem der Grabenbereich durch die Zuschüttung auf das angrenzende Geländeniveau gehoben wird, läßt sich der bisher fast unbebaute nordwestliche Randbereich der Burgfreiheit architektonisch nutzbar machen. Die in Teilstrecken sehr enge Straßenführung wird dadurch erweiterungsfähig. Es liegen zwar keine Entwürfe für ein größeres Bauprojekt vor, doch der um 1800 erfolgte Bau des Vieweghauses an der Stelle des Pantomimenhauses deutet an, in welchem Rahmen sich die Vorstellungen bewegt haben könnten.

Der Lageplan des Gutachtens von 1795 zeigt eine geschlossene Bebauung des westlichen Burgzugangs; unmittelbar am Grabenübergang verengt sich die dorthin führende Schuhstraße und endet als Vor der Burg bezeichnete Gasse, die an beiden Seiten von einfachen Häusern gesäumt ist, am Burgtor.

Für die Beurteilung des geplanten Eingriffs in die gewachsene Bausubstanz ist ein juristischer Aspekt von Bedeutung. Die von Meibeyer 1966 publizierte Braunschweiger Sozialtopographie[149], die er anhand des Culemann'schen Stadtplans von 1798 veranschaulicht, zeigt, daß die zwischen dem Graben und dem Tor liegenden Grundstücke nicht mehr zur Burg- und Stiftsfreiheit zählen, obwohl dies ursprünglich der Fall gewesen sein muß, da dieser Bereich innerhalb des Grabens und der Mauer lag. Gerade im Zusammenhang mit den juristischen Konsequenzen aus dem Hausbau des Verlegers Vieweg ist diese Feststellung zu beachten.

Mag Herzog Carl Wilhelm Ferdinand hinsichtlich der architektonischen Gestaltung des Torbereichs auch eigene Vorstellungen gehabt haben, so scheint eine vom Stift St. Blasius ab 1797 ausgehende Projektierung den Herzog und

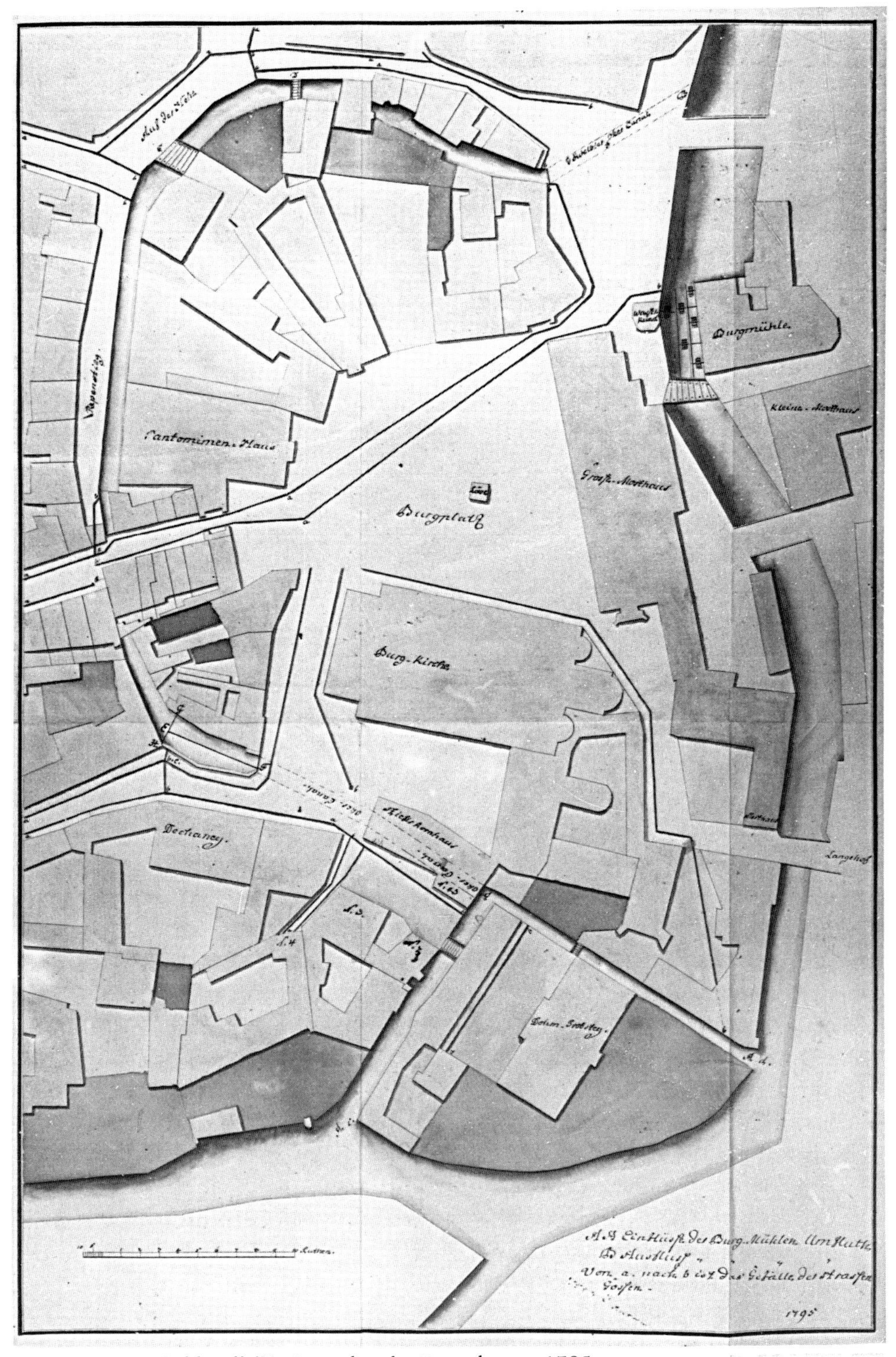

14 K. W. von Gebhardi (?): Lageplan des Burgplatzes. 1795

sein Bauamt qualitativ überzeugt zu haben und für die weitere Durchführung der Umgestaltung maßgeblich geworden zu sein.

Die Absichten des Stifts gehen weit über einen einfachen Neubau des Predigerhauses hinaus und zielen auf eine umfassende Neugestaltung und ‚Verschönerung' der westlichen Burgplatz-Situation, indem zugleich mit dem Abriß von Burgtor, Burgwache und altem Dompredigerhaus eine neue Straßenflucht von der Schuhstraße zum Burgplatz hin angeregt wird.

Über den Zustand des zweigeschossigen alten Dompredigerhauses beklagt sich das Stiftskapitel in einem an den Herzog gerichteten Bericht vom 15. April 1797: „Das zu unserer Dohm-Kirche gehörige, am Burg-Platze hieselbst belegene Predigerhaus ist, nachdem es schon lange bisher durch mancherley innere Stützen und Reparaturen so hingehalten worden ist, jetzo so ausserordentlich baufällig, daß es nun nicht länger stehen bleiben kann, sondern vom Grunde auf neu gebaut werden muß."[150] Die Bitte der Stiftsherren um Genehmigung und Unterstützung eines Neubaus wird ausführlich begründet und richtet das Interesse des Herzogs auf zwei wesentliche Punkte: „Hauptsächlich aber sind die äussern Seiten nach der Strasse heraus, so voll von sonderbaren Winkeln und Vorbauen, und gebrochenen Linien, daß wir den bisherigen Grund und Boden nicht beybehalten können, ohne nicht sowohl ein höchst zweckwidriges Gebäude aufzuführen, als auch ohne nicht einen äusserst auffallenden Uebelstand wieder herzustellen, der schon jetzt *dem Burg-Platze zur Unzierde gereicht* hat, und künftig dazu mit einem neuen Gebäude, und *bey einer andern Verschönerung dieses Platzes* noch mehr gereichen würde." (Hervorh. UB.)[151] Eine Verschönerung sei nur durch ein neues Gebäude zu erreichen; dazu bedarf es einer Neuorientierung der Baufluchten: Das sind die Kerngedanken des Vorschlages. Das Stift hat die Planung zu einer Umgestaltung des fraglichen Gebäudes bereits so weit vorangetrieben, daß es eine genaue Vorstellung der zu ergreifenden Maßnahmen vorlegen kann. Die Absicht, das Burgtor und das alte Haus der Burgwache abzureißen, muß wohl erst den Ausschlag für ein solches Gesuch gegeben haben, lagen doch die Gerechtsame und die Gerichtsbarkeit über beide Bauwerke und Grundstücke beim Herzog.

Das Stift erläutert seine Vorschläge noch genauer: „Ew: Durchl: haben, wie wir einigemal vernommen, den Plan, daß das Burg-Thor einmal abgebrochen werden solle; und daß in der Folge der Zeit zur Erweiterung der davor liegenden Gasse, und zur Verhütung der, bey deren Durchfahrth (!) obwaltenden Gefahren, so wohl als *zur Verschönerung dieser Gegend*, die vom Burg-Thore ab, linker Hand, so weit vorspringenden fünf Häuser, als 3. Stifts-Häuser, und 2. Bürger-Häuser weiter zurück gerückt, und mit den andern, nach der Schuhstrasse hinzu laufenden Häusern vor der Burg, *in ein allignement gesetzt werden sollten*." (Hervorh. UB.)[152] Die weitere Beschreibung der Lage des Neubaus und drei von dem Oberzahlmeister Horn angefertigte, verschiedene Prämissen berücksichtigende Pläne betonen immer wieder den Aspekt der ‚Verschönerung' durch Regelmäßigkeit; bei Nichtbeachtung der Stiftsvorschläge sei in Zukunft nicht nur mit höheren Baukosten, sondern sogar mit Schwierigkeiten im

Hinblick auf eine einheitliche Bebauung zu rechnen. Das Gesuch schließt mit dem Wunsch, den Plan ,B/ Suppl. Z' zu genehmigen und einen Teil der ehemaligen Wache dem Stift als Geschenk zu überlassen.

Die Vorschläge des Stiftskapitels rechnen mit der Entscheidung des Herzogs für einen Abbruch des Burgtores; obwohl der Bericht des Stifts dem Herzog mit Datum vom 4. Mai 1797 ,zur höchsten Einsicht' von der Geheimen Ratsstube zugeleitet wird, bleibt eine erkennbare Reaktion zunächst aus. Am 13. Februar 1798 wendet sich das Kapitel erneut schriftlich mit der dringlichen Bitte um Bewilligung des genannten Planes an den Herzog, da der Zustand des alten Predigerhauses dem beigefügten Bericht des Dompredigers Wolff zufolge täglich unerträglicher werde.[153]

Nachdem sich die Verwaltung nahezu ein Jahr Zeit zur Bearbeitung des ersten Gesuchs gelassen hatte, reagiert der Herzog jetzt unverzüglich. Ein Reskript vom 28. Februar 1798 genehmigt den favorisierten Plan und fordert die Vorlage von Entwürfen zur Fassadengestaltung eines zwei- und eines dreistöckigen Hauses.[154]

Am 26. März 1798 legt das Stift zwei Pläne mit Kostenvoranschlägen vor; der eine ist von dem in städtischen Diensten stehenden Oberzahlmeister Horn, der andere von dem Kammer-Baukondukteur Rothermundt entworfen.[155] Das Stift begründet die Vorlage von nur zwei statt der geforderten vier Pläne damit, daß ein zweistöckiges Gebäude den Raumbedarf nicht decken könnte. Trotz des höheren Kostenanschlags neigt das Stift mehr dem Rothermundtschen Entwurf zu. Die Entscheidung für Rothermundt fällt zwar aus finanziellen Erwägungen, da Horn einige Kostenfaktoren in seinem Anschlag nicht berücksichtigt hat, unzweifelhaft spielen aber auch ästhetische Überlegungen eine Rolle, obwohl dies an den leider verschollenen Fassadenaufrissen beider Architekten nicht nachgeprüft und bewiesen werden kann.

Der zwanzig Jahre ältere Horn war Vertreter eines spätbarocken Klassizismus, so Rauterberg, dessen Hauptwerke in Braunschweig wohl das Gebäude der Kammer an der Martinikirche und das Neustadtrathaus sind; Rothermundt dagegen, von Langwagen beeinflußt und dessen rechte Hand bei den Bauten der Kammer, entsprach mit seinen Entwürfen eher dem strengen Zeitgeschmack. In seinen Händen lag schließlich um 1800 die Bauleitung bei allen Projekten am Burgplatz: Dompredigerhaus, Vieweghaus und Vor der Burg 2–4.

Am 27. März 1798 bewilligt Herzog Carl Wilhelm Ferdinand neben einer dem Wert von 776 Rtlr. 6 Gr. entsprechenden Menge Tannenbauholz als Geschenk auch die „zu dem Bau erforderlichen rauhen Mauersteine und Quader, in so fern beides von dem alten Burgthore, welches deshalb abgebrochen werden soll, erfolgen kann"[156]. Zugleich geht er auf den Vorschlag des Stiftes ein und ernennt den Kammerbaukondukteur Rothermundt zum leitenden Architekten, dem auch der Torabriß übertragen wird.

Die trichterförmige Erweiterung der geplanten neuen Straßenführung Vor der Burg, bei der die Ecke des Dompredigerhauses etwas aus der Flucht der Häuserzeile an der Schuhstraße zurückversetzt ist, bewirkt, daß beide Fassaden,

15 Dompredigerhaus. 1975. Von Nordosten

sowohl jene an der Straße als auch die am Durchgang zwischen Burgplatz und Domkirchhof, zu gleicher Zeit vom Burgplatz aus wahrgenommen werden. Rothermundt löst dieses optische und architektonische Problem, indem er *15* beide Fassaden gleichartig ausbildet. Das dreigeschossige Gebäude weist an beiden Seiten sieben Fensterachsen auf, deren drei mittlere risalitartig vorspringen und durch ein Frontispiz mit hochovalem Fenster, von zwei Dachgauben flankiert, betont werden.

Das Erdgeschoß mit seinen ursprünglich den oberen entsprechenden Fenstern ist von den Obergeschossen durch ein breites Gesims getrennt. In den Hauptgeschossen dominiert die Vertikale durch Wegfall eines trennenden Gesimses und durch in die Wandfläche eingelassene Spiegel. Die drei Mittelachsen werden durch betonte Sohlbänke mit Konsolen und Fensterverdachungen, in der Mitte als kleine Dreiecksgiebel ausgeprägt, hervorgehoben; die Vertikale ist in der Mittelachse bereits im Erdgeschoß durch die über Treppenstufen erreichbaren Hauseingänge angelegt. Im heutigen Baubestand ist dieser Zusammenhang zwischen den Geschossen nach der Veränderung der Erdgeschoßfenster und durch die abweichende Behandlung der schmalen Wandflächen verloren gegangen.

Deutlich ist an diesem Bauwerk noch die Handschrift Langwagens zu erkennen, an dessen Bauten der neunziger Jahre, etwa Kohlmarkt 19 (1793) und

Bankplatz 2 (1797)[157], sich Rothermund orientiert hat, es aber durchaus zu einer akzeptablen eigenen Lösung bringt. Mit den vom bürgerlichen Wohnbau der Zeit übernommenen Formen kommt ein neuer Akzent am Burgplatz zur Sprache, der in dem gleichzeitig begonnenen Vieweghaus seinen schärfsten Ausdruck findet.

2.2 Das Wohn- und Verlagshaus Vieweg

Die Baugeschichte des Vieweghauses ist anhand des im Staatsarchiv Wolfenbüttel verwahrten Aktenmaterials[158] in zwei wesentlichen Fragen nicht befriedigend rekonstruierbar: Bereitet die Bestimmung des in den Schriftstücken nicht genannten Entwurfsarchitekten der Wissenschaft seit der Mitte des 19. Jahrhunderts Schwierigkeiten, so macht sich das Fehlen jeglichen Entwurfs- und Planmaterials bei der Analyse der Bauprojektierung noch schmerzlicher bemerkbar.[159]

Neben diesen baugeschichtlichen Problemen ist aber auch der Frage nach dem Motiv des Herzogs, „mitten in seinem residentiellen Bereich (die Errichtung eines repräsentativen Bürgerpalais, UB.) zu konzedieren“[160], nachzugehen; die Rahmenbedingungen der zunächst nur auf die Südseite der Straße Vor der Burg bezogenen Bauprojektierung des Stifts – Baufluchten, Fassadengestaltung – ließen allerdings eine baldige Neugestaltung des gesamten westlichen Burgbereichs erwarten, zumal sich der Baugrund für repräsentative herzogliche Vorstellungen anbot. Daß es einen anderen als den Viewegschen Plan gegeben hat, ist nach den bisher bekannten Quellen auszuschließen.

Bei den Zeitgenossen hat das für die damaligen Braunschweiger Verhältnisse monumentale Gebäude des von Berlin übersiedelten Verlegers Friedrich Vieweg wenig Beachtung gefunden. Nur Georg Hassel in seiner Funktion als „vortragender Rat für Kultus, öffentlichen Unterricht und Sanitätswesen“[161] in Braunschweig zählt es 1809 zu den „im neuesten und besten Geschmacke aufgeführt(en)“[162] Privatgebäuden der Stadt. Im späteren 19. Jahrhundert wird es primär von seiner Funktion als Verlags- und Druckereigebäude her rezipiert und gerühmt: „Die innere Einrichtung dieses kolossalen Bauwerks ist äußerst musterhaft.“[163]

Der Architekt wird an keiner Stelle genannt, ja nicht einmal der Bauherr Friedrich Vieweg selbst erwähnt den Namen. Das von Vieweg am 14. August 1798 in Braunschweig abgefaßte Gesuch an Herzog Carl Wilhelm Ferdinand, in dem er um die Baugenehmigung für ein Wohn- und Verlagshaus und um Zuweisung eines geeigneten Bauplatzes bittet, war bisher auf Grund eines Hinweises auf den potentiellen Architektenkreis für die Baugeschichtsforschung von großer Wichtigkeit. Die fragliche Stelle lautet: „Da ich gesonnen wäre, ein massives Gebäude, *nach einem von den ersten* Berlinischen Architekten entworfenen und Seiner Hochfürstlichen Durchlaucht zu höchster Genehmigung vorzulegenden Risse, aufführen zu laßen (...).“ (Hervorh. UB.)[164] Die von

Vieweg gewählte Formulierung „nach einem von *den* ersten" gibt zu Spekulationen Anlaß, wenn man nicht von einem Schreibfehler (den statt dem!) des Verlegers ausgehen will. Gesteigert wird die Verwirrung noch durch die anders lautende Formulierung im begleitenden Empfehlungsschreiben des Legationsrates Henneberg, dem Vermittler zwischen den beteiligten Parteien: „will Vieweg den Riß (...) *durch einen der ersten* Berliner Architekten machen lassen". (Hervorh. UB.)[165]

Da ich im thematischen Zusammenhang auf eine stilkritische Untersuchung verzichten kann, werde ich mich teilweise der Auffassung von Liess anschließen, der zu dem Ergebnis kommt, das Gebäude sei von David Gilly „aus dem Geist und Stil"[166] seines Sohnes Friedrich entworfen worden. So gesehen könnte Viewegs Formulierung auf eine Gemeinschaftsarbeit von Vater und Sohn deuten, obwohl eine solche auch zwischen David Gilly und Heinrich Gentz denkbar ist. Letzterer kann auf seiner Italienreise zwischen 1790 und 1795 in Rom mit einem im Bau befindlichen Palazzo in Berührung gekommen sein, der durch seinen ungewöhnlichen Grundriß vorbildhaft gewirkt haben könnte: der Palazzo Braschi von Morelli.[167] Das Viewegsche Grundstück ist von ähnlicher unregelmäßiger Grundform, so daß Gentz zumindest als Berater in Frage kommt.

Viewegs Gesuch ist darüber hinaus auch für die Projektierung am Burgplatz von Belang, wie die im Hennebergschen Begleitschreiben enthaltene Nennung eines konkreten Bauplatzes zeigt: „Meiner geringen Einsicht nach würde auf diese Weise (...) mit den geringsten Kosten Serenissimi Wunsch, die Gegend in der Burg zu verschönern, erreicht werden."[168] Verschiedene andere Formulierungen legen die Ansetzung des Planungsbeginns zu einem früheren Zeitpunkt, als bisher angenommen, nahe. So schreibt Henneberg weiter, daß er (am 15. August) „noch heute Morgen mit Vieweg den Plaz besehen" wolle, um eine endgültige Entscheidung des Verlegers entgegenzunehmen. Damit wird klar, daß Vieweg bereits vor seiner Reise nach Braunschweig wegen einer Verlegung seines Unternehmens von Berlin nach Braunschweig mit dem Herzog, vermutlich über seinen Schwiegervater Campe[169] und Henneberg, in Kontakt gestanden haben muß; in seinem Baugesuch läßt er anklingen, daß er „einem gnädigsten Befehle (folge), den Serenissimus Höchstselbst mir zu ertheilen geruhet haben"[170].

Bei der Übergabe des Schreibens an Henneberg hat offenbar ein Gespräch stattgefunden, in dessen Verlauf letzterer einen Bauplatz anbot, worauf „derselbe (d.i. Vieweg, UB.), bey der mit Serenissimi höchster Erlaubnis ihm darauf geschehenen Propositio, ganz in den Plan hin ein(-geht), sich auf dem Burg Plaz anzubauen u. die Häuser von dem Comoedien Hause bis zum Papenstieg dazu anzukaufen"[171]. Obwohl weder ein Briefwechsel zwischen Henneberg und Vieweg noch Aufzeichnungen über Gespräche zwischen Henneberg und dem Herzog archivalisch nachzuweisen sind, gibt es an anderer Stelle aktenkundige Aktivitäten, die zu der Annahme berechtigen, daß im Zeitraum zwischen dem Befehl zum Abbruch des Burgtores (27. März 1798) und einem

Schreiben des Berghauptmanns August Ferdinand von Veltheim an den Geheimen Rat von Bötticher vom 16. April 1798 im engsten Umkreis des Herzogs eine Bebauung des nördlich der Straße Vor der Burg gelegenen Areals diskutiert wurde. Von Veltheim schreibt: „Ew. Excellenz haben, Namens Sr. Durchlaucht unseres gnädigsten Herzogs, darüber eine Erklärung verlangt, ob und in wie weit ich wohl bereit sey, meinen am hiesigen Komödien-Hause belegenen sogenannten Aderstedtschen Hof an Höchstdieselben abzutreten."[172]

14 Das Aderstedtsche Haus schließt nördlich an das Pantomimenhaus an; das gesamte Grundstück, das bis an den Burggraben am Papenstieg reicht, ist als herzogliches Lehen mit verschiedenen Rechtsansprüchen verbunden, die bei einem Verkauf des Grundstücks diesem weiter anhaften, wenn sie nicht durch herzoglichen Spruch aufgehoben werden. Der Graf von Veltheim erklärt dazu: „Es kann solches jedoch, wie ich glaube, der Ausführung des *Projects* keine Schwierigkeiten in den Weg legen, weil, wie sich unten weiter ergiebt, das wieder in die Stelle tretende Grundstück in nexum feudalem gesetzt werden muß." (Hervorh. UB.)[173]

Der in diesem Schreiben erstmals gebrauchte Ausdruck ‚Project' legt nahe, daß bereits zu diesem Zeitpunkt – April 1798 – genauere Vorstellungen für die weitere Verwendung des Areals zwischen Vor der Burg – Papenstieg – Aderstedtschem Grundstück – Burgplatz bestanden haben; konkrete Hinweise, daß damit das Viewegsche Projekt gemeint sein könnte, sind allerdings nicht nachzuweisen.

Vieweg selbst hat in seinem Gesuch vom 14. August erwähnt, daß er „einem gnädigsten Befehle" folge; offen bleibt dabei die Frage nach den Absichten des Herzogs, die mit der Aufforderung verbunden gewesen sein können. Obwohl mit keinem Schriftstück zu belegen, soll hier doch einer Theorie nachgegangen werden, die Karl Schiller erstmals in seiner braunschweigischen Literaturgeschichte von 1845 vorgetragen hat[174] und die im Viewegschen Verlagskatalog zum 125jährigen Bestehen der Firma 1911 noch einmal wiederholt wird: „Es dürfte wohl auf das schnelle Aufblühen des Campeschen Unternehmens (Schulbuchhandlung, UB.), vielleicht auch auf den persönlichen Einfluß Campes (...) zurückzuführen sein, daß Carl Wilhelm Ferdinand den Plan faßte, durch Gründung einer Buchhändlermesse und Buchhändlerbörse seine Residenz zu einem Mittelpunkt des literarischen Verkehrs in Deutschland zu erheben. Campes tatkräftiger Schwiegersohn erschien dem Herzog als der geeignete Mann, ihm bei der Ausführung dieses Plans behülflich zu sein, und wurde vertraulich aufgefordert, bestimmte Vorschläge auszuarbeiten."[175]

Folgt man der Selbstdarstellung des Verlages wenigstens in dem Punkt, daß der Herzog „seine Residenz zum Centralpunkt des literarischen Verkehrs in Deutschland"[176] erheben wollte, so stellt sich, bezogen auf die erste Planungsphase, der in Aussicht genommene Bau eines repräsentativen Verlagshauses als „Centralhalle der Buchhändlerbörse"[177] an einem topographisch und gesellschaftlich attraktiven Platz als symbiotische Vereinigung privat-bürgerlicher und feudalstaatlicher Wirtschaftsinteressen dar.

In seinem Begleitschreiben an den Herzog unterstreicht der Legationsrat Henneberg, daß die Staatskasse eine enorme Belastung zu tragen hätte, wenn von staatlicher Seite eine Neubebauung des Grundstücks, auf dem das Komödienhaus steht, beabsichtigt würde: Dieses rund 50 Jahre alte Theater befand sich in einem nicht länger zu verantwortenden abbruchreifen Bauzustand[178], der beim Abriß des Burgtores durch die Freilegung einer Wand[179] noch bedenklicher wurde.

Henneberg zeigt sich von dem architektonischen Vorhaben Viewegs beeindruckt, wenn er schreibt: Doch würde die Stadt hier nie ein solches Gebäude erhalten haben, als Vieweg seinem Anspruch nach dahin zu sezzen (!) intendirt."[180] Der Herzog geht in einem an das Schreiben Hennebergs gehefteten Vermerk ganz auf dessen Argumentation ein: „Ich finde H. Viewegs Wünsche überaus moderat, und billig; daß ihm das Theater auf dem Burg Platz eingeräumt werde, leidet nicht die mindeste Bedenklichkeit."[181] Um möglicher Kritik an seiner Entscheidung vorzubeugen, stellte Carl Wilhelm Ferdinand seine Beweggründe in einem Schreiben an den Ober-Kammerherrn von Veltheim am 23. August 1798 noch einmal dar: „Da nach geschehener Abbrechung des Burgthurmes es nothwendig würde mit dem Comödien Hause u. den daran stoßenden Gebäuden eine Veränderung zu treffen, so kam es in Ueberlegung, in wie fern es rathsam seyn mögte, das Theater neu zu bauen, oder solches an dieser Stelle ganz aufzugeben u. den Plaz zu den nach einem neuen allignement hier vorzurückenden Gebäuden mit zu nutzen."[182]

Gleichzeitig bestätigt dieses Schreiben, daß Vieweg „die ihm geschehene Offerte, ihm das Comödien Hauß zum Anbau in dieser Gegend zu überlassen, angenommen hat." Die Schenkung des Theaters und des Grundstücks an Vieweg, die erst am 26. Oktober 1798 der Kammer mitgeteilt wird[183], muß unmittelbar auf Viewegs Gesuch hin erfolgt sein, anders sind die bis zum 23. August in Gang gesetzten Ankaufsverhandlungen mit den Besitzern der Vor der Burg gelegenen Häuser (Ass. Nr. 2586-2588, Schuhmachermeister Frühauff, Stift St. Blasius und Kleiderseller Brandes) nicht zu erklären, zumal dem ebenfalls am 23. August von Henneberg abgefaßten und vom Herzog unterzeichneten Schreiben an das Stift, in dem um die Abtretung des Vikarienhauses (Ass. Nr. 2587) gebeten wird, zu entnehmen ist, daß Vieweg „das danebenstehende Haus des Kleiderseller Brandes bereits angekauft hat"[184].

Als besonders schwierig erwiesen sich die Verhandlungen mit dem Schuhmacher Frühauff, über die der im Auftrag Viewegs tätige Henneberg in einem Pro Memoria vom 23. August 1798 berichtet: „In Ansehung des Eckhauses am Papenstieg bin ich noch um keinen Schritt weiter (...)."[185] Der Eigentümer könne sich wohl nicht zum Verkauf entschließen, da er sich übertriebene Hoffnungen auf einen höheren Verkaufserlös mache: „Es wird indeß derselbe, wenn es nur erst zum Abreißen kōmt, sich schon bequemen müßen, indem sein Hauß nicht nur nach dem Burg Plaz hin keine eigene Wand hat, mithin ganz aufkōmt, sondern auch von so baufälliger Beschaffenheit ist, daß es von dem Pilottiren, welches Vieweg wohl nicht wird umgehen können, alles befürchten muß."[186]

Die Art und Weise, mit der dieser Hausbesitzer zum Verkauf seines Gebäudes gezwungen werden sollte, war in Anbetracht der dem Projekt ‚Vieweghaus' von landesherrlicher Seite entgegengebrachten Aufmerksamkeit und Förderung wohl ein probates Mittel, das seine Wirkung nicht verfehlte: Vieweg konnte das Haus am 25. April 1799 erwerben.[187]

Auf Schwierigkeiten ganz anderer Art stießen die Verhandlungen um den Aderstedtschen Hof. Obwohl bereits im April 1798 eine Voranfrage an den Grafen August von Veltheim ergangen war, gab es Gründe, die es diesem „schlechterdings unmöglich (machten), (sich) auf diesen Handel sogleich verbindlich einzulassen"[188]. Vieweg, der sein Interesse an diesem Grundstück „bei seiner Abreise schon mündlich zu äußern die Ehre hatte"[189], legt seine Gründe dafür in einem Schreiben an Henneberg offen: „Ich wünsche seinen Besitz, weil ich mich schmeichele, durch eine verlängerte Fronte meines künftigen Hauses *zur Verschönerung des Burgplatzes beizutragen und so zur Erreichung der Absichten Sr. Durchlaucht mitzuwürken.*" (Hervorh. UB.)[190] Der Hinweis darauf, im Sinne des Herzogs zu handeln, findet sich auch in einer Briefstelle, die Campe am 10. September 1798 an Henneberg weiterleitete. Vieweg teilt darin seinem Schwiegervater mit, daß ihm die geforderten 6500 Rtlr. zu hoch erscheinen; gegenüber Henneberg hatte er eine Summe von 5000 Rtlr. für ausreichend erachtet: „Sie wissen, l. V. (lieber Vater, UB.), daß ich es nicht um des größeren Raumes, der, so wie er jetzt ist, für meine Bedürfnisse mehr als hinreichend war, sondern nur deshalb wünsche (...), die Absicht des Herzogs, so viel ich könte, befördern (zu helfen)."[191] Durch Vermittlung des Herzogs, vertreten durch Henneberg, einigten sich die Parteien auf die Summe von 6000 Rtlr. in Conventions-Münze, zu der der Herzog 1000 Rtlr. Zuschuß an Vieweg gewährte.[192]

Zusätzlich zu dem Kaufpreis für das Gebäude und das Grundstück stellte von Veltheim noch Bedingungen, die sich auf den Bau als solchen beziehen: „Daß H. Vieweg die auf dem Aderstedtschen Platze vorzurichtenden Wohngebäude an meine jetzigen Harbckeschen oder die zu acquerirenden Campenschen Gebäude nicht ganz unmittelbar anbaue."[193] Im einzelnen sind diese Bedingungen im Kaufkontrakt nebst Lageplan vom 17. Oktober 1798 enthalten. Hervorzuheben sind die Punkte 3 und 4: „(3) Hingegen die mit demselben verbundene Gerichtsbarkeit, Accise-Freyheit und dergleichen reservieret der Herr Verkäufer, in dem Serenissimo solche Gerechtsame auf ein neuerlich von dem Herrn Verkäufer acquirirtes Grundstück verlegen werden. (4) Ferner reservirt sich der Herr Verkäufer und verkauft nicht a) den auf dem Risse mit einer rothen Linie eingefaßten — und mit Lit. abfg bezeichneten Theil des Seiten-Gebäudes rechter Hand (...), b) den Theil des Gartens, der mit einer rothen Linie auf dem Risse eingefaßt und mit Lit. bcde bezeichnet ist (...)."[194] Vor dem Abschluß der Verhandlungen zwischen Henneberg — stellvertretend für Vieweg — und von Veltheim am 17. Oktober 1798 hatte noch kein Grundriß des geplanten Gebäudes vorgelegen, da die Grundstücksgrenzen nicht endgültig abgesteckt waren; darüber hatte sich Vieweg schon vor dem 10. September des

16a

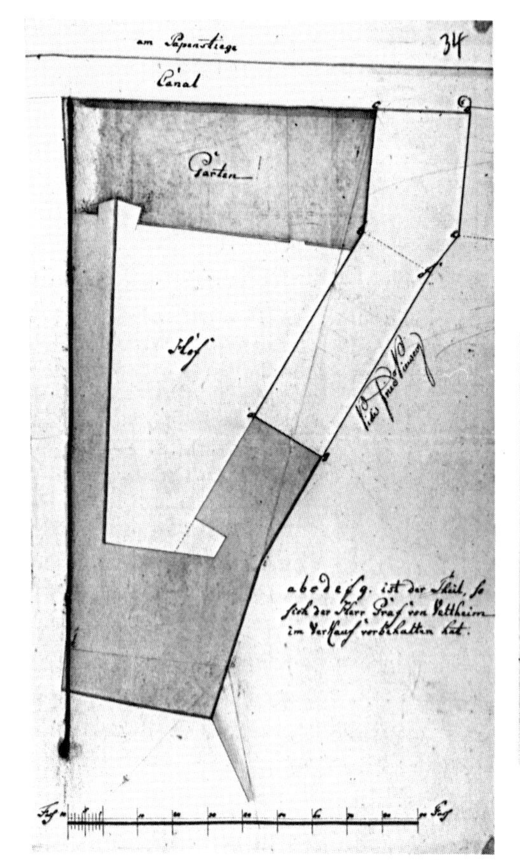

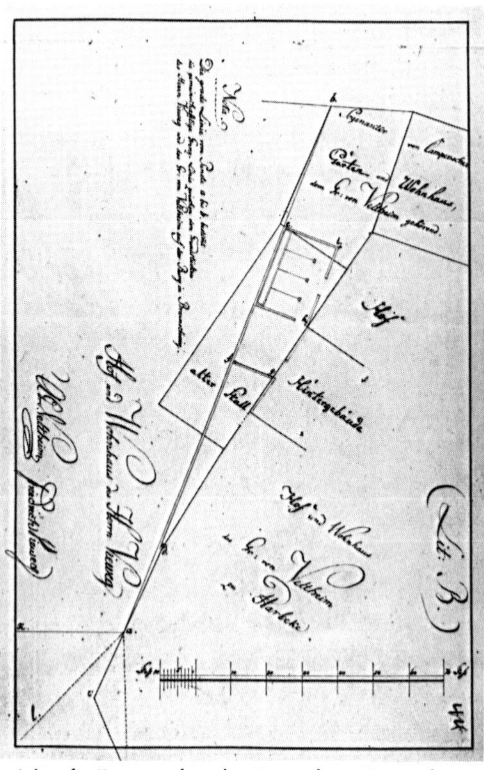

16 a, b Braunschweig, Burgplatz. Lageplan Aderstedtscher Hof.
17. Oktober 1798 (links),
21. August 1799 (rechts)

Jahres in einem Brief an seinen Schwiegervater beklagt: „Aber ich möchte so gern bei Anfertigung des Risses Gewißheit haben (...).“[195]

Der Kaufvertrag vom 17. Oktober, den Henneberg an Viewegs Stelle unterzeichnete, enthebt ihn dieser Sorge; nach diesem Termin wird wohl ein Entwurf angefertigt worden sein, wenn auch das Gelände eine unregelmäßige Vieleckform hatte, mit der sich weder Vieweg als Bauherr noch der entwerfende Architekt zufrieden geben konnten.

Der am 21. August 1799 ausgefertigte Nachtrag zum ersten Kaufvertrag bestätigt, daß beide Seiten in neue Verhandlungen getreten waren, die schließlich *16b* zu der auf dem beigegebenen Plan gezeigten Lösung für die nördliche Grundstücksgrenze führten. Die Bedingungen, soweit sie den nördlichen, an den von Veltheimschen Besitz stoßenden Bautrakt betreffen, lassen keine architektonisch interessante Durchgestaltung der Wand zu: „(1) alle Gebäude, welche er hier vorrichtet, an gedachter Linie durchgehends mit einer untadelhaften Brandmauer zu versehen (sind). (2) in keinem von den an dieser Linie aufzuführenden Gebäuden, weder nach dem Hofe, noch nach den Gebäuden des Grafen von Veltheim hin, irgend ein Fenster oder Luke anzulegen.“[196] Welche

Absichten von Veltheims hinter diesen Bedingungen stehen, wird nicht erkennbar; ob er selbst auf eine Anschlußbebauung spekulierte, bleibt offen.

Damit liegen aber endgültig die Rahmenbedingungen für einen Grund- und Aufriß des Viewegschen Hausbaus fest, wie er nach der Bauverordnung vorgeschrieben und von Vieweg bereits am 14. August 1798 dem Herzog in Aussicht gestellt worden war. Ein solcher Plan ist jedoch unauffindbar und in den Akten auch nicht vermerkt.

Den Abschluß der Planungsphase bezeichnet die Übertragung der Gerichtsbarkeit über das neue Gebäude auf die Stadt: „Da Wir nun, mit Aufhebung aller andern Jurisdictionsgerechtsame, welche dem einen oder dem andern Gerichte über besagte Gebäude bisher zugestanden, auf deren Area das Viewegsche Haus erbauet wird, resolviret haben, euch die Civil- und Criminal-Jurisdiction über dieses Haus und dessen Zubehörungen zu übertragen; so wird euch solches, zur Nachricht und Nachachtung, hiedurch ohnverhalten."[197]

Langfristig betrachtet ist dies ein Schritt, der von der Jahrhundertwende an zu einer gesellschaftlichen Umwertung des Burgplatzes führt und ihn zu einem Identifikationsobjekt des Bürgertums werden läßt: „Wir haben hier in Braunschweig um das Jahr 1800 die Situation, daß ein rein bürgerlicher Bau (...) an einem Platz entsteht, der vorher nur der Feudalklasse vorbehalten war."[198] Der Wandel des Platzcharakters, der sich zunächst auf der juristischen Ebene vollzieht, ist optisch an der Architekturform und -sprache erfahrbar und teilt sich über das Bezugssystem mit, in dem der Bau wahrgenommen wird.

Probleme der Bauausführung

Am 26. Oktober 1798 verfügte Carl Wilhelm Ferdinand mit Wirkung vom 1. November des Jahres die Aufhebung der Feuerversicherung für das Komödienhaus[199], am 11. November erteilte er dem Hofbaumeister Langwagen die Anweisung, nach der Räumung des Theaters die Schlüssel an Campe oder einen von diesem Bevollmächtigten zu übergeben.[200] Erst am 14. März 1799 berichtete Langwagen, daß der Befehl ausgeführt und die Schlüssel übergeben seien — das bedeutet, daß nicht mehr vor dem Winter 1798/99 wie geplant mit dem Abbruch begonnen worden sein kann.[201]

Der früheste Hinweis auf den Baubeginn scheint der Befehl des Herzogs vom 17. April 1799 zu sein, am Nußberg gebrochene Steine nach weiterer Anweisung an einen bestimmten Ort zu transportieren[202]: Hiermit korrespondiert ein Pro Memoria Rothermundts vom gleichen Tag, in welchem dieser unter Abzug der vom Burgtor-Abbruch verbliebenen zehn Ruthen Steine noch eine Menge von neunzig Ruthen, die vom Nußberg in Teilmengen geliefert werden sollten, „zu dem Fundament u. dem Souterrain" veranschlagt.[203] Am 28. April 1799 teilte Carl Wilhelm Ferdinand dem Finanz-Kollegium die Bewilligung der Steine mit und wies das Amt an, 800 Rtlr. an Henneberg für die Zahlung des Arbeitslohnes der Steinbrecher und für andere Ausgaben auszuzahlen.[204] Bis zum 31. Juli waren diese Steine jedoch nicht abgeliefert worden.[205] Es fehlte an Braunschweiger Spanndiensten, so daß sich der Herzog veranlaßt sah, dem Amt

Wolfenbüttel die Aushilfe mit 28 Spanndiensten zur Abfuhr von 4 2/3 Ruthen Steinen zu befehlen.[206]

Im Oktober 1799 fehlten noch 700 Fuß Ständerholz zur Pilotage (= Gründung) des Papenstieg-Traktes. Die Arbeiten gestalteten sich auf dem zum Graben hin gelegenen Boden schwieriger als erwartet und verzögerten die Bauausführung erheblich[207], worüber sich Vieweg am 22. Dezember 1800 bei Henneberg beklagte: „Ew. Hochwohlgebohren wißen wie viel mir dieser unglückliche Grundbau, der nicht in meinem Anschlage war, gekostet (hat).“[208]

Da die benötigte Ziegelmenge für das Vieweghaus die Kapazitäten der im Braunschweiger Raum angesiedelten Ziegeleien weit überforderte, ließ sich Vieweg Pläne für eine eigene Ziegelei ausarbeiten, die ihm David Gilly zur weiteren Bearbeitung durch einen ortskundigen Architekten überließ.[209]

Die Belastung der Staatskasse, die den Bau des Verlegers bis dahin großzügig unterstützt hatte, scheint im ersten Viertel des Jahres 1800 ihren Höhepunkt erreicht zu haben, denn Rothermundt erstellte am 27. März einen Finanzierungsplan, der zur Entlastung der Kasse beitragen sollte: „Wenn das Viewegsche Haus in diesem Jahr nur in der Facade nach dem Burgplatze und langen Fronte (d.i. Vor der Burg, UB.) unter Dach gebracht, hingegen die Seite nach dem Papenstieg von dem Mittelrisalit bis auf des Graf von Veltheims Haus die 1ste Etage aufgeführt, und der Bau des rechten Flügels im Hofe ausgesetzt würde, so könnte an der unterthänigst eingereichten Holzspezification vorerst abgesetzt bleiben (...).“ (Es folgen die entsprechenden Berechnungen, UB.)[210]

Dennoch blieben weitere Verzögerungen nicht aus und im Oktober 1802 war das Haus noch immer nicht an allen Seiten gedeckt: „Ich darf dann mit Zuversicht erwarten, das Haus noch vor dem Winter überall unter Dach zu sehen, welches, zu meinem größten Nachtheile nicht möglich seyn würde, weñ es mir gerade jetzt an Holz fehlte.“[211] Wann das Gebäude bezogen werden konnte, ist nicht überliefert. Dachziegellieferungen bis April 1805 und eine von Vieweg am 9. Juli 1807 quittierte Holzlieferung[212] enthalten keine näheren Angaben über ihre Verwendung. Im allgemeinen wird der Bezug des Gebäudes für 1804/05 angenommen.[213]

Beschreibung

Nach den Vorstellungen des Bauherrn Friedrich Vieweg sollte das Gebäude, das schließlich „dreymal so groß als das größte Haus in hiesiger Stadt“[214] geworden war, verschiedene Funktionen unter einem Dach vereinen: Verlagshandlung, Druckerei und Privatwohnung. Die Funktionsteilung bestimmt daher die innere Gliederung, der gesellschaftliche Anspruch des Bauherrn den Charakter des Hauses und sein Äußeres.

Nachdem um die Mitte des Jahres 1799 die Umrisse des zur Bebauung vorgesehenen Terrains festgelegt waren, wurde auf trapezförmigem Grundriß „eine vierflügelige Palastanlage um einen Innenhof mit abgeschrägten Ecken“[215] errichtet, deren drei freistehende Fassaden ihrer inneren Funktion entsprechend unterschiedlich architektonisch gestaltet sind. Der an den von Veltheimschen Besitz grenzende Nordflügel mußte laut Vertrag vom 21. August 1799 fensterlos und durch die Forderung nach einer makellosen Brandmauer auch ungestaltet bleiben.

Der entwerfende Architekt, von dem nicht bekannt ist, ob er die räumliche Situation vor seinem Entwurf selbst in Augenschein genommen hat, stand vor der Aufgabe, auf dem unregelmäßigen Grundstück eine Reihe von technischen und ästhetischen Problemen zu lösen, um den funktionellen und ideellen Ansprüchen des Bauherrn gerecht werden zu können. Der Entwurf hatte nicht nur mit den äußerst schwierigen Bodenverhältnissen am Papenstieg, sondern auch mit dem bereits im Bau befindlichen, gegenüberliegenden Dompredigerhaus sowie mit den aus seiner exponierten Lage resultierenden ideologisch-ästhetischen Anforderungen zu rechnen.

Die Straße Vor der Burg erhielt mit Baubeginn des Dompredigerhauses eine neue Bauflucht: Während sich die Straße etwa vom Standort des abgebrochenen Burgtores an auf der Südseite zum Platz hin trichterförmig erweitert, behält das Vieweghaus die ursprüngliche Fluchtlinie der Vorgängerbauten bis an die Platzecke bei. Dadurch wird auch die lange Fassade Vor der Burg vom Platz aus sichtbar. Um diese Fassade trotz des nach Westen abfallenden Geländeniveaus einheitlich und im Einklang mit der Burgplatzfassade gliedern zu können, setzte der Architekt von dort ausgehend die Geschoßgliederung fest.

Über einem rustizierten, leicht vorspringenden Souterrain, dessen verhältnismäßig große Fenster knapp über dem Boden ansetzen, erhebt sich ein ebenfalls leicht rustiziertes Erdgeschoß mit hohen, glatt eingeschnittenen Fenstern, das mit dem Kellergeschoß unter einem breiten Gesimsband zusammengefaßt als Sockel der Beletage und des Mezzanins verstanden werden kann. Die Höhe dieser anderthalb Geschosse ist an allen drei Fassaden gleich, woraus sich die Papenstiegfassade als Sonderlösung mit Souterrain, Erdgeschoß und eingeschobenem Halbgeschoß unter dem Gesimsband, das hier etwas schmaler ist, erklärt.

17 Abweichend von den anderen zeigt die Fassade am Papenstieg im Erdgeschoß eine Gliederung, die die Schichtung der Wand stärker betont; auf dem vorspringenden Gebäudesockel, in den schmale Kellerfenster eingeschnitten sind, setzen zwischen den Fenstern kräftige, pilasterartige Wandvorlagen auf Basen auf, die bis an die als Bänder gestalteten Tropfleisten der leicht vorspringenden Sohlbänke reichen. Sie stützen das Brüstungsgesims der Halbgeschoßfenster unter dem hier abweichend ausgebildeten Gurtgesims; zwischen den Pilastern springt die Wandfläche als Fenstersturz vor, wodurch trotz der vertikalen Betonung durch die Pilaster die Fensterachsen horizontal zusammengefaßt wirken.

Ähnlichkeiten zu den beiden Hauptfassaden weisen die drei Risalite am Papenstieg auf: Sie sind einachsig, zweieinhalb-geschossig und zeigen das gleiche Gurtgesims. Die Sockelzone ist um die Differenz des Bodenniveaus zwischen Burgplatz und Papenstieg höher und erreicht damit in Abstufungen das gleiche Oberkantenniveau wie an der Ostfassade; darin ist eine untere Verklammerung — die auch im Gurtgesims gegeben ist — des ganzen Gebäudes zu sehen. Die

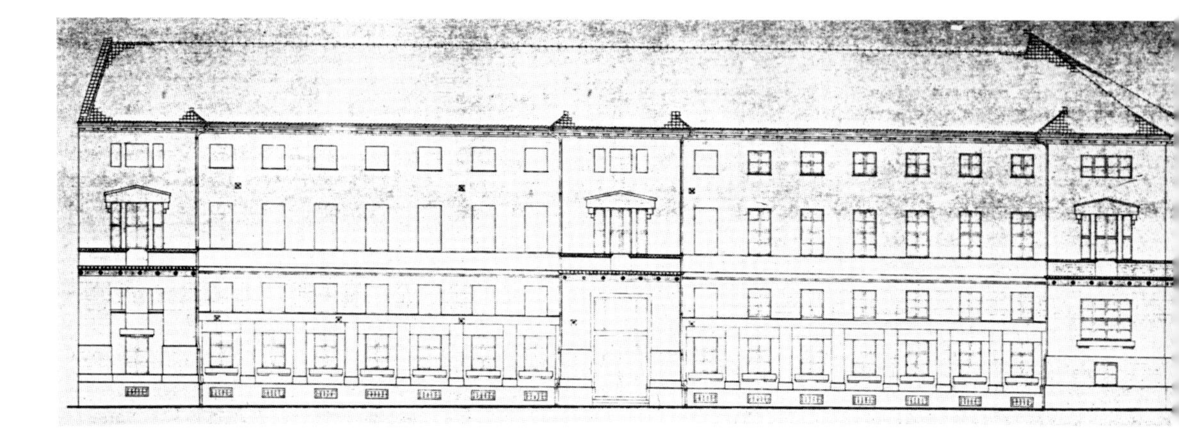

Fenster der Risalite sind dreigeteilt. Das Erdgeschoßfenster des Mittelrisalits setzt auf der Höhe der Pilasterbasen an und reicht bis zu zwei Drittel der Höhe der Halbgeschoßfenster hinauf. Das Fenster im Hauptgeschoß wird durch einen gestelzten, überdachten Fronton betont.

Die reduzierten Schmuckformen – nicht gezahnte Tropfleisten, fehlendes ornamentiertes Gesimsband – und die betonte reliefartige Durchbildung der Erdgeschoßwand, in der die architektonischen Funktionen des Tragens und Lastens besonders deutlich ausgebildet der Gebäudehaut vorgeblendet sind, weisen auch ohne Kenntnis eines ursprünglichen Bau- und Nutzungsplanes für das Gebäude auf die dem Trakt zugeordnete Funktion als Druckerei hin.

Zur Frage der Nutzung der in den oberen Geschossen gelegenen Räume gibt es nur einen wesentlich jüngeren Hinweis, der einem Schreiben Eduard Viewegs vom 11. Juli 1863 zu entnehmen ist: Den Wunsch nach Vergrößerung der Mezzaninfenster an allen Gebäudeseiten begründet er damit, daß am Papenstieg mehr Oberlicht für die Holzschneider und Stenotypisten notwendig sei.[216]

Der heute nicht mehr vorhandene Risalit an der Ecke Papenstieg/Vor der Burg war nur zum Papenstieg hin als Vorsprung ausgebildet, zur Burg hin ging er glatt in die lange Fassade über. Der Übergang ergab sich aus der Abschrägung der Ecke zu einer einachsigen Wandfläche. Ein auf zwei dorische Säulen gestellter Balkon nahm die Gestalt des Burgplatz-Portikus auf; unter ihm befand sich der über zwei Treppenläufe erreichbare Eingang der Waisenhaus- und Schulbuchhandlung.[217] Auch die Fensterform in der Beletage spielte auf die Burgplatzfassade an, während das Mezzaninfenster in Segmentbogenform mit einer Sohlbank auf schweren Konsolen ausgebildet war.

Die Fassade Vor der Burg ist mit dreizehn Achsen um vier kürzer als die am Papenstieg. Ihre Besonderheit ist der flache, nur als Wandschicht aus der Fläche tretende Mittelrisalit mit drei Fensterachsen, deren mittlere die eigentliche Wand rücksprungartig fortführt. Die Mitte des stark plastisch rustizierten Erdgeschosses nimmt bis zur Höhe der Fensterstürze eine zweiflügelige Toreinfahrt ein, über der auf vier mächtigen kubischen Konsolen ein Balkon in Höhe des

17 Linke Seite: Braunschweig. Vieweghaus. Westfassade am Papenstieg. Bauaufnahme der TU BS 1962

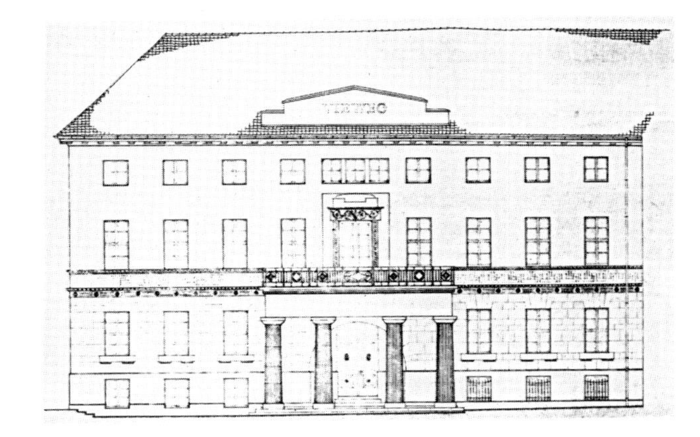

18 Braunschweig, Vieweghaus. Ostfassade am Burgplatz. Bauaufnahme der TU BS 1962

abweichend gestalteten Gesimsbandes – Rosettenfries mit schmalem Eierstab über glattem Gesims auf Konsolen statt Mäander und Eierstab – ruht. Die Fenster im Erdgeschoß haben statt der Tropfleisten halbkreisförmige Rosetten als Sohlbankkonsolen. Besondere Betonung erhält der Risalit durch das breite, stilisierte Anthemion-Friesband unter den Mezzaninfenstern ebenso wie durch den steilen gerahmten Dreiecksgiebel mit hochovalem Fenster.

Auffällig an der Fassade Vor der Burg sind die unterschiedlich geschnittenen Fenster des Souterrains; links vor der Toreinfahrt sind sie nahezu quadratisch und sitzen auf dem Sockelvorsprung auf, rechts schneiden sie in diesen ein. Dieser Zustand, der ebenso links und rechts des Portikus an der Burgplatz-Fassade zu beobachten ist, ist nicht ursprünglich. Stiche aus dem 19. Jahrhundert zeigen einheitlich quadratische Fenster; von der Fassadengestaltung her sind sie logischer, da sie die Größe der Mezzaninfenster spiegeln. In dem schon erwähnten Schreiben Eduard Viewegs ist belegt, daß es sich um eine Abänderung handelt, die schon vor der Jahrhundertmitte ausgeführt wurde: „Dieser Mangel an Licht (...) hat mich schon vor Jahren bestimmen müssen, (...) auch an der Fronte des Hauses nach dem Burgplatze und der Burgstraße (d. i. Vor der Burg, UB.) die Fenster des Souterrains *nach unten* erweitern zu lassen, da die Erweiterung nach oben unthunlich war." (Hervorh. UB.)[218]

18 Die Fassade am Burgplatz ist die repräsentative Seite des Gebäudes, obwohl ihre Mitte nicht wie an den beiden anderen Straßenfronten mit einem Risalit ausgebildet ist. Der auf vier entasierten dorischen Säulen ruhende Portikus, der in der Beletage in Höhe des Gurtgesimses als Balkon dient, umfaßt die Breite von drei der neun Fensterachsen und greift weit in den Burgplatz aus. Ein auf das Dach gesetztes, gestelztes und abgetrepptes Frontispiz – auf dem zeitweilig der Name ‚Vieweg' zu lesen war – in der Breite des Vorbaus krönt diese Ansicht des Hauses.

Unter dem tonnengewölbten Portikus befindet sich der Zugang zu den Repräsentations- und Privaträumen Viewegs. Die Wandfläche unter dem Vorbau ist fensterlos und hat in der Mitte eine große zweiflügelige Tür mit Oberlicht, die in einem bogenförmig eingetieften Feld liegt. In der Tür wird die Sockeloberkante des Gebäudes aufgenommen.

Ein ebenfalls eingetieftes hohes Rechteckfeld in der Beletage bietet der aufwendigen Gestaltung der Balkontür Raum. Die fensterhohe Tür ist seitlich durch schmale Wandvorlagen, die Schuppenbänder tragen, gerahmt; der „sarkophagähnlich bemessene“[219] Türsturz ist mit einem Arabeskenrelief geziert und eigenartig bekrönt: Die vorkragende Verdachung besteht aus zwei übereinandergeschichteten Putzfeldern, von denen das tieferliegende bogenförmig, das obere einmal zur Mitte gestuft ist.[220]

Alste Oncken führt in ihrer Arbeit über Friedrich Gilly wesentliche Merkmale des klassizistischen Bauens seiner ‚Schule‘ an, die nahezu ohne Einschränkung am Vieweghaus realisiert scheinen. Der klassizistische Bau soll als kubischer Block wirken, dessen Masse nur wenig aufgelockert wird; dekorative Details, wie sie das barocke Bauen bevorzugte, werden ganz verdrängt oder in wenigen untergeordneten Formen appliziert. „So ist das Ergebnis der aufgezählten Momente (...) eine plastische Bauform von ungewohnter Größe, Schwere und Strenge, die breit gelagert in sich ruht.“[221]

Am Vieweghaus wird das Lagern, das Zum-Boden-Drängen besonders durch das unentschiedene 1:1-Verhältnis der beiden durch das Gurtgesims deutlich voneinander geschiedenen, wie aufeinandergestellt wirkenden Geschoßblöcke unterstrichen, wodurch das Gebäude gerade die von den Architekturtheoretikern des 18. Jahrhunderts aufgestellte Forderung nach der ‚solidité‘[222] eines Bauwerks erfüllt.

Die Betonung der ‚solidité‘ gegenüber anderen Forderungen – ‚commodité‘ und ‚beauté‘[223] – kennzeichnet den Auftraggeber des Bauwerks, dessen geschäftliche Solidität und Prosperität – Notwendigkeiten bürgerlichen Geschäftssinns – Vorrang genießen und für jedermann sichtbar sein sollen. Wolfgang Kemp hat die Unterscheidung von adligen und bürgerlichen Verhaltensweisen herausgearbeitet, deren Folgerungen auch auf ihre Manifestationen wie etwa die Wohnung oder das Haus übertragen werden können: „Hat die Ostentation adligen Betragens quasi Selbstwert und markiert sie den Stellenwert des Einzelnen in einer ideellen Hierarchie, so will bürgerliche Selbstdarstellung die moralische und ökonomische Bonität des Einzelnen oder der Familie anzeigen (...).“[224] Damit wird auch verständlich, worauf Heinrich Gentz abzielt, wenn er anläßlich der Fertigstellung des Berliner Münzgebäudes feststellt, die Stilfrage sei nur nebensächlich, sie könne „wohl nie Zweck und Augenmerk des denkenden Architekten sein, der den Charakter seines Gebäudes aus seinem Innern und seiner Bestimmung entwickeln soll (...)“[225]. Das heißt, die an den archaisch-dorischen Stil anknüpfende Bauform des Vieweghauses ist nicht Selbstzweck, sondern adäquater Ausdruck bürgerlichen Darstellungswillens: „Die Einfachheit und Sparsamkeit sind ungezwungenes, gestalterisches Prinzip.“[226] Sie sind Prinzipien, die das bürgerliche Leben in allen Bereichen bestimmen. Das Gebäude selbst stellt sich neben seinen objektiven materiellen Funktionen – Wohnen, Arbeiten – als Zeichen für etwas diese Bereiche ideell Umfassendes dar; diesem Anspruch sind verschiedene Details der Gestaltung zugeordnet.

Hamann hat bei der Betrachtung der Berliner Münze etwas auch für das Vieweghaus Geltendes festgestellt: „Die Wucht des Körperlichen (...) wird hier durch einen festen Baublock gewährleistet, dessen *flächige Behandlung* und durch *Ausschneiden aus der Masse* gewonnene, ganz nach innen weisende Fensterbildung den Hauscharakter mit solider Bürgerlichkeit betont." (Hervorh. UB.)[227] Auch die nur wenig vorspringenden Risalite, die weniger als eigene Baukörper denn als dem Baublock vorgelagerte Wandscheiben erscheinen, drücken die nach innen gewandte, privatisierende Bürgerlichkeit aus.

Während die Fassade Vor der Burg durch den Risalitgiebel nach einer Anpassung an die ältere oder im Entstehen begriffene Architektur (Vor der Burg 2–4) strebt und sich damit als zum bürgerlichen Teil der Stadt zählend präsentiert, kommt an der Fassade zum Burgplatz der Repräsentationswillen des Bürgers entschieden an die Oberfläche. Kernstück dieser Willensäußerung ist der schwere Portikus, der demonstrativer in den Platzraum eingreift, als es ein Risalit ähnlich denen der anderen Fassaden bewirken könnte. Schon die Wahl der dorischen Ordnung, die nach der Theorie Sturms (1716) dem Stand des Bürgers zugewiesen ist[228], setzt das Bauwerk – und somit auch seine Bewohner – in Opposition zu seiner Umgebung, die bis dahin aristokratisch ausgerichtet war.

2.3 Das Wohnhaus Vor der Burg 2–4

Mit der Vorlage eines von Rothermundt „ins Reine gebrachten" Risses[229] trat am 1. März 1800 der letzte Abschnitt der Umgestaltung im Bereich Vor der Burg in seine entscheidende Phase ein: Anstelle der alten Fachwerkhäuser zwischen Burggraben und Dompredigerhaus plante er ein großes steinernes Gebäude mit drei straßenseitigen Eingängen entsprechend der Zahl der zukünftigen Besitzer – Stift St. Blasius, Schuhmacher Kühne und Kürschner Schmidt.

Da es sich um einen obrigkeitlichen Eingriff in die Interessen der alten Besitzer handelte, übernahm der Herzog die Baukosten in Höhe von 10403 Rtlrn zusätzlich zur Bewilligung von Baumaterial.[230] Abweichend von der üblichen Praxis, nach der die Fassadengestaltung eine öffentliche Angelegenheit war und deshalb der Genehmigung durch die Kammer bedurfte, wurden in diesem Fall auch die Pläne für den Innenausbau ohne Konsultation der Betroffenen entworfen und erst dann diesen zur Begutachtung und Zustimmung vorgelegt.[231] Der Herzog ging offensichtlich davon aus, daß die neuen Wohnungen auf jeden Fall den Beifall der Interessenten finden müßten, da sie geräumiger und „bequemer eingerichtet" seien als die alten.

Zumindest im Fall des Kürschners Schmidt traf die Annahme nicht zu, wie der umfangreiche Briefwechsel mit der Kammer[232] zeigt. Schmidt gab sich mit den ihm vorgelegten Plänen nicht zufrieden, da sie den realen Bedürfnissen

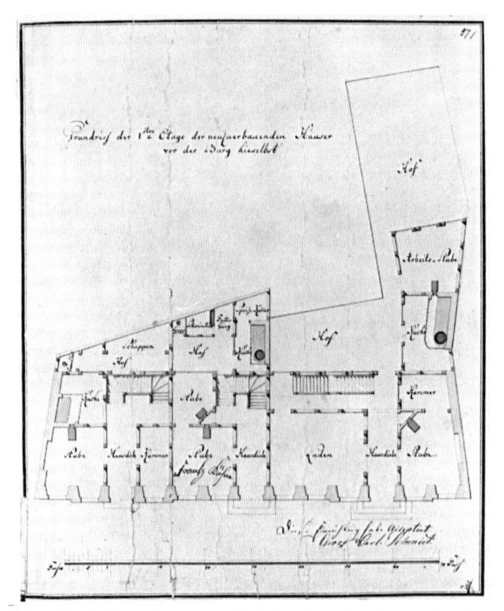

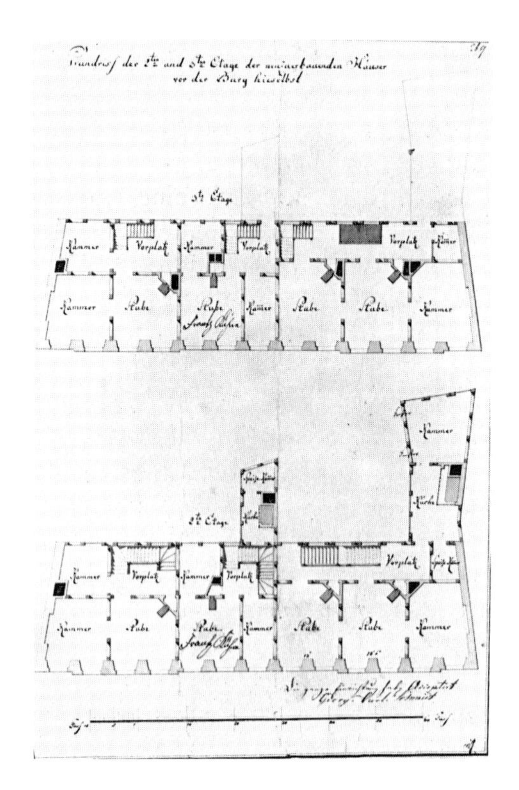

19 H. L. Rothermundt (?): Vor der Burg 2–4. Grundriß der 1. Etage. Wohl 1803

20 H. L. Rothermundt (?): Vor der Burg 2–4. Grundrisse der 2. und 3. Etage. Wohl 1803

seines Berufes nicht entsprachen.[233] Die Auseinandersetzungen um die gewünschte Gebäudeerweiterung zogen sich in die Länge und verzögerten die Fortführung der Bauarbeiten, so daß der Finanzierungsplan[234], den das Fürstliche Finanz-Kollegium am 20. März 1800 vorgelegt bekommen hatte, nicht eingehalten werden konnte. Danach sollte der innere Ausbau bis zum 24. Juni 1803 vollendet sein; erst am 13. März 1803 reichte Rothermundt jedoch die vermutlich realisierten Grundrisse ein. Wie aus dem Begleitschreiben[235] hervorgeht, legte er besonderen Wert auf die Feststellung, daß der Kürschner Schmidt die Baupläne eigenhändig entworfen und gegengezeichnet hat, ein Vorgang, der wohl wegen seines Ausnahmecharakters besonders vermerkt wurde.

Die Zeichnungen Rothermundts sind in der Akte nicht enthalten und gelten auch bei Rauterberg[236] als vermißt; in der Sackschen Sammlung des Braunschweiger Stadtarchivs sind aber zwei nicht datierte Blätter mit drei Grundrissen enthalten, die aufgrund des Vermerks: „Diese Einrichtung habe acceptirt Georg Carl Schmidt" wohl mit den genannten Plänen Rothermundts identisch sein dürften.[237] Danach hat Schmidt zwar nicht die erbetenen vier Fuß mehr Tiefe bewilligt bekommen, dafür aber einen zweigeschossigen Anbau im Hof zur Einrichtung seiner Werkstatt.

19 20

Die Entwürfe für die innere Raumaufteilung gehen von drei zusammenhängenden Gebäuden aus, zwischen denen es aber keine Verbindungen gibt; sie sind deshalb wie Einzelhäuser konzipiert: Von der Straße führt ein hier ‚Haus-

Diele‘ genannter Flur zu dem an der Hofseite gelegenen Treppenhaus, das nur in dem etwas größeren Schmidtschen Hause in den oberen Geschossen als ‚Galerie‘ ausgebildet ist, von der aus die an der Straßenseite liegenden Haupträume zu erreichen sind.

Rauterberg hat sich eingehend mit der Grundrißbildung Braunschweiger Bürgerhäuser dieser Zeit befaßt; seine Ergebnisse[238] treffen weitgehend auch auf die Häuser Vor der Burg 2–4 zu: Die Gebäude sind meist nur zwei Räume tief, wobei die hofseitigen kleiner und damit als Nebenräume gekennzeichnet sind; im Erdgeschoß gehen für Flur und Treppe im allgemeinen zwei Räume verloren. Die Wohnräume befinden sich in den Obergeschossen an der Straßenseite, und nur bei entsprechender Frontbreite kommt es zu einer dreiteiligen Raumfolge wie bei Vor der Burg 4 (Schmidt).

Wendet man sich der Fassadenausbildung zu, dann wird auf den ersten Blick der Widerspruch zwischen Grund- und Aufriß deutlich. Während sich die innere Gliederung um die Trennung der Baukörper bemüht, betont die Außenhaut gerade das Gemeinsame, indem sie durch die beiden seitlichen Risalite und die drei Eingänge eine Symmetrie vorspiegelt, die vom Innenraum her nicht vorgegeben ist.

Rothermundts Fassadenbildung ist in doppelter Hinsicht von der des Vieweghauses abhängig. Zum einen stand der Architekt vor der Aufgabe, seinen Entwurf an die Größe und Blockhaftigkeit des gegenüber entstehenden Neubaus anzulehnen, um den beabsichtigten geschlossenen und regelmäßigen Eindruck der Straßenflucht nicht zu stören, zum andern versucht er sich an der Übernahme von Einzelformen des Vorbilds; es gelingt ihm jedoch nicht, sich konsequent von spätbarocken Vorstellungen zu lösen, wie sie auch an seinem gerade vollendeten Dompredigerhaus abzulesen sind.

Analog zum Vieweghaus setzt Rothermundt das Erdgeschoß durch ein breites reliefiertes Gurtgesims von den Obergeschossen ab. Diese wiederum trennt er unmittelbar unter den oberen Fenstern durch ein bandartiges Brüstungsgesims voneinander, als dessen Pendant und Vorbild unschwer der Anthemionfries am Mittelrisalit der Vieweghausfassade Vor der Burg zu erkennen ist. Rothermundt scheut offensichtlich die leere Fläche; auch den am Vieweghaus frei gehaltenen Dachansatz über den Mezzaninfenstern besetzt er mit einem voll ausgebildeten römisch-dorischen Gesims, „über dem die Giebel in hölzerner Trockenheit weit in den Straßenraum vorkragen“[239].

Durch ihre Vor- und Rücksprünge, die sich aus der Rhythmisierung der Fassade mittels zweier dreiachsiger flacher Risalite und einer fünfachsigen mittleren Rücklage sowie den beiden einachsigen Seitenfeldern ergeben, wirkt die lange Hausfront sehr unruhig. Die enge Fensterstellung läßt die Wand stark durchbrochen erscheinen, die applizierten Verdachungen der mittleren Risalit- und der drei zentralen Fenster der Rücklage im ersten Obergeschoß verstärken diesen Eindruck noch. Die drei zentrierten Eingänge der originären Erdgeschoßzone, wie sie im Grundriß von 1803 vorgesehen waren, sind heute nicht mehr vorhanden.

Der Neubau führt die unregelmäßige Reihung der Nachbarhäuser von der Schuhstraße her fort und wahrt trotz der veränderten Stillage das aus der Vielfalt der Fachwerkfassaden entwickelte einheitliche Straßenbild, indem er in Risalit- und Rücklagenbreite die Parzellierung der anderen Grundstücke aufzunehmen scheint.

Mit dem Ende der Bauarbeiten am Haus Vor der Burg 2–4 und am Vieweghaus gelangt die Umgestaltung des westlichen Burgbereichs zu einem vorläufigen Abschluß, der den 1797 von seiten des Stifts angeregten Vorstellungen einer auf Regelmäßigkeit gerichteten Verschönerung des Burgplatzes Form verleiht.

Die neugeschaffene Sichtachse zwischen dem Burgplatz und der Stadt bleibt in dieser Richtung vordergründig ohne dominanten Bezugspunkt: Sie endet an unscheinbaren Bürgerhäusern am Sack. Ab etwa 1830 wird aber gerade diese Blickrichtung zum bevorzugten Motiv der aufblühenden Produktion von Stadtansichten, die Gegenansicht, der frontale Blick auf das Mosthaus und Ferdinandspalais, ist dagegen nicht mehr – wie noch im 18. Jahrhundert bei Beck – bildwürdig.

In den meisten Ansichten ist der Bildausschnitt so gewählt, daß der Dom St. Blasius am linken Rand, die Portikus-Fassade des Vieweghauses am rechten den Blick ungehindert in die Bildtiefe, entlang der Straße Vor der Burg, lenken; nur *21* auf einem Blatt verstellt das Löwenmonument die Tiefensicht, ohne daß dabei die Position des Zeichners und Betrachters verändert worden wäre: Hier ist nur der Löwe von seinem Standort links von der Straßenflucht nach rechts versetzt worden, so daß er nun das Dompredigerhaus nicht mehr verdeckt. Auf diesem Blatt werden am Ende der Straße über den Hausdächern zwei Kirchturmspitzen sichtbar. Aus den gegebenen Fluchtlinien kommt dafür nur die Martinikirche am Altstadtmarkt in Frage. Noch von Heinrich dem Löwen gestiftet, wurde sie zu Beginn des 13. Jahrhunderts Pfarrkirche der Altstädter Bürgergemeinde. Bereits 1204 erhielten die Altstadtbürger in einem stadtherrlichen Privileg das Pfarrerwahlrecht, wodurch nicht zuletzt die Bereitschaft zu eigener Bauleistung an der Kirche gefördert wurde.[240]

Die Aufwertung dieser Gemeinde kommt in der repräsentativen, an St. Blasius vorgegebenen Gestaltung des Westbaues am entschiedensten zum Ausdruck: „Gerade der Westbau war als Mittel, Macht und Anspruch der Bürgerschaft dauerhaft zu demonstrieren, besonders geeignet, da er sich wirkungsvoller als irgendein anderes Teil des Kirchenbaus im Straßenbild und in der Stadtsilhouette präsentieren konnte."[241] Wie sehr sich die Altstadtbürger ihrer Vorrangstellung in der Braunschweiger Gesamtbürgerschaft bewußt waren, ist an der Entwicklung ihres Zentrums, des Altstadtmarktes, in markanter Weise ablesbar: „Mit dem Langhausumbau an der Martinikirche und der Errichtung von Rathaus und Gewandhaus entstand eine den Altstadtmarkt monumental umschließende Bautengruppe, die sich an Umfang mit den ‚Residenzbauten' Heinrichs des Löwen aus dem 12. Jahrhundert messen kann, ja die durch die Kontinuität der Bautätigkeit bis in die frühe Neuzeit hinein eine diesen überlegene städtebauliche Lösung erzielte."[242]

21 Poppel/Kurz: Der Burgplatz nach Westen. Stahlstich. Um 1850 (?)

Nach dem Zusammenschluß aller Braunschweiger Stadtteile, der sogenannten Weichbilde, und der Einrichtung eines Gemeinen Rates der Stadt (um 1300) gaben die Altstädter ihre Vorrangstellung in der Bürgerschaft nicht auf; der Altstadtmarkt wurde (und blieb bis heute) das bürgerliche Zentrum der Stadt.[243] Als nach der Stadtunterwerfung 1671 das Altstadtrathaus der landesherrlichen Verwaltung unterstellt wurde, nahm eine Phase der größten städtischen Abhängigkeit von den Herzögen ihren Anfang. Die Rückgewinnung des städtischen Selbstverwaltungssymbols stellte seitdem eines der wichtigsten Ziele bürgerlicher Politik bis um die Mitte des 19. Jahrhunderts dar: Erst in dem sogenannten Caspari-Vertrag von 1858 wurde die Rückgabe des Rathauses geregelt.[244]

Durch den Abriß des Burgtores wurde der freie Blick vom Burgplatz in Richtung der Altstadt möglich. Der dadurch eröffnete städtebauliche Bezug von feudal-landesherrlichem zu bürgerlich-städtischem Zentrum, der in der Öffnung des Platzes *zur* Stadt hin angelegt ist und geeignet wäre, den seit 1671 politisch durchgesetzten herzoglichen Herrschaftsanspruch optisch-architektonisch zu formulieren, schlägt stattdessen in sein Gegenteil um, wie es die graphischen Darstellungen des 19. Jahrhunderts vermitteln. Die Reihung der Bürgerhäuser zu beiden Seiten der Straße Vor der Burg läuft der Blickrichtung des Betrachters entgegen, der sich etwa an der Nahstelle des alten Mosthauses und des Ferdinandspalais befindet; die Gebäude stoßen in den Platzraum besitzergreifend vor und erneuern, quasi mit der ganzen Stadt im Rücken, den historischen bürgerlichen Anspruch auf Mitbeherrschung des Burgbezirks, die mit der Teilung der Burgvogtei 1561 de jure erreicht, durch die Stadtunterwerfung 1671 aber wieder verloren worden war.

Ist in den Achsenbezügen zwischen (Alt-) Stadt und Burg eine Durchdringung von bürgerlicher und feudaler Sphäre angelegt, so stellt die Zuweisung des Viewegschen Grundstücks unter die städtische Gerichtsbarkeit einerseits einen Akt bürgerlicher Integration, andererseits aber auch eine Konfrontation mit der Feudalmacht dar: Zwischen dem Vieweghaus, das mit dem Portikus quasi aus sich selbst heraus in den Platz auszugreifen scheint, und dem zum Burgplatz hin geschlossenen herrschaftlichen Mosthaus und Ferdinandspalais, das in entgegengesetzter Richtung, zum Schloß am Bohlweg als neuem Herrschaftszentrum orientiert ist, entsteht ein durch die Architektur gesteigertes Spannungsverhältnis, wie es in dieser Intensität an keinem anderen Platz der Stadt hätte wahrgenommen werden können.

Daß dieses gesellschaftliche Problem den Zeitgenossen bewußt gewesen sein muß, zeigt sich an der Wiederaufnahme der Idee, die Nordseite des Platzes mit einem adligen Stadtpalais (von Veltheim) zu bebauen, wofür diesmal der seit 1803 in Braunschweig tätige Kammer- und Klosterrat Peter Joseph Krahe die Entwürfe fertigte.

2.4 Entwurf für ein Adelspalais um 1805

Unter der Regierung Herzog Carl Wilhelm Ferdinands kam es in Braunschweig zwar nicht zu einer Stadtgestaltung „in großem Stil“[245], doch waren, wie die Errichtung des Landschaftlichen Hauses[246] hinter der Martinikirche und die Umgestaltung des westlichen Burgareals erkennen lassen, in den 90er Jahren des 18. Jahrhunderts erfolgversprechende Ansätze nicht zu übersehen. Während das öffentliche Gebäude noch als spätbarockes Bauwerk zu charakterisieren ist, setzt das Vieweghaus am Burgplatz einen vollkommen neuen Akzent: „Der übergroße Neubau selbst (...) machte aber auch deutlich, daß seine (...) aus Berlin ‚importierte‘ Architektur sich dem Gefüge und dem Maßstab der Altstadt keineswegs glücklich einpaßte und mehr durch Kontrastwirkung seiner großen, fast brutal geschnittenen Massen verband.“[247] Der auf Kontrast angelegte Maßstab des Gebäudes ist wirkungsvolle Absicht; der Adel scheint sich, soweit er als Burgplatzanlieger davon betroffen war, der bürgerlichen Herausforderung angesichts des zur Vollendung gelangenden Vieweghauses bewußt zu werden. Das Projekt eines Stadtpalais, das 1805, also gegen Ende der Bauarbeiten am Vieweghaus, vorbereitet wurde, kann als sicherer Beleg dafür gelten.

Reinhard Dorn hat sich 1971 ausführlich mit den Entwürfen Krahes zu diesem Palais auseinandergesetzt.[248] Unter der hier vorgelegten Fragestellung soll das Gebäude jedoch nicht als Werk eines einzelnen Architekten untersucht werden, sondern in dem am Burgplatz gegebenen Kontext von Architektur und gesellschaftlichem Anspruch.

Der Baron Otto Carl Friedrich von Veltheim-Destedt, seit 1798 Kammer- und Schatzrat in Braunschweig, hatte im Jahre 1800 von seinem Vater Johann Friedrich zwei Grundstücke geerbt[249]: jenes am Damm 16 mit einem nach Plänen Langwagens 1787–1792 erbauten Palais sowie das seit 1740 brachliegende am Burgplatz zwischen dem Harbkeschen und dem Glentorfschen Haus. Beruflich hatte er Anspruch auf eine Dienstwohnung.

Dorn nimmt an, daß der Anstoß zu dem Projekt wie beim Vieweghaus vom Herzog ausging. Ein Schriftstück vom 16. Februar 1805 leitet Otto von Veltheim mit den Worten ein: „Es ist der Plan, daß ich (...) mich anbauen soll."[250] Sowohl diese Formulierung als auch die von ihm aufgelisteten Bedingungen, die er dabei zu stellen habe, lassen auf eine Anregung von außen schließen. Offen muß allerdings die Frage nach dem Zeitpunkt eines entsprechenden herzoglichen Vorschlages bleiben.

Obwohl das Haus am Damm unter Berücksichtigung seines räumlichen Zuschnitts den Ansprüchen eines Kammer- und Schatzrates angemessen war[251], verkaufte Otto von Veltheim dieses Gebäude am 1. Februar 1805 für 35000 Rtlr. an den Kammerherrn Leberecht von Cramm auf Sambleben.[252] Damit stellt sich die Frage, ob nicht bereits zu diesem Zeitpunkt ein Neubau am Burgplatz zur Diskussion stand, denn am 17. Februar begründete von Veltheim seine Bitte um Bauunterstützung folgendermaßen: „Die mir als Schazrath zugefallene freie Wohnung (im Landschaftlichen Haus, UB.) ist nicht genug mit häuslichen Bequemlichkeiten versehen, als daß ich mich gern entschließen könnte, solche beständig zu bewohnen (...). Ich bin deshalb entschlossen, *entweder ein anderes Haus zu kaufen, oder mir ein neues auf dem Burgplatz zu erbauen.*" (Hervorh. UB.)[253]

Hat es an dieser Stelle den Anschein, als ob tatsächlich zwei Lösungsmöglichkeiten erwogen werden sollen, so wird wenige Zeilen später klar, daß nur eine dem Bauherrn annehmbar ist, und zwar aus ästhetischen Absichten: „Dieses hingegen ist anziehender und reizender für mich, *da der Burgplatz einem Hause die angenehmste Lage in der ganzen Stadt gewährt.* (...) Auch würde ich Genugthuung darin finden, auf diese Weise *zur Verschönerung der Stadt*, selbst mit Aufopferungen, *beigetragen zu haben.*" (Hervorh. UB.)[254]

Es sei in Erinnerung gerufen: Mit ähnlich lautender Begründung hatte sich Vieweg auf die Verbreiterung der Burgplatzfassade, und damit letztlich auf eine Vergrößerung des gesamten Gebäudes eingelassen, obwohl er den gewonnenen Raum real nicht benötigte.

Der Verkauf des Palais am Damm 16 erscheint nur unter der Annahme sinnvoll, daß er zur Beschaffung des zur Finanzierung eines Neubaus benötigten Kapitals vollzogen wurde. Das heißt aber, daß schon vor dem Verkauf eine Bebauung des Grundstücks am Burgplatz zumindest als Möglichkeit erwogen worden war. Das heißt aber auch, daß der Burgplatz durch die Demonstration ökonomischer und ästhetischer Potenz eines Bürgerlichen wieder zu einem attraktiven Hintergrund adliger Selbstdarstellung geworden war.

Der Baron von Veltheim hatte sogar ein städtebauliches Konzept für den Burgplatz parat, wenn er als Quintessenz aus der Diskussion zweier Projektmöglichkeiten einer dritten, dem Zusammenschluß der Grundstücke von Veltheim-Harbke und -Destedt (T/U), als Idealvorstellung den Vorzug gibt: „Die Bebauung dieser beiden Plätze verdient wohl ohnstreitig den Vorzug in jeder Hinsicht. Der Burgplatz wird nie ein gefälliges ansehnliches Äußere bekom̄en, so lange das alte Harbkesche Haus darauf steht (...).“[255]

In Konkurrenz zu einem palastartigen Bürgerhaus genügt ein Fachwerkhaus nicht mehr dem Repräsentationsbedürfnis des Adels. Von Veltheims Ansicht deckt sich mit den Vorstellungen des Herzogs, die Carl Wilhelm Ferdinand in einem Pro Memoria vom 22. März 1805 darlegte: „Wir haben längst gewünscht, daß das, den Burgplatz entstellende Gräfl. Veltheimische alte Gebäude abgebrochen, u. auf dem Grunde desselben u. dem, daneben gelegenen v. Veltheimischen leeren Plaze ein neues Gebäude aufgeführt, u. so nach u. nach der Burgplatz gehörig bebaut werde.“[256]

Für das ‚nach u. nach‘ entwickelte der Baron von Veltheim ebenfalls schon am 17. Februar eine Idee: „Ließe es sich aber jetzt ausführen, daß ich diese beiden Plätze bebaue, so laßen sich auch eintretende Umstände denken, daß dermaleinst das Glentorfsche Haus mit dem jetzigen von Häkelschen Hause (ehem. von der Schulenburg, UB.) verbunden und in eins gebaut werden könnte. *Und dies ist,* nach meiner geringen Einsicht, *die einzige Möglichkeit, wie dem Burgplaze der Grad von äußerer Zierde gegeben werden kann, deren derselbe fähig ist.*“ (Hervorh. UB.)[257] Dieser Vorschlag ist nicht neu, schon Peltier hatte ihn um die Mitte des 18. Jahrhunderts angeregt, aber nicht ausführen können.

Die familieninternen Verhandlungen zwischen dem Grafen Röttger von Veltheim-Harbke und dem Baron von Veltheim-Destedt, zu denen weitere Mitglieder der Familie hinzugezogen wurden, führten schließlich zu den Verträgen vom 26. Februar und vom 20. April 1805, in denen eine Art ‚Ringtausch‘ von Grundstücken vereinbart wurde.[258] So erhielt von Veltheim-Destedt neben dem Harbkeschen Haus noch ein Hintergebäude am Papenstieg (Ass. Nr. 2832); von Veltheim-Harbke erwarb am Bohlweg einen Neubau, „während der Herzog die Differenz zwischen beiden Kaufpreisen und der Summe übernahm, die die beiden Veltheims auszugeben bereit waren“[259].

Für den Herzog hauptsächlich eine Frage der Stadtverschönerung ohne hohe Beteiligung der Staatskasse, scheint die Errichtung eines Stadthauses für den Baron von Veltheim auch eine Prestigefrage gewesen zu sein, die aus der Nähe dieses Adelsgeschlechts zum Welfenhaus zu erklären ist.[260] Es ging nicht nur um die Konkurrenz zum Bürgertum, sondern um die Demonstration ungebrochener Vasallentreue vor dem Hintergrund der Ideen der Französischen Revolution und der dadurch ins Wanken geratenden Feudalmacht.

Von Veltheim spezifizierte in einem undatierten, zweiseitigen Schriftstück die minimalen Anforderung an das Raumprogramm des Neubaus, die ganz den anspruchsvollen Bedürfnissen eines höfischen Beamten entsprachen.[261] Drei

Ideenskizzen von seiner Hand begleiten den schriftlichen Entwurf – dabei kann er sich im Aufriß der Fassade wenig vom Eindruck des benachbarten Vieweghauses lösen. Er entwirft ein ebenfalls neunachsiges, aber nur zweigeschossiges Gebäude, dessen mittlere drei Achsen nicht als Risalit ausgebildet werden, aber durch ein Frontispiz zusammengefaßt sind. Die Mitte wird durch ein von zwei toskanischen oder dorischen Säulen[262] flankiertes eingezogenes Portal (über-) betont: Seine Höhe reicht etwa bis zu zwei Drittel der Traufhöhe des Hauses, so daß das Obergeschoß unter dem hohen Walmdach sehr gedrungen wirkt.

Krahe als Entwurfsarchitekt stand vor der Aufgabe, auf einem unregelmäßigen Grundstück und in der Nachbarschaft des Maßstäbe setzenden Vieweghauses ein den Ansprüchen des Bauherrn gerecht werdendes Gebäude zu planen, dessen einzige mögliche Schaufront „nicht als flache, lediglich lückenfüllende Scheibe, sondern als Front eines scheinbar freistehenden Baukörpers auszubilden"[263] war. Die Reinzeichnung der neunachsigen Fassade mit einachsiger Mittenbetonung, nach Dorn erst 1808 entstanden, deutet an, wie sehr Krahe bemüht war, bei seinem Entwurf so frei wie möglich von der Burgplatzfront des Vieweghauses zu bleiben: „Da ein Vorrücken im Winkel des Platzes nicht möglich war, griff Krahe (...) zum Mittel der negativen Betonung, indem er die Front etwas einzog und sie (...) mit seitlich überstehenden, scheinbar umlaufenden Profilen ausstattete."[264]

Bei gleicher Kranzgesimshöhe mit dem Vieweghaus heben die aufgesetzte Attika und das hohe Walmdach die Selbständigkeit des Adelspalais hervor, dessen ungewöhnliche Geschoßgliederung – das Piano nobile kommt erst über einem eingeschobenen Mezzanin zu liegen und setzt damit um die Breite des Brüstungsbandes höher als am Vieweghaus an – als Ausdrucksmittel der Selbsterhöhung des adligen Auftraggebers und Bewohners dienen soll. „Auch die enge Reihung der Fenster und die in allem feiner differenzierten Verhältnisse verdeutlichen den Unterschied des Stadtpalais zum benachbarten Verlagsgebäude."[265] Besondere Beachtung verdient die einachsige Mitte: „Die Mitte ist durch ein hohes Portal mit rustikaler Rahmung, einen Balkon mit einer Fenstertür in der Form des sog. Palladiomotivs und eine halbrunde Überhöhung der Attika um ein von Viktorien getragenes Rundfenster hervorgehoben. Sparsame Ornamentierung weniger Teile: die Portalpfeiler sind mit Wappenschilden besetzt, der den Balkon tragende Sturzbalken des Portals mit schmalen Palmblättern (...). Über dem Balkonfenster des Hauptgeschosses die Inschrift: ‚BARONES A VELTHEIM EREXERUNT MDCCCVIII'."[266] Der Adel, das zeigen die Entwürfe Krahes, war ästhetisch durchaus in der Lage, seinem gesellschaftlichen Rang architektonisch Ausdruck zu verleihen und ein Gegengewicht zur bürgerlichen Anspruchsdemonstration zu setzen.

Der plötzliche Tod des Barons am 5. Juni 1805, noch bevor die Bauarbeiten überhaupt in Gang gekommen waren, führte trotz der Bemühungen des zum Vormund der minderjährigen Erben eingesetzten von Hohnhorst[267] schließlich zum Abbruch des Bauprojekts.

TEIL 3
Der Burgplatz im 19. Jahrhundert. Vom Kasernenvorplatz zum Verkehrsplatz

1 Mosthaus und Ferdinandspalais als Kaserne und die Umgestaltungspläne von 1830 und 1855

1.1 Der Burgplatz im Schloßentwurf Peter Joseph Krahes (1830/1831)

Von der Wiedererhebung Braunschweigs zur welfischen Residenzstadt um 1753/1754 bis zum Bau des Vieweghauses am Burgplatz zu Beginn des 19. Jahrhunderts läßt sich die funktionale Entwicklung des Burgplatzes als eine Phase des Abbaus feudaler Vorrangstellung im ehemaligen residentiellen Stadtmittelpunkt beschreiben. Eine Reihe von Projekten zur architektonischen Verschönerung des Platzes, die mehrmals auf Anregung des Fürstlichen Bauamtes oder des jeweils regierenden Herzogs in Angriff genommen und teilweise bis ins Detail ausgearbeitet wurden, blieb aus mangelndem Durchsetzungsvermögen staatsautoritärer Planungsdirektiven in fast allen Fällen unrealisiert.

Die aus den Projekten hervorgegangenen Einzelgebäude tragen, wie das Ferdinandspalais, fragmentarische Züge; sie erschweren die Vorstellung von der Platzgestalt als einem ‚geschlossenen Organismus', den der Hof der Burg Dankwarderode einmal dargestellt haben muß und der um 1750 in Adelskreisen noch mit dem Begriff ‚Insel' umschrieben werden konnte. Um 1800 ist die Auflösung des Ensembles nicht allein sozio-ideologisch, sondern in der Polarisierung zweier dominanter Bauwerke, dem Vieweghaus und dem Ferdinandspalais, die den Gegensatz zwischen städtisch-bürgerlichem und landesherrlich-feudalem Macht- und Herrschaftsanspruch optisch widerspiegeln, auch städtebaulich feststellbar.

Die Befrachtung des Platzensembles, genauer: der zum Mosthaus umbenannten Burg Dankwarderode und des Löwenstandbildes mit historisch-ideologischen Erinnerungs- und Demonstrationswerten scheint bis weit in das 19. Jahrhundert hinein auf die städtebaulichen Aktivitäten hemmend gewirkt zu haben. In der Zeit zwischen 1830 und 1860 gab es allerdings zwei nennenswerte Ansätze, das Architekturkonglomerat Burgplatz einer stadtgestalterischen Revision zu unterziehen, die konsequenterweise zur Überwindung und Auflösung der historisch entwickelten Platzstruktur geführt hätten. Obwohl auch sie nicht umgesetzt werden konnten, sind sie geeignet, Aufschluß über den realen Wert des Ensembles als Teil der gebauten Stadt und über seinen ideellen Wert als Teil der Stadt- und Landesgeschichte im 19. Jahrhundert zu geben.

Als herzogliche Wohngebäude hatten Mosthaus und Ferdinandspalais während der französischen Besatzungszeit in Braunschweig (1806–1813) endgültig ausgedient. Im Innern umgebaut, wurden sie ab 1808 als Kaserne genutzt. Bis zum Brand des Ferdinandspalais im Jahre 1873 ist seitdem nur noch von der ‚Burgcaserne' die Rede, ein Begriff, der im folgenden verwendet werden soll.

An der von den Franzosen eingeführten Nutzung änderte sich auch nach der Wiederherstellung des Herzogtums Braunschweig (1813) nichts – nacheinander oder auch parallel diente das Gebäude als Hauptwache, Garnisonverwaltung, Militärmagazin und Arrestlokal der Infanterie, der Husaren und des Leibbataillons.[268]

9 Aus der Regierungszeit Herzog Karls II. (1823–1830) ist der Anbau eines Portikus vor der Westfassade im Jahre 1826 erwähnenswert[269]; die dort eingebrochene Tür sollte den in der Burgkaserne stationierten Wachsoldaten direkten Zugang zum Platz verschaffen. Diese Maßnahme ist insofern von der praktischen Seite her unverständlich, als erst die Schaffung dieses Zugangs eine diesseitige Bewachung des Bauwerks notwendig werden ließ. Dem Vorgang kommt wohl eher symbolische Bedeutung zu – konnte die Schließung der Gebäude-Westseite im 18. Jahrhundert noch als Rückzug des Fürsten vor den städtischen Ansprüchen interpretiert werden, so muß der neuerliche Akt der Öffnung als ein Aufgreifen der anscheinend überwundenen Konfrontation und als Machtdemonstration seitens des Herzogs verstanden werden, die gegen die bürgerlichen Emanzipationsbestrebungen gerichtet ist. Schlüsselfigur in diesem ‚Scheingefecht' war die Person des Herzogs.

Der Regierungsstil Karls II. machte ihn zum ‚ungeliebten' Fürsten und forderte den Widerstand nicht nur der unteren Gesellschaftsschichten, sondern auch des einflußreichen städtischen Bürgertums und der Landstände heraus. So ist die Zerstörung des Residenzschlosses am 7. September 1830 durch aufgebrachte Volksmassen und die Vertreibung des Fürsten aus der Stadt und aus dem Herzogtum letztlich historische Notwendigkeit als Ergebnis einer im zeitgenössischen Sinne falschen Staatspolitik.[270]

Die Übernahme der Regierungsgeschäfte durch den jüngeren Bruder Wilhelm, der auf Drängen der Landstände zur Wiederherstellung von Ruhe und Ordnung aus Berlin abgerufen worden war[271], wurde in Braunschweig, nach zeitgenössischen Berichten zu schließen, allgemein begrüßt; so erwähnt etwa ein vom Braunschweigischen Staatsministerium verfaßtes ‚Memoire' vom 7. Oktober 1830 unter anderem: „Auf dem Burgplatze waren (am 27. September 1830, UB.) einige Tausend Menschen versammelt. Ein im höchsten Grade exaltirter junger Mann hatte das auf diesem Platze befindliche Monument (den Burglöwen, UB.) bestiegen, las der versammelten Volksmenge (...) die landschaftliche Adresse vor und wurde mit lauten Beifallrufen angehört. Nach Beendigung dieser Vorlesung rief die Menge dem Herzoge Wilhelm ein Lebehoch und brachte dem Herzoge Carl ein Pereat."[272] Die Demonstration auf dem Burgplatz erlangt über ihren eigentlichen Zweck hinaus eine symbolische Dimension in der Aneignung des Löwenstandbildes als Rednerplatz unter umgekehrtem Vorzeichen: Nicht mehr der obrigkeitliche Richter spricht zu Füßen des welfischen Herrschaftssymbols Recht über das Volk, sondern das Volk urteilt über seine(n) Herrscher. Der Platz wird so zum Forum bürgerlicher Willensäußerung und bestätigt den mit dem Vieweghaus architektonisch vorformulierten Anspruch auf bürgerliche Gleichberechtigung. Das Volk wählt sich seinen Herrscher selbst an jenem Ort, der in der Geschichte seit der Verlegung der Residenz nach Wolfenbüttel immer sowohl herzoglichen Machtanspruch als auch stadtbürgerliche Autarkie demonstrierte.

Die Regierung Herzog Wilhelms trug in den ersten Monaten alle Züge eines Provisoriums; Entscheidungen, die über die Tagespolitik hinausreichten, wurden nur unter Vorbehalt einer möglichen Revision durch den geflohenen Herzog Karl II. getroffen. Da der legitime Throninhaber bis zu seinem Tod 1873[273] offiziell nicht abdankte und seinem real regierenden Bruder die Staatsgeschäfte auch nicht vorzeitig übertrug, haftete Herzog Wilhelm zeitlebens das Odium eines Usurpators an.[274]

Bei der Wahl einer Interimsresidenz bis zum Wiederaufbau des zerstörten Schlosses wurden nur historisch-politisch nicht vorbelastete Gebäude – das Lustschloß Richmond und das ehemalige Bevernsche Schloß[275] – ausgewählt, nicht aber das Ferdinandspalais, das sich von der Lage am Burgplatz her angeboten hätte. Auch bei der Vergabe des Bauauftrags für das neue Schloß spielte noch 1831 die zweifelhafte Legitimität seiner Thronbesteigung eine bisher zu wenig beachtete Rolle.[276] Der für das Schloßprojekt ausgearbeitete und erhaltene Situationsplan von Peter Joseph Krahe ist geeignet, die Beweggründe sowohl für die Ablehnung des Kraheschen Entwurfs als auch für die Standortwahl des Schloßneubaus zu erhellen.

Das herzogliche Schloß am Bohlweg, an dessen Vollendung Krahe selbst noch als Baumeister beteiligt gewesen ist[277], wurde bei dem Brand am 7. September 1830 irreparabel beschädigt. Die erste Bauaufgabe, die unter der Regierung Herzog Wilhelms durchzuführen war, mußte die Errichtung einer neuen Residenz für den Landesherrn sein. Der Standort war mit dem Gelände am Bohlweg vorgegeben; gleichermaßen geeignete und unbebaute Areale gab es nur außerhalb des alten Befestigungsringes.

Aus den Schloßbauakten ist nicht ersichtlich, ob und wann genau Krahe und Ottmer (als Hofbaumeister) zur Anfertigung von Entwürfen für ein neues Schloß aufgefordert wurden[278]; sicher ist nur, daß beide Pläne ausführten und daß Ottmer, der angeblich zunächst wie Krahe auch einen neuen Standort in Erwägung gezogen hatte, mit der Bauausführung beauftragt wurde.[279] Krahes Vorstellungen, die in einem großen Übersichtsplan erhalten sind, sollen hier allein Gegenstand der Untersuchung sein, zumal die Zeichnungen Ottmers im Zweiten Weltkrieg unpubliziert verbrannt sind.[280]

22 Krahes Lageplan für das Schloß ist undatiert, muß aber vor dem 27. Januar 1831 entstanden und öffentlich bekannt gewesen sein; der Terminus ante

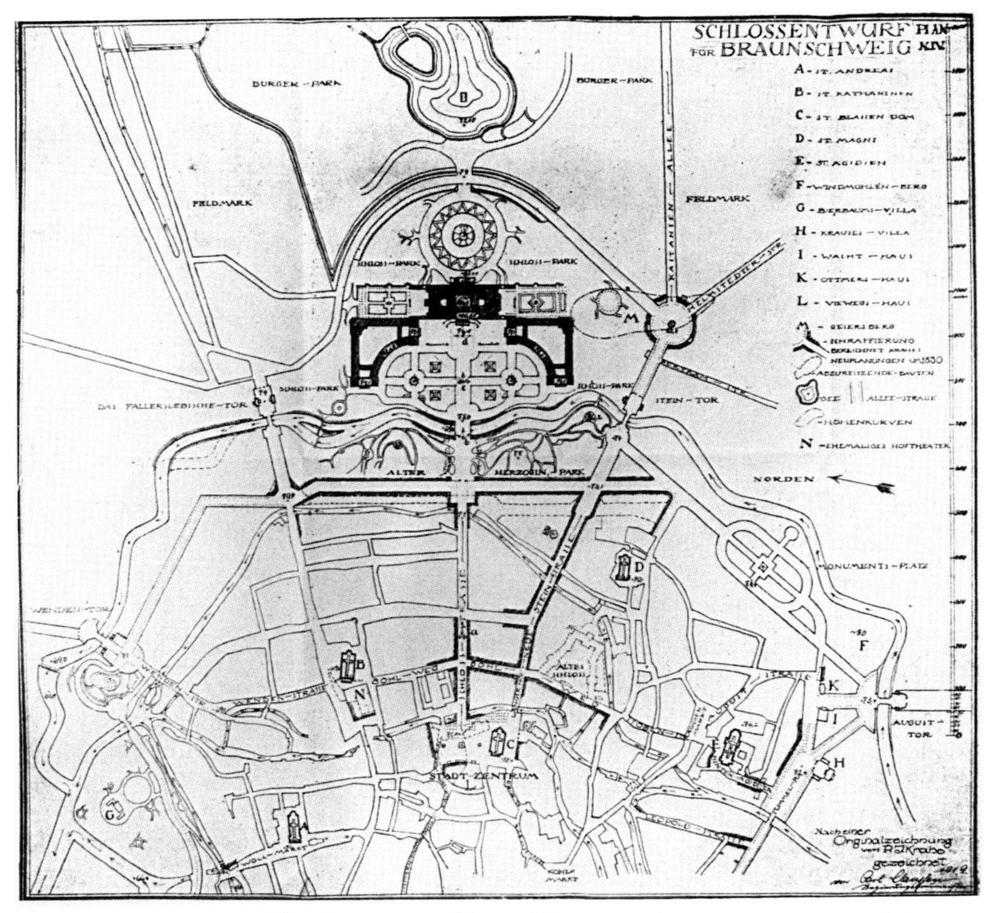

22 P. J. Krahe: Entwurf für ein neues Residenzschloß. Lageplan. 1830/1831. Umzeichnung

quem ist durch eine an den Herzog gerichtete schriftliche Adresse Braunschweiger Bürger festgelegt, die Krahes Entwurf entschieden ablehnten (s. u.). Krahe plaziert das neue Schloß in großzügiger städtebaulicher Geste in den ehemaligen herzoglichen Küchengarten östlich der Wallanlagen zwischen Fallersleber- und Steintor auf eine leichte Anhöhe, wodurch optische Bezüge zwischen der Fürstenresidenz und der Stadt hergestellt werden, die so in der Stadtgeschichte noch nie gegeben waren. Nach Osten, zum Nußberg hin, trägt Krahe den natürlichen Gegebenheiten des Geländes insofern Rechnung, als er im Anschluß an den Schloßpark einen englischen Garten als Bürgerpark angelegt sehen möchte. Claussen hat dafür 1919 eine Interpretation angeboten, die mir bedeutsam scheint: „Während die Pracht des Schlosses und seines Parkes den Fürsten über die Bürger erhebt, betont der geplante anschliessende Bürgerpark (...) *das Eingebettetsein des fürstlichen Gedankens im Bürgertum.*"[281] An anderer Stelle wird zu zeigen sein, welche Bedeutung dieser Hinweis auf die Verknüpfung von Architektur und Politik in der Schloßplanung hatte.

Die Schauseite des Schlosses verbindet Krahe durch eine axial verlaufende breite Allee etwa in der Flucht des heutigen Steinwegs und der Jasperallee mit dem Burgplatz. Diese ‚Schloßstraße' trifft ungefähr am nordöstlichen Zugang zwischen dem ehemaligen von Schulenburgischen Hause und dem Mosthaus an einer für die gedachte Sichtbeziehung zwischen der Stadt und dem Schloß ungünstigen Stelle auf den Platz. Krahe greift deshalb rigoros und pietätlos in die vorhandene Bausubstanz ein und beseitigt sowohl das Fachwerkensemble der Nordseite als auch die ihm wertlos scheinende Burgkaserne. Die damit erlangte Verdoppelung des Platzraumes fängt er durch symmetrische Vergrößerung des Vieweghauses nach Norden hin auf und schafft einen bürgerlichen Point-de-vue als Widerpart zum Schloßprospekt.

In Krahes Plan ist auch für das Löwenmonument kein Platz mehr, es ist durch einen Obelisken in der Schloßachse und zwei rahmende Fontänen ersetzt. Eine Aufstellung des Löwen als Macht- und Rechtssymbol des Welfenhauses wäre vielleicht noch im Schloßbereich, in der Mitte des neuen Schloßplatzes etwa, vorstellbar. Das Fehlen schriftlicher Unterlagen zu Krahes Entwurf ist nicht nur in diesem Punkt bedauerlich.[282]

Sowohl der exponierte Standort des Schlosses ‚vor den Toren' der Stadt als auch die Ausdehnung des gesamten Komplexes lassen Zweifel an der Realisierbarkeit des Konzeptes aufkommen. Die zu erwartenden Schwierigkeiten bei der Finanzierung des Projekts sind wiederholt als wichtigstes Argument gegen den Krahe-Plan betrachtet worden.[283] Daneben wurde noch die Bürgeradresse vom 27. Januar 1831 in die Diskussion gebracht, in der eine Reihe von Anwohnern des Bohlwegs, also aus der unmittelbaren Umgebung des ausgebrannten Schlosses, ihre Bedenken gegen eine Verlegung der Residenz in die Außenbezirke der Stadt zum Ausdruck brachten: „Zu diesem höhern geistigen Einflusse (gemeint ist die tägliche Begegnung mit dem Herzog!, UB.) kam noch, daß die dem Schlosse zunächst liegenden Straßen durch das Zusammenströmen der Bürger und Fremden seit Jahrhunderten belebt wurden, *daß Handel und Gewerbe in denselben sich hoben und den Häusern* ein gleichsam durch Verjährung gesicherter *höherer Werth gegeben wurde.* (...) und dies ganze Glück, dieser ganze Wohlstand würde mit der Verlegung des Schlosses völlig zu Grunde gehen; die Häuser jener Straßen würden vielleicht auf die *Hälfte ihres Werthes* herabsinken, *Handel und Gewerbe würden sie verlassen.*" (Hervorh. UB.)[284]

Nachdem die Unterzeichner der Petition noch auf die Vorteile eines innerhalb des Stadtkerns gelegenen Schlosses aufmerksam gemacht und um die Anfertigung neuer Pläne gebeten haben, stellen sie fest: „An Bewohnern, nicht an Raum fehlt es unserer Stadt, eine Erweiterung würde sie nur noch mehr veröden, eine innere Verschönerung sie neu beleben."[285] Ein Stadtplan aus der Zeit um 1815 zeigt, daß von einer Verödung der Stadt nicht die Rede sein kann; beiderseits des Steinwegs, der im Kraheschen Plan zur ‚Schloßstraße' verbreitert ist, herrscht, außer im Bereich des Fürstlichen Schloßgartens, eine ebenso dichte Bebauung vor wie im Bohlwegareal.[286]

Der finanzielle Aspekt und infrastrukturelle Rücksichten reichen letztlich nicht aus, die Ablehnung der Kraheschen Lösung glaubhaft zu machen. Auch ein bereits 1848 in die Diskussion eingebrachter Gedanke, wonach „zum Wohle seiner Freunde und Familie (...) Krahe nicht mit der Ausführung eines so umfassenden Planes beauftragt (wurde)“[287], in dem eine Anspielung auf Gesundheit und Alter des Baumeisters enthalten ist, kann nicht ernsthaft in Betracht kommen.

Der Blick richtet sich deshalb auf den politischen Hintergrund, in den das Projekt eingebunden ist. Dabei ist hilfreich, was Mehlhorn zur ‚Funktion und Bedeutung von Sichtbeziehungen‘ festgestellt hat: „Die Sichtbarmachung baulicher Dominanten diente immer zur Veranschaulichung gesellschaftlicher Zusammenhänge.“[288]

Solche gesellschaftlichen Bezüge treten im Rahmen des Projekts deutlich in den Vordergrund; an anderer Stelle habe ich bereits darauf hingewiesen, daß sich Herzog Wilhelm als Nachfolger seines vom Braunschweiger Thron vertriebenen Bruders Karl politisch und juristisch in einer ungeklärten und unsicheren Situation befand. Erst nach dem 12. Juli 1832 konnte er sich – nach der formellen Anerkennung als Mitglied des Deutschen Bundes[289] – aller Bedenken hinsichtlich seiner Regierungslegitimität entledigen. Zum Zeitpunkt der Entscheidung über den Schloßbau in der ersten Hälfte des Jahres 1831 mußte er noch jeden Schritt sowohl gegenüber seinen Untertanen als auch gegenüber dem Deutschen Bund nach allen Seiten absichern.

Der Schloßentwurf, der zugleich auch ein städtischer Bebauungsplan sein könnte, gibt nach meiner Einschätzung dem Herzog allen Anlaß, sich von ihm zu distanzieren beziehungsweise ihn zu negieren. Er enthält wesentliche Veränderungen an der historischen Bausubstanz im Bereich des Burgplatzes, die politisch interpretierbar sind: Die wechselseitige Sichtbarmachung der baulichen Dominanten Schloß und Bürgerpalais (Vieweg) kommt in der Planung nicht zufällig, sondern gewollt und eindeutig zustande, indem Krahe die an die alten feudalen Machtverhältnisse erinnernden herrschaftlichen Gebäude und Symbole auf dem Burgplatz beseitigt. Die dadurch erreichte Sichtbeziehung konfrontiert bewußt die tragenden Kräfte der Gesellschaft, die Bürger auf der einen, den aufgeklärten absolutistischen Fürsten als erster Diener seines Staates[290] auf der anderen Seite, indem sie die realpolitischen Machtverhältnisse im Herzogtum Braunschweig und in der Stadt architektonisch veranschaulicht. Gerade auf diesen Gleichheitsanspruch konnte sich der Herzog, der sich der freiwilligen Huldigung durch die Bürgerschaft nur durch die eilige Festlegung eines von ihm bestimmten Termins entziehen konnte[291], nicht einlassen, wenn er sich dem Vorwurf der illegitimen, durch ‚Wahl‘ des Volkes erfolgten Thronbesteigung nicht aussetzen wollte, zumal er sich selbst weiterhin nur als Stellvertreter seines Bruders verstand.[292]

Anders als Ottmers Schloßbau, der schließlich deshalb angenommen wurde, weil er die Kontinuität der Herrschaftssitze am Orte wahrte und auch keine funktionslosen, aber traditionsbeladenen Gebäude beseitigen mußte, kommt dem Kraheschen Projekt noch ein beachtenswerter Umstand zu: Der Nachweis eines baulichen Leistungsvermögens dieser Größenordnung wäre der Legitimation der politischen Machtausübung gleichgekommen[293], das heißt, der usurpatorische Charakter der Thronbesteigung wäre mittels Architektur dauerhaft manifestiert worden.

Das Schloßbauprojekt Krahes ist der letzte Versuch, eine im Sinne des 18. Jahrhunderts regelmäßige Ausrichtung der Stadtgestalt mit dominantem Axialbezug zum Schloß und damit eine der politischen Staatsform ‚Absolutismus' adäquate Architekturform zu erreichen. Das Scheitern dieses Entwurfs ist auch Ausdruck dafür, daß der politische Absolutismus zu einer historischen Erscheinung geworden war, die in bezug auf die Stadtentwicklung im 19. Jahrhundert beständig an Einfluß verlor und allmählich hinter andere gesellschaftliche Kräfte zurücktrat.

1.2 Die Rekonstruktionspläne für die Burgkaserne von Friedrich Maria Krahe (1855/1860)

Peter Joseph Krahes 1830/1831 vorgelegter Schloßbauentwurf, der nach öffentlichem Protest in der weiteren Diskussion[294] um eine angemessene Lösung der Bauaufgabe keine Beachtung mehr fand, respektierte zwar den Burgplatz als gegebenen und günstig gelegenen Point-de-vue der Achse Schloß – Stadt, akzeptierte aber nicht die zu jener Zeit architektonisch wenig bedeutenden Bauwerke wie die Burgkaserne und die Fachwerkhäuser im nördlichen Burgbereich zwischen dem Platz und dem Graben am Marstall. Obwohl dem Burgbezirk und dem Mosthaus noch ein historischer Erinnerungswert zugestanden wurde[295], entzündete sich die Kritik an Krahes Projekt jedoch nicht an der Zerstörung eines stadtgeschichtlich wertvollen Ensembles, sondern an der damit in keinem ursächlichen Zusammenhang stehenden Standortwahl des neuen Schlosses. Diese Einstellung entspricht der Haltung der herzoglichen Behörden, die zwar nutzungsbedingte Umbauten im Innern des Mosthauses finanzierten, sich um die Erhaltung des Außenbaus aber wenig kümmerten.[296]

Ein Wandel in dieser Haltung deutet sich in einem Schreiben des Herzoglichen Staatsministeriums an die Herzogliche Baudirektion vom 29. Juli 1855 an, in dem erstmals seit rund fünfzig Jahren wieder eine sinnvolle Nutzung des Bauwerks angeregt wird: „Es ist in Frage gekommen, ob es nicht thunlich sein werde, ein Cadetteninstitut, das Herzogl. Kriegscollegium und das Generalkriegsgericht in den Räumen der Burgcaserne unterzubringen und diese Gelegenheit zugleich zu benutzen, *das Gebäude ganz oder theilweise in seiner ursprünglichen Gestalt wieder herzustellen*, da dasselbe jetzt einen sehr unangenehmen Anblick gewährt." (Hervorh. UB.)[297] Die Anregung bedeutet im Ansatz eine Wende in der Baugeschichte des Mosthauses; zum ersten Mal soll das in Jahrhunderten im jeweiligen Zeitgeschmack veränderte Gebäude in einen früheren Bauzustand zurückversetzt werden. Man könnte von einem Anfang denkmalpflegerischen Bewußtseins und Handelns sprechen, das sich offenbar seit dem Regierungsantritt Herzog Wilhelms in den zuständigen Ämtern auszubreiten scheint. Die Rekonstruktion des Mosthauses könnte sich in die Restaurierungen anderer Braunschweiger Bauwerke, wie der Ägidienkirche (1836) und des Altstadtrathauses (1840er Jahre), einreihen, die Schröder/Assmann 1841 „zu den Fortschritten der Baukunst in unserer Stadt (...) rechnen"[298].

Die von dem Kreisbaumeister Friedrich Maria Krahe nach dem 20. November 1855 vorgelegten Entwürfe[299] zeigen eine heutiger Denkmalpflege verwandte Praxis der Fassadenrekonstruktion bei gleichzeitiger Neugestaltung des Innenbaus: Während die Fassaden den Formen des unter Herzog Friedrich Ulrich zu Beginn des 17. Jahrhunderts begonnenen Neubaus nachempfunden sind[300], wird das Innere ganz nach den Bedürfnissen der zukünftigen Benutzer gestaltet.

Dabei setzt sich der entwerfende Architekt Krahe mit seinen Raumvorstellungen über ein Baudetail hinweg, dessen baugeschichtlicher Wert drei Jahre zuvor von Karl Schiller annähernd erkannt worden ist: „Vom Palastbaue Heinrich's des Löwen ist nur ein Theil der ursprünglichen Rückseite erhalten. Dieses Fragment besteht in der fünf Fuss dicken Mauer, welche sich, parallel mit der Fronte, durch das Innere der Caserne zieht. Wahrscheinlicher Weise ist die, in dieser Mauer befindliche, von romanischen Pfeilern eingeschlossene Arkade das ursprüngliche Mittelportal. Dieselbe liegt nämlich gerade in der Mitte der, ursprünglich 15 Intercolumnien langen Façade. Die Arkadenpfeiler, mit den attisirten Fussgesimsen, mit den vorgelegten Eckcylindern und den Eckblättchen an den Wülsten, gleichen den Pfeilern der Schiffe des Domes, der Catharinen- und Martinikirche gänzlich, und so haben wir in ihnen *ein frappantes Beispiel des gleichmässig an der Profan- wie Kirchenarchitektur ausgeprägten Typus der Bauweise aus Heinrich's Zeit.*" (Hervorh. UB.)[301] Schiller irrt hier zwar in der Annahme, daß es sich bei der Pfeilerreihe um die ursprüngliche Ostwand der Burg Dankwarderode handelt, doch ist ihm die Erinnerung an die ältesten erhaltenen, aber in Vergessenheit geratenen Bauteile des 12. Jahrhunderts zu verdanken.

Dem aktenmäßig dokumentierten Planungsvorgang ist zu entnehmen, daß *23* der ‚Baueleve' Glahn, der von Krahe mit der Bauaufnahme im November 1855 betraut war[302], die baugeschichtlich wertvollen Pfeiler in seinen Grundriß ein- *24* getragen hat, daß aber der Grundrißentwurf Krahes ihre Existenz offenbar negiert und sie einem Korridor opfert. Krahe scheint ihren Wert nicht so hoch anzusetzen, daß er sie in seine Überlegungen zur Innenraumaufteilung einzubeziehen geneigt ist.[303]

Auch die Herzogliche Baudirektion nimmt keinen Anstoß an der beabsichtigten Beseitigung der romanischen Baufragmente. Im Empfehlungsschreiben vom 17. Dezember 1855 an das Herzogliche Staatsministerium heißt es, „daß wir den Krahe'schen Restaurationsentwurf für eine alle Anerkennung verdienende Arbeit halten, durch dessen Ausführung der Stadt Braunschweig ein schönes gegenwärtig durch Um- und Anbaue entstelltes mittelalterliches Gebäude wiedergegeben würde"[304]. Auch ein zweiter Fassadenentwurf ist von

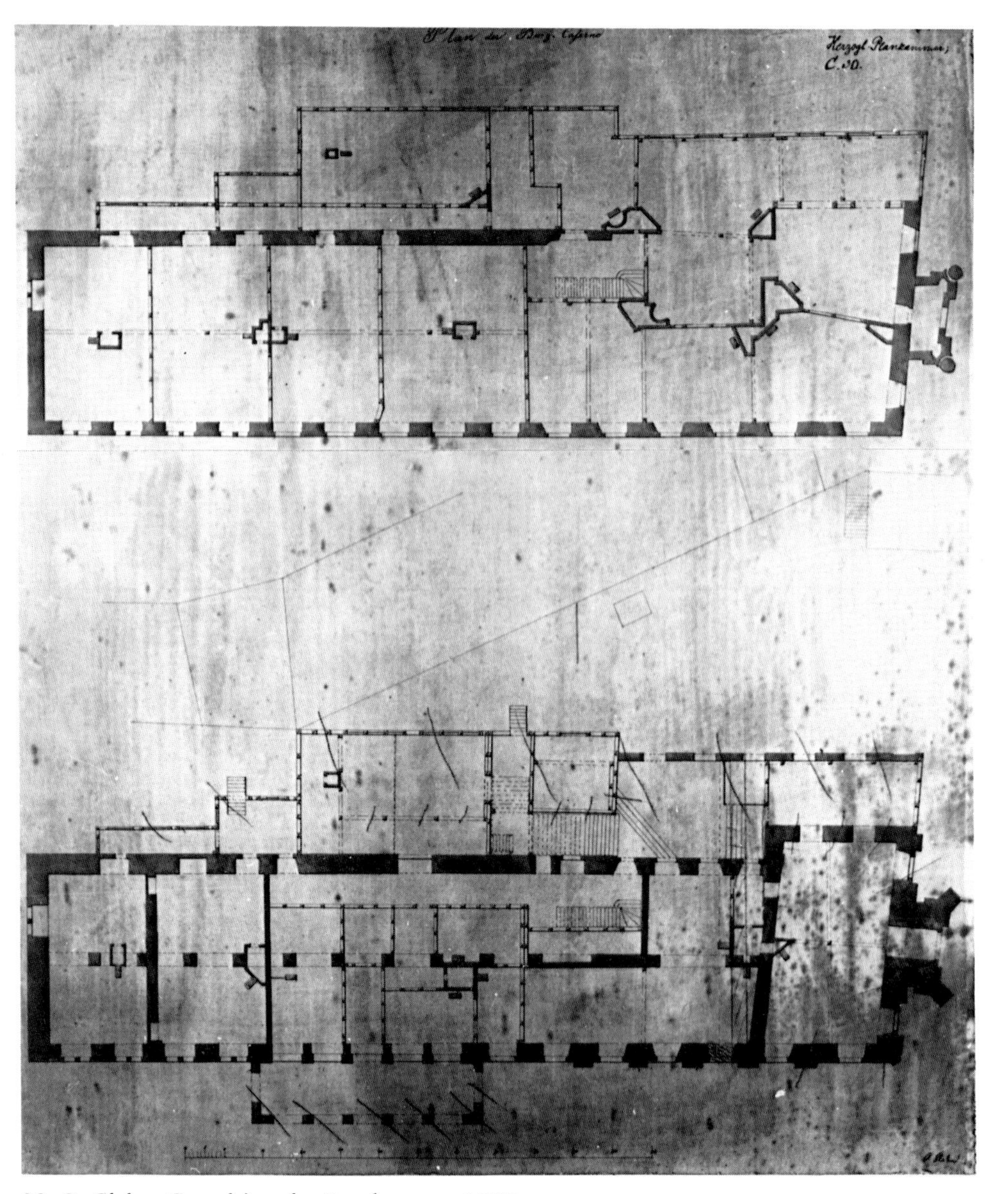

23 O. Glahn: Grundrisse der Burgkaserne. 1855

Krahe eingereicht worden, doch wird dieser in dem genannten Schreiben „in keiner Weise als angemessen“ erachtet. Er wird deshalb auch nicht weitergeleitet.

In den für die Braunschweiger Militärverwaltung ausgearbeiteten Plänen hat Friedrich Maria Krahe die Gestaltung des Burgplatzes nicht berücksichtigt. Aufgrund der Zeichnungen ist aber eine Umorientierung der Hauptfassade mit

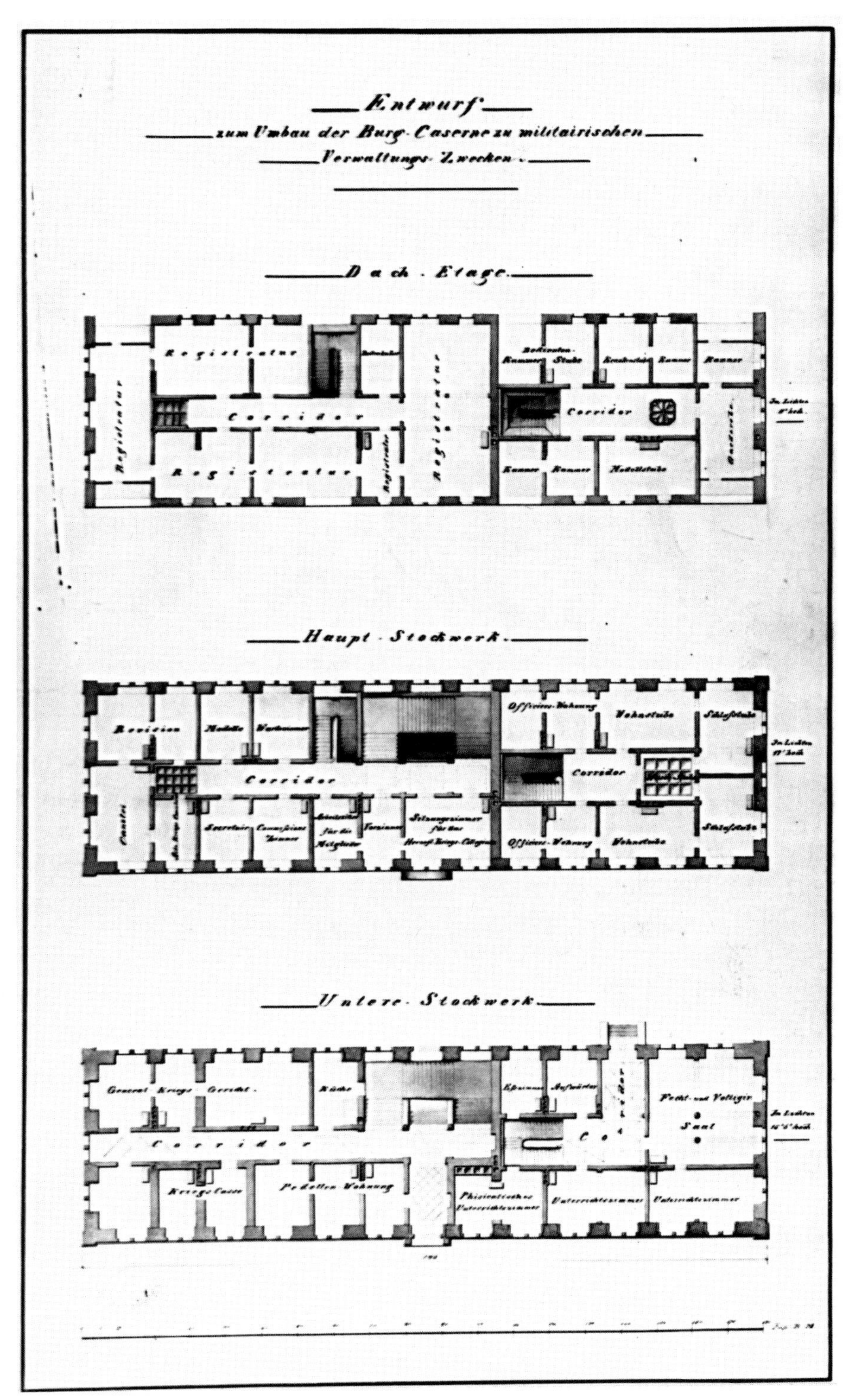

24 F. M. Krahe: Entwurf zum Umbau der Burgkaserne. Grundrisse. Um 1855

dem Haupteingang zum Platz hin eindeutig angelegt. Die Beseitigung der Anbauten an der Ostseite und die Anlage eines Turnplatzes für die Kadetten machen diese Seite zur Gebäuderückseite.

Wie bei allen bisher besprochenen Burgplatzprojekten zog sich auch hier die Planungsphase in die Länge. Als am 13. November 1857 eine Aussprache zwischen dem Kriegsdirektor Gille vom Herzoglichen Kriegs-Collegium und dem Baurat Kuhne von der Herzoglichen Baudirektion protokolliert wurde[305], zeigte sich, daß in der Zwischenzeit Einwände gegen die Pläne Krahes erhoben worden waren, die zu einer Revision des Vorhabens zwangen; der neue Vorschlag sah nur noch eine Teilrestaurierung der nördlichen Gebäudehälfte, also des Mosthauses ohne das Ferdinandspalais, vor.

Baurat Kuhne kritisierte allerdings an dem neuen Grundriß, daß „dabei (...) die antiken der Sage nach aus den Zeiten Heinrichs des Löwen herstammenden inneren Pfeiler weggerissen werden müssten; es aber höchst wünschenswerth sei, diese Pfeiler, wenigstens die zwei nördlichsten als die besterhaltenen zu conserviren und danach den Plan in der unteren Etage zu modificiren."[306] Leider fehlen auch hier die entsprechenden Zeichnungen. Es wäre sicher aufschlußreich zu sehen, wie der Entwurf das Problem der Fassadenverbindung zwischen dem ‚neuen' Mosthaus und dem Ferdinandspalais zu lösen beabsichtigte. Vermutlich unterscheidet er sich aber nur unwesentlich von den am 9. Februar 1860 dem Herzog vorgelegten neuen Plänen, die Kriegsdirektor Gille im Begleitschreiben erläutert: „Die beiden Pfeiler sind demgemäß auch in dem vorliegenden Entwurfe unberührt geblieben, wir sind jedoch der Ansicht, daß von diesen Pfeilern, welche sowohl geschichtlich, als auch durch die daran sich knüpfenden Erinnerungen für das ganze Land hohen Werth haben, keiner abgebrochen werden dürfe, vielmehr sämmtliche Pfeiler erhalten und restaurirt werden müssen."[307] Die Absicht, alle Pfeiler zu erhalten und sie zur Zierde im Inneren einzusetzen, wirkt sich auch auf die Fassadengestaltung aus. Dazu schreibt Gille: „Die äußere Ansicht des zu restaurirenden nördlichen Theils der Caserne entspricht der früheren Facade des Schlosses, wie solche von des Herzogs August Durchlaucht im Jahre 1640 wieder aufgebaut ist. Wenngleich es wünschenswerth sein mögte, die ganze Fronte der Burgcaserne in dem ursprünglichen Baustiele (!) wieder herzustellen, so zeigt doch die vorliegende Ansicht, daß die Herstellung lediglich des nördlichen Theils und Anschluß desselben an den stehend bleibenden südlichen Theil einen störenden Uebelstand nicht hervorbringt."[308]

Vergleicht man den Entwurf mit Ludwig Winters Rekonstruktion des Bauzustandes von 1640–1685, so fallen zwei Unterschiede sofort ins Auge: Die beiden rekonstruierten Zwerchhäuser sind deutlich achsenbezogen und wirken durch ihre größere Breite schwerer, und es gibt nur noch ein achsenbezogenes Portal, das aus optischen Gründen nicht in der Gebäudemitte angeordnet ist, sondern sich nach dem Zwerchhaus richtet.

Zu der vorgeschlagenen Restaurierung und Fassadenerneuerung ist es nicht gekommen. Die Öffentlichkeit scheint von dem amtsinternen Vorgang auch gar nicht unterrichtet gewesen zu sein, denn erst 1869 berichtete das Braunschweiger Tageblatt von einer längst überfälligen Renovierung des Inneren[309], in deren Verlauf im Juni 1870 auch der Vorbau an der Westseite wegen Baufälligkeit beseitigt wurde.[310]

2 Die ‚Wiederentdeckung' der Burg Dankwarderode

2.1 Der Brand von 1873 und die Folgen

Mit der Einrichtung der Stelle eines Stadtbaumeisters im Jahre 1854 trug die Stadtverwaltung den zahlreichen Bauaufgaben Rechnung[311], die seit dem Erlaß der Allgemeinen Städteordnung von 1834 infolge der steigenden Bevölkerungszahl und der wirtschaftlichen Expansion notwendig geworden waren. Bereits ein knappes Jahrzehnt später, vom 1. April 1863 an, nahm das Städtische Bauamt seine Tätigkeit auf, Zeichen dafür, daß die anfallenden Aufgaben, die eine ihre mittelalterlichen Grenzen sprengende Stadt mit sich brachte, längst nicht mehr von einem einzelnen bewältigt werden konnten.

Zu den vordringlichen Aufgaben der Stadtplanung gehörte die Anlage eines modernen Verkehrsnetzes sowohl innerhalb des alten Stadtkerns als auch von und zu den neu entstehenden Randbezirken außerhalb der Wallanlagen. Vor allem die Anbindung des 1845 nach Plänen Theodor Ottmers am südlichen Stadtrand erbauten Bahnhofes an die nördlichen Stadtteile bedurfte einer konsequenten Durchführung. Dafür bot sich der Lauf der Oker beziehungsweise des Wallgrabens an, der die Stadt durchschnitt und seit der Aufgabe der äußeren Befestigung funktionslos geworden war. Ein Stadtplan von 1877 zeigt im Bereich zwischen dem Damm und dem Ruhfäutchenplatz – der nicht bezeichnet ist – andeutungsweise eine Bleistifteintragung der gedachten neuen Straßenführung (später Münzstraße). Dabei wird deutlich, welche umfangreichen Baumaßnahmen und Eingriffe in das gewachsene Stadtbild notwendig wurden.[312]

Als flankierende Maßnahmen zur Durchführung des Projekts einer Nord-Süd-Straßenachse sind drei Eingriffe in den alten Baubestand zu werten, die 1830 mit dem Abbruch des Dom-Kreuzgangs begannen und die Beseitigung der Burgmühle sowie der benachbarten Katharinenschule auf dem Gelände des heutigen Ruhfäutchenplatzes im Jahre 1857 und des alten Theaters am Hagenmarkt im Jahre 1864 umfaßten.

Aber auch eine Ost-West-Verbindung zwischen dem 1861 neu erbauten Hoftheater am Steintorwall und dem Stadtzentrum um den Altstadtmarkt war gefordert. Dabei trat ein Problem zutage, das schon 1830 in Krahes Schloßentwurf angesprochen war: Der Schnittpunkt beider Achsen liegt am Burgplatz, dessen östliche Bebauung, die Burgkaserne, sich nicht in städtischem Besitz befand. Es ist für die weitere Platzentwicklung von Belang, kurz auf die gewandelten Besitzverhältnisse an diesem Bauwerk einzugehen, da erstmals nicht aus-

25 J. Beddies: Ferdinandspalais nach dem Brand. Westseite. 1873

schließlich braunschweigische, das heißt städtische oder landesherrliche Interessen bestimmend waren.

Das Herzogtum Braunschweig trat, langwierige Verhandlungen provozierend[313], 1866 dem Norddeutschen Bund bei; damit war Herzog Wilhelm, wenn auch widerstrebend, gezwungen, seine Truppen dem preußischen Oberkommando zu unterstellen. Sie wurden 1867 dem X. Armeekorps in Hannover zugeteilt. Von 1869 an übernahm das Preußische Kriegsministerium die Aufgaben der obersten Militärverwaltungsbehörde in Braunschweig. Eine Konsequenz aus diesen auf militärischem Sektor vollzogenen Eingriffen in die Souveränität des braunschweigischen Staates war die Übergabe der seit 1808 militärisch genutzten Burgkaserne an die Preußische Militärverwaltung (1867). Nach der Reichseinigung 1871, aus der Braunschweig als selbständiger Bundesstaat des Deutschen Reiches hervorging, erfolgte die Überleitung der Burgkaserne in Reichsbesitz[314]. Das älteste und traditionsreichste Bauwerk aus der Blütezeit welfischer Herrschaft hatte nach rund 700 Jahren erstmals den Besitzer gewechselt.

Etwa einen Monat nach der Übergabe, in der Nacht vom 20. zum 21. Juli 1873, brannte der südliche Teil der Burgkaserne, das Ferdinandspalais, vollständig aus. Das Feuer, das dem polizeilichen Untersuchungsbericht[315] zufolge durch einen nicht ordnungsgemäß angelegten Kamin im ersten Obergeschoß dieses Gebäudeteils entstanden war, fand in den vorwiegend aus Holz und Stuck erbauten Wänden und in den Fußböden reichlich Nahrung; eine bereits wenige Tage nach dem Brand angefertigte Aufnahme des Braunschweiger Hoffotografen Carl Beddies zeigt das Ausmaß der Zerstörung, der nur die westliche Fassade anscheinend widerstanden hatte. *25*

In den ersten Presseberichten kam noch das Bedauern über den Verlust eines „alterthümlichen Bauwerks"[316] zum Ausdruck; wenige Tage später, am 29. Juli 1873, klangen ganz andere Töne an: „Wie wir bereits früher bemerkt haben, ist nur zu wünschen, daß das ganze Gebäude abgerissen werde. In diesen Wunsch stimmt die gesammte Bevölkerung der Stadt Braunschweig ein."[317] Das Datum, an dem sich diese ‚Volksstimme' zu Wort meldet, scheint nicht willkürlich gewählt zu sein, sondern soll wohl den Bemühungen des Stadtmagistrats den Rücken stärken, der am gleichen Tag auf dem Amtsweg mit der Garnisonverwaltung in Hannover in Verhandlungen über den Ankauf des Grundstücks und der Burgkaserne eintrat.[318]

Das Feuer hatte plötzlich günstige Voraussetzungen für solche Verhandlungen geschaffen, da beiden Seiten an einer baldigen Beseitigung des unschönen Anblicks und des gefährlichen Bauzustandes gelegen sein mußte. In einem Schreiben an das Herzogliche Staatsministerium vom 2. Oktober 1873 legt der Stadtmagistrat seine Vorstellungen hinsichtlich der weiteren Verwendung des Gebäudes unmißverständlich dar: „Die Stadt übernimmt die Burgkaserne nebst Zubehör im Wesentlichen nur um einen drohenden skandalösen Anblick zu beseitigen, ohne eine nutzbare Verwendung des erworbenen Grund und Bodens vor Augen zu haben, welche überhaupt (...) nur rücksichtlich der area des Cadettenhauses und der nächsten Umgebungen möglich sein würde, *da das übrige Areal zur Regulirung der Umgebung und der vorbeiführenden Straßen wird verwandt werden müssen.*" (Hervorh. UB.)[319] Das heißt, daß sowohl die intakten Teile des älteren Mosthauses als auch die Reste des abgebrannten Ferdinandspalais abgetragen und zur Anlage von Straßen eingeebnet werden sollten.

Die Verhandlungen zwischen der Stadt und der Preußischen Garnisonverwaltung gerieten dennoch bald ins Stocken, da sich die Stadt nicht auf die von der Militärbehörde geforderten Gegenleistungen einlassen wollte.[320] Am 29. September 1874, mehr als ein Jahr nach Verhandlungsbeginn, legte Stadtbaumeister Tappe ein Gutachten über den aktuellen Wert der in Betracht kommenden Grundstücke und Gebäude vor.[321] Sein Urteil über den vom Feuer nicht betroffenen älteren Nordteil, der zuletzt als Arrestlokal diente, unterstützte das städtische Abbruchvorhaben; „Der bauliche Zustand ist kaum mittelmäßig, stellenweis desolat."[322]

Obwohl zu diesem Zeitpunkt noch keine Einigung über die Ankaufssumme und über die weitere Verwendung des Objekts erzielt worden war, erfuhr die Angelegenheit durch das Eingreifen des Herzoglichen Staatsministeriums eine entscheidende Wende; die Stadt sollte für den Ankauf einen Zuschuß von 10000 Talern erhalten.[323] Der Sinn dieses Angebots wird sich erst später erschließen, obwohl er in der Bedingung enthalten ist, daß dem Staatsministerium in bezug auf die künftige Nutzung des Gebäudes ein Mitspracherecht zugestanden werden muß.

Während sich die Verhandlungen zwischen der Stadt und der Garnison nur zögernd weiterentwickelten, werden gegen Ende des Jahres 1875 die Abbruch- und Aufräumungsarbeiten am ausgebrannten Ferdinandspalais vorangetrieben, da sich die Gefahren für Passanten durch herabstürzende Bauteile zunehmend vergrößerten. Am 6. November 1875 meldet das Braunschweiger Tageblatt: „Heute nachmittag ist der größte Theil der Westfacade der Burgcaserne unter gewaltigem Krachen zusammengebrochen." Die vom Brand äußerlich verschonte Fassade hatte offensichtlich ihre Stabilität eingebüßt. Wohl durch die Beseitigung des Bauschutts und vor allem durch die Abbrucharbeiten an der Südseite ging schließlich auch der letzte Halt verloren. Bis zum 10. Februar 1876 war das Gelände vom Bauschutt geräumt und die Arbeiten zur Einebnung des Geländes begannen.[324]

Etwa zur gleichen Zeit schienen auch die Verhandlungen um das Burggebäude zu einem beiderseits annehmbaren Abschluß zu gelangen. Der am 3. März 1876 vorliegende Kaufvertrag[325], der nur noch der Genehmigung des Königlich Preußischen Kriegsministeriums und des Herzoglich Braunschweigischen Staatsministeriums bedurfte, stieß plötzlich beim Städtischen Bauamt auf energischen Widerstand. Besonders der § 5 des Vertrages, der eine Bebauung des Geländes durch die Stadt nur im Abstand von acht Metern vom „neu zu erbauenden Offiziers-Casino" gestattete, forderte den Widerspruch des Amtes heraus. Stadtbaurat Tappe legte dem Stadtmagistrat am 17. August 1877 ein Gutachten vor, in dem die Nachteile dieser Baubeschränkung erläutert werden: „Die Stadt strebte darnach, das Grundstück der Burg-Caserne zu erwerben, hauptsächlich aus dem Grunde, um eine zweckmäßige Verbindung zwischen der Münzstraße einerseits und dem Ruhfäutchenplatze und Hagenmarkte andererseits (...) zu erzielen, indem dabei vorausgesetzt wurde, daß eine Regulirung der Straßengrenzen des unmittelbar an den Hof der Burg-Caserne angrenzenden Militär-Casino (früher Cadettenhaus) behuf Verbreiterung der Straße zwischen der Haupt-Apsis des Doms und dem Casino und behuf Erweiterung der Einfahrt in den Langenhof ermöglicht werden würde."[326] Der *26* 1874 angefertigte ‚Situations-Plan' veranschaulicht das Problem: Unter Einhaltung des geforderten Mindestabstandes vom Casino wäre eine Straßenverbreiterung nicht durchführbar. Das Stadtbauamt lehnte den Vertragsentwurf ab, da auf seiner Grundlage die städtischen Interessen nicht gewahrt würden.

Im November 1877 reichte das Stadtbauamt dem Stadtmagistrat drei neue, nach Entwürfen Tappes ausgearbeitete Projekte ein, die erstmals neben der bis dahin vorrangig behandelten Planung der Straßenführung auch die Bebauung des Burgplatzes berücksichtigen.[327] Da auch hier die Pläne nicht mehr aufzufinden sind, soll nur der wichtigste Gedanke aus den schriftlichen Quellen herausgegriffen werden.

Das Stadtbauamt favorisierte einen Plan ‚III', der die Errichtung eines notwendig gewordenen neuen Stadt- und Rathauses am vergrößerten und mit dem

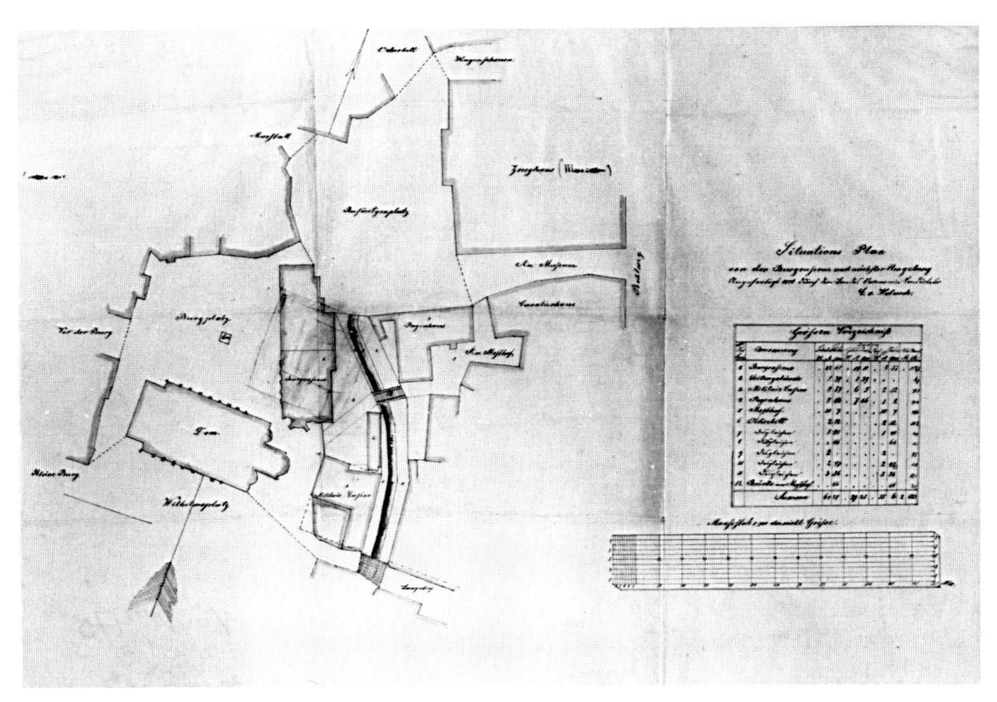

26 C. v. Holwede: Situationsplan von der Burgkaserne. 1874

Ruhfäutchenplatz verbundenen Burgplatz vorsieht. Der Vorschlag setzte den Abbruch des Mosthauses voraus und war nach Ansicht des Bauamtes nur dann realisierbar, wenn die „Herzogliche Landes-Regierung über die intendirte Erbauung eines Justizgebäudes am Hagenmarkte schlüssig geworden ist“[328]. Eine intensivere Auseinandersetzung mit der Burgplatzgestaltung konnte somit erst einsetzen, wenn die Durchführung der Straßentrassierung in der Fortsetzung nach Norden gesichert war.

Nachdem überraschend auch die Garnisonverwaltung nicht mehr unverrückbar an dem Neubau des Militär-Casino festhielt, kam es nach einer erneuten Verhandlungsrunde zu einem am 22. Mai 1878 von allen Vertragsparteien unterzeichneten Kaufvertrag[329]; am 3. Dezember 1879 unterrichtete die Garnisonverwaltung den Stadtmagistrat von der Räumung der Burgkaserne, so daß die Übergabe nach mehr als sechs Jahren zäher Verhandlungen erfolgen konnte.[330]

In einem Schreiben an die Stadtverordneten vom 4. Februar 1880 empfahl der Magistrat, das „historisch zwar interessante, aber baufällige und *zu städtischen Zwecken nicht verwendbare Gebäude* abzubrechen und an dessen Stelle eine bessere Verbindung zwischen dem Osten und dem Westen der Stadt herbeizuführen“. (Hervorh. UB.)[331] Erstmals in der seit 1873 geführten Diskussion um die Verwendung der Burgkaserne ging der Magistrat nun nach dem Erwerb des Grundstücks auf die historische Bedeutung des Bauwerks ein, die bis dahin in offiziellen Verlautbarungen keine Beachtung gefunden hatte.

Der Magistrat fühlte sich anscheinend zu einem Kommentar verpflichtet, nachdem der Vorstand des Ortsvereins für Geschichte und Altertumskunde zu Wolfenbüttel in einem Schreiben vom 2. Februar 1880 auf den historischen und architektonischen Wert des Gebäudes hingewiesen hatte und ohne Einschränkung für seine Erhaltung und Restaurierung eingetreten war.[332]

Das Schreiben des Ortsvereins markiert einen entscheidenden Wendepunkt in der weiteren Planung der Burgplatzgestaltung. Es löste eine über Jahre erbittert geführte Debatte zwischen den Verfechtern einer konsequenten Verkehrsplanung, denen das in einem wenig ansehnlichen Zustand befindliche „alte Gerümpel“[333] hinderlich war, und den Vertretern einer sinnvollen Erhaltung und Restaurierung aus. Zur ersten Gruppe zählten eine Reihe von Mitgliedern des Magistrats und der Stadtverordnetenversammlung sowie die meisten Mitglieder des örtlichen Bürgervereins; ihnen standen vor allem Repräsentanten der Architekten-, Kunst- und Geschichtsvereine Braunschweigs und Wolfenbüttels, aber auch Wissenschaftler aus anderen deutschen Ländern gegenüber.[334]

2.2 *Die ‚Entdeckung' der romanischen Baufragmente im Innern und an der Ostfassade des Mosthauses*

1852 hatte Karl Schiller auf die im Innern des Mosthauses befindliche Pfeilerreihe aufmerksam gemacht und damit mittelbar den Umbau des Gebäudes, wie ihn Friedrich Maria Krahe beabsichtigte, verhindert.[335] Eine kunstgeschichtliche Würdigung und die dringend erforderlichen Erhaltungsmaßnahmen blieben jedoch aus. Obwohl die Herzogliche Baudirektion Kenntnis von dem historischen Wert der Pfeiler hatte, beteiligte sie sich zunächst nicht an der Diskussion um Ankauf und eventuellen Abbruch des Gebäudes durch die Stadt. Weder ein Bericht des Geheimrats Gustav Anton Friedrich Langerfeld an das Staatsministerium, zwischen dem 26. Juli und dem 7. August 1873 abgefaßt[336] und zur Pietät gegenüber den historischen Erinnerungen, die mit dem Bauwerk verknüpft seien, mahnend, noch ein Bericht des Museumsdirektors Hermann Riegel an die gleiche Behörde[337], der an die Pfeilerreihe und ihren architektonischen Wert erinnerte, veranlaßten die Baudirektion zum Eingreifen. Allerdings scheint die Annahme berechtigt, daß die oben erwähnte, vom Staatsministerium 1874 angebotene Ankaufsbeihilfe von 10000 Talern (bzw. später 30000 Mark) und der damit verbundene Nutzungsvorbehalt auf die Erhaltung zumindest der romanischen Pfeiler zielten.

Unter dem Eindruck der Räumung und Übergabe der Burgkaserne an die Stadt unternahm Riegel einen weiteren Anlauf zur Rettung des von der vollständigen Beseitigung bedrohten Bauwerks; mit einem Schreiben[338] an den Ortsverein für Geschichte in Wolfenbüttel, das in dessen Sitzung am 1. Dezember 1879 diskutiert wurde, forderte er den Verein auf, sich für die Erhaltung des Bauwerks einzusetzen. Die Mitglieder des Vereins beschlossen nach eingehender Beratung, sich über die fragliche Angelegenheit selbst zu informieren und in der folgenden Sitzung noch einmal darüber zu diskutieren. Das Ergebnis dieser Untersuchung faßt die Eingabe an den Magistrat vom 2. Februar 1880 zusammen, die den Stadtverordneten in ihrer Sitzung am 26. Februar 1880 zur Beratung vorlag. Die Verfasser appellierten vor allem an das historische Bewußtsein der Abgeordneten: „Ueber der untergeordneten Bestimmung, welcher der ehrwürdige Bau in einer längeren Zeit der Vernachlässigung gedient hat, ist, so scheint es, vergessen, daß er den Haupttheil des Palastes des Herzogs Heinrich des Löwen, des erlauchten Ahnherrn des Herzoglichen Hauses, bildet. Ohne jeden Zweifel gehört ein Theil seiner starken Außenwände gleich der Arcadenreihe, welche sein unteres Geschoß durchschneidet und dessen Decke trägt, noch der Zeit an, wo der mächtige Sachsenherzog einen großen Theil Deutschlands kraftvoll regierte (...). Der Geschmack späterer Zeiten hat an dem Aeußeren des Gebäudes Vieles geändert: aber der Kern desselben ist wohl erhalten, und kann, *von ungehörigen An- und Inbauten befreit, noch Jahrhunderte als würdiges Denkmal einer großen Vergangenheit erhalten bleiben.*" (Hervorh. UB.)[339] Der Vorstand des Vereins empfahl schließlich, das Straßenbauprojekt noch einmal zu überdenken und vom Abbruch des Gebäudes Abstand zu nehmen.

Aber auch der Magistrat, der sich in einer eigenen Stellungnahme für den Abbruch ausgesprochen hatte, wollte sich der Rückendeckung durch eine kompetente Stimme versichern. Unter der Fragestellung „Was soll mit der Burgkaserne geschehen, und ist auf die Erhaltung des ganzen Gebäudes oder doch wenigstens des älteren aus der Zeit Heinrichs des Löwen stammenden Theiles derselben Bedacht zu nehmen?"[340] ließ er den Stadtbaumeister Ludwig Winter, der 1879 zum Leiter des Stadtbauamtes avanciert war, ein Gutachten ausarbeiten, das vom 7. Februar datierend ebenfalls in der Stadtverordnetenversammlung vom 26. Februar 1880 vorlag. Winter bezieht darin eine von der öffentlichen Diskussion anscheinend unbeeinflußte Position; er geht zwar davon aus, daß „der Bebauungsplan für das Centrum der Stadt sich freier entwickelt, wenn (...) gedachtes Gebäude beseitigt wird", erinnert aber auch daran, „daß die Burg im Zusammenhange mit dem Dome und dem Löwendenkmale die stolzeste Erinnerung an die Vorzeit unserer Stadt umschließt und daß es von wenig geschichtlichem Sinne und historischer Pietät zeugen würde, wollte man ohne zwingenden Grund die Ruinen dem Erdboden gleich machen."[341] Der hier angesprochene Ensemblewert des Burgplatzes war bis zu diesem Zeitpunkt explizit nie Gegenstand der Diskussion.[342]

Winter, der nach einem Studium am Braunschweiger Collegium Carolinum und an der Wiener Akademie seit 1870 als Baukondukteur in städtischen Diensten stand und in kurzer Zeit vom Gehilfen zum Leiter des Bauamtes aufgestiegen war, wollte sich aber nicht mit der bloßen Anschauung und einem Adhoc-Urteil über den Wert des Bauwerks zufrieden geben und befürwortete unter Hinweis auf eine noch durchzuführende intensive Bauuntersuchung die Erhaltung der Pfeilerreihe.

Er erläutert die Probleme der Straßenprojektierung anhand zweier Dispositionspläne[343], die sich nur darin unterscheiden, daß „bei Blatt A. die Beseitigung der fragl. Caserne vorausgesetzt wird, (während) Blatt B. den Fall der Conservirung dieses Gebäudes, oder auch nur der Arcadenreihe in demselben (behandelt)". Er ist der Ansicht, daß ein Abbruch günstiger sei: „Die Nachtheile übrigens, welche im Verfolg des letzteren Projects aus der Beibehaltung der Burgcaserne für den Verkehr sich ergeben, sind wiederum nicht so erheblich, daß sie allein für die vollständige Niederlegung des fraglichen Gebäudes bestimmend sein könnten." Schließlich formuliert er einen Gedanken, der in den folgenden Diskussionen zunächst als Leitfaden bestimmend bleiben sollte: „Weniger nachtheilig würde es sein, wenn (...) die Arcadenreihe erhalten bliebe, weil durch diese bei ihrer geringen Höhe und den Durchbrechungen, die den Durchblick gestatten, die Hauptform des Platzes nicht so wesentlich beeinträchtigt wird. (...) So würde es sich empfehlen, die ideellen Grenzen der Straßenzüge, welche an der Ostseite des Burgplatzes vorüber und von der Burg, der Nordseite des Domes entlang, nach der neuen Verbindungsstraße geführt werden, durch geschlossene Anlagen mit kleinen Baumpflanzungen, Rasenplätzen u.s.w. zu kennzeichnen, wie auf dem Dispositionsplane, Blatt B., angedeutet ist."[344] Die kontrovers geführte Stadtverordnetensitzung vom 26. Februar gipfelte in der Meinung des Vorsitzenden, „daß durch Nachbildung derselben (der architektonisch wertvollen Fragmente, UB.) auf photographischem oder anderem Wege deren Erhaltung im Bilde gesichert werde"(!)[345]. Die Abstimmung über diesen Tagesordnungspunkt führte zu der Annahme eines Zusatzantrages, der dem Herzoglichen Staatsministerium, unter Hinweis auf dessen Einspracherecht, am 6. März 1880 mitgeteilt wurde: „Die Versammlung wolle beschließen, daß die Burgcaserne mit Ausnahme der Arcadenreihe niedergelegt werde und daß erst nach Freilegung der letzteren ein Beschluß über den Abbruch derselben gefaßt werde."[346]

In dieser Phase wurde auch die Herzogliche Baudirektion aktiv und beteiligte sich ihrerseits an der eingehenden Untersuchung der erhaltenen Bauteile.[347] Am 10. März 1880 teilte der herzogliche Baurat Wiehe in einem Schreiben dem Vorsitzenden des Harzvereins, Otto von Heinemann, mit: „*Die alte Fensteranlage ist auf der ganzen Front noch vorhanden!* Die Anordnung der Fenster ist ähnlich wie in Goslar resp. in der Harzburg. Die Fenster sind zu zweien resp. dreien gruppiert und durch Säulen mit weit ausladenden Kämpfern geteilt."[348] Seinen Befund hat Wiehe in einer flüchtigen, gleichwohl eindrucksvollen Tuschzeichnung festgehalten.

27

In fieberhafter Eile bemühten sich alle Befürworter einer Restaurierung, allen voran der Architekten- und der Geschichtsverein in Braunschweig und Wolfenbüttel, diese Entdeckung zur Grundlage einer offiziellen, eingehenden Untersuchung des noch stehenden Bauwerks zu machen.

27 E. Wiehe: Aufgedeckte Fenstergruppe in der Ostwand des Mosthauses. 10. März 1880

Auf der Versammlung des Architekten- und Ingenieur-Vereins Braunschweig am 16. März 1880 hielt Professor Otto von Heinemann einen ausführlichen Vortrag über die Geschichte der Burg Dankwarderode und über die neueste Entwicklung, die durch die Entdeckung der romanischen Fensterfragmente in der Ostwand eine überraschende Wende genommen hatte.[349] Ein überregionales

Echo und Interesse war nun zu konstatieren[350]; am 2. April meldete sich im Wochenblatt für Architekten und Ingenieure der an der ersten Untersuchung beteiligte Architekt Pfeifer zu Wort, der seinem Bericht die besprochenen Zeichnungen der Bauaufnahme beifügte.[351]

28

Besondere Aufmerksamkeit sollte dem Längsschnitt durch das Gebäude gewidmet werden, der von Westen gesehen sowohl die Pfeilerreihe des Erdgeschosses als auch den Aufriß der inneren Ostwand mit den freigelegten bzw. vermuteten, gestrichelt dargestellten Fensteröffnungen wiedergibt. Die Zeichnung zeigt deutlich den durch zwei der charakteristischen eingestellten Ecksäulchen angedeuteten Umriß einer Türöffnung in der zweiten Fenstergruppe von Norden, die aber zugunsten einer gedachten Symmetrie der Fensteranordnung zu beiden Seiten einer mittleren Tür entfällt. Daß Pfeifer es bei dieser Ungenauigkeit beließ, hat zunächst den einfachen Grund darin, daß durch die von ihm am Rande mitgeteilte Unterbrechung der Untersuchung, die auf städtische Aufforderung hin erfolgte, obwohl der Stadtbaumeister Winter an den Arbeiten beteiligt war, eine intensivere Bearbeitung zur Klärung der Zusammenhänge nicht möglich war.[352]

Darüber hinaus dürften aber auch bauhistorische Überlegungen, wie sie im folgenden dargestellt werden sollen, Anlaß zu dieser Form der Wiedergabe des Befundes gegeben haben. Zur baugeschichtlichen Bedeutung der freigelegten Fenstergruppen schrieb die Baugewerks-Zeitung am 21. März 1880: „Entscheidende Wichtigkeit erhält dieser Fund dadurch, daß in ihm alle Elemente enthalten sind, den alten Herzogspalast in ursprünglicher Gestalt wieder aufleben zu lassen und durch solchergestalt vorgenommene Restauration der Nachwelt einen schönen Profanbau der romanischen Periode zu retten."[353] Die Vorstellung, auf der Grundlage der aufgedeckten Baudetails eine originalgetreue Rekonstruktion des Pfalzgebäudes aus der Zeit Heinrichs des Löwen zu entwickeln, wird durch die 1879 abgeschlossene Wiederherstellung der Goslarer Kaiserpfalz genährt.[354]

Über den Vorbildcharakter dieses ebenfalls aus wenigen originalen Fundstücken rekonstruierten Palas läßt der herzogliche Baurat Pfeifer in seinem Untersuchungsbericht keinen Zweifel, wie die Gegenüberstellung von Text und Zeichnung anschaulich belegt: „In Goslar haben wir einen grossen nach Osten sich öffnenden zweigeschossigen Saalbau (...). Die Façade (...) des oberen Geschosses (ist) durch hohe dreifach gekuppelte Fenster, *drei zu jeder Seite des Mittelbaues*, geschmückt." (Hervorh. UB.) Über seine Entdeckung am Saalbau der Braunschweiger Herzogspfalz notiert er: „Auch dieser war ein zweigeschossiger Saalbau (...). Die Ostfaçade wird (...) *wie in Goslar* (...) in dem oberen Stockwerke aus einem Mittelbau, dem Portale und zu beiden Seiten desselben aus je drei dreifachgekuppelten Fenstern bestanden haben."[355] Wie bereits festgestellt wurde, läßt er dabei die störend in die gedachte Symmetrie eingreifende Tür- oder Fensteröffnung unberücksichtigt. Erst die spätere, noch zu behandelnde Untersuchung Winters wird hier annähernd Klarheit verschaffen.

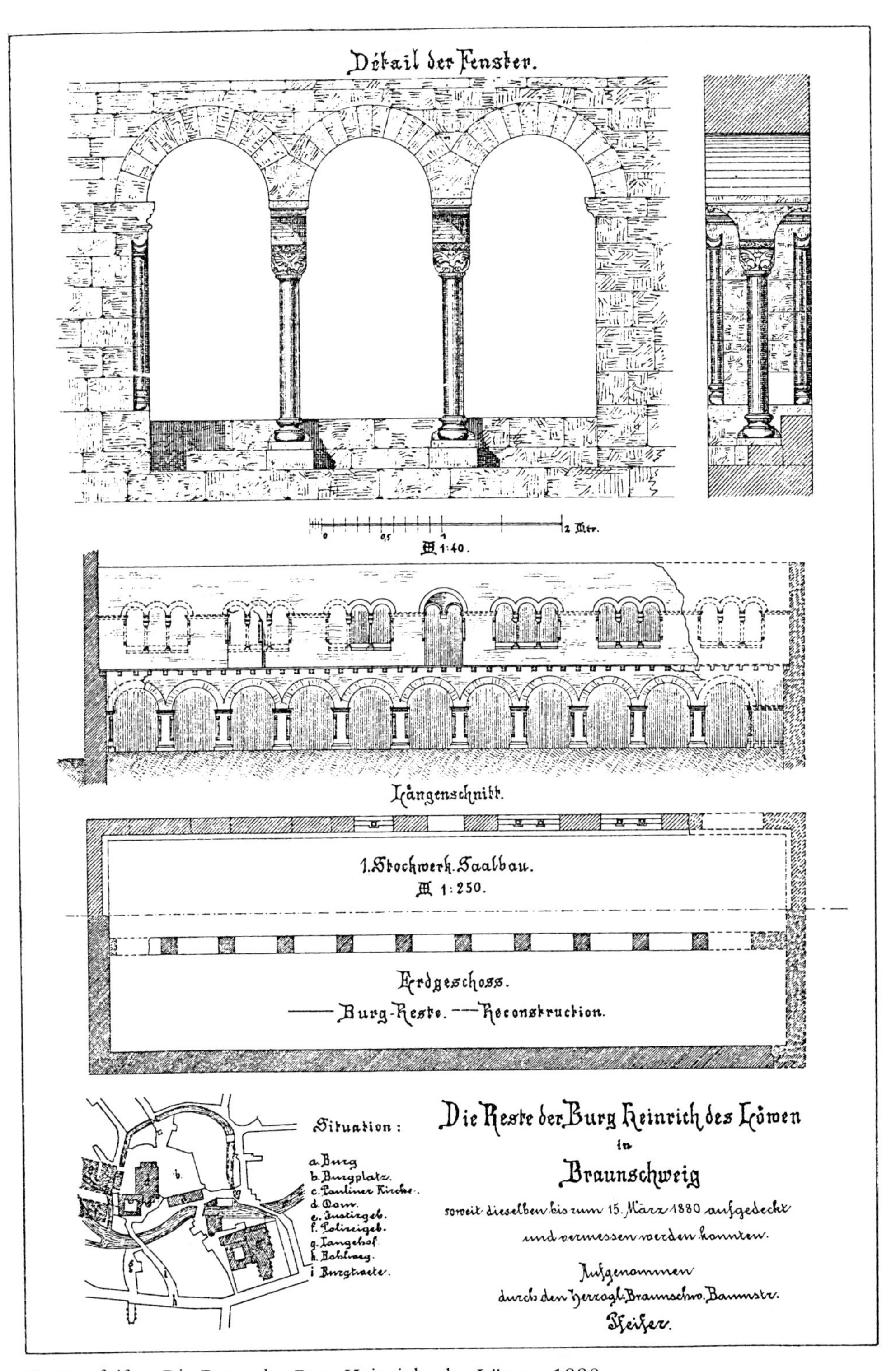

28 H. Pfeifer: Die Reste der Burg Heinrichs des Löwen. 1880

Auch wenn die Parallelen zur Goslarer Pfalz in der Form, wie sie der Braunschweiger Baumeister Pfeifer feststellen zu können glaubte, vor allem der Legitimation einer nunmehr unumgänglich scheinenden Wiederherstellung des Palas der Welfenpfalz Dankwarderode dienen sollten, so darf doch nicht übersehen werden, daß der mit der Ausführung der Bauarbeiten in Goslar betraute Bauinspektor Schulze kurze Zeit nach der Braunschweiger Entdeckung das Bauwerk in Augenschein genommen hat und erklärt haben soll, „daß in Bezug auf Erhaltung und architektonischen Werth die Braunschweiger Burg jene von Goslar noch überbiete“[356].

Deutlich ist die Absicht zu erkennen, das Gebäude nicht nur lokal-historisch, sondern vor allem kunstgeschichtlich, und damit überregional, aufzuwerten und dadurch die Aufmerksamkeit für das weitere Schicksal gerade in Architekten- und Kunsthistorikerkreisen zu erhöhen.

Welchen Einfluß die auch von Heinemann am 16. März 1880 beschworene Beziehung der Braunschweiger zur Goslarer Pfalz auf die Meinung der lokalen und auswärtigen Fachleute ausübte[357], belegt eine sowohl von Wessely als auch im Archiv für kirchliche Baukunst geäußerte Ansicht, wonach „die Hauptfaçade des Schlosses von Braunschweig (...) nicht nach dem Schloss- resp. Domhof (d.i. der Burgplatz, UB.), sondern nach aussen, also nach Osten (ging)“[358]. Da die hier angedeuteten Zusammenhänge und Beziehungen zwischen der Braunschweiger Herzogs- und der Goslarer Kaiserpfalz komplexer Natur und darüber hinaus von eminent politischer Bedeutung zum Zeitpunkt der Restaurierung sind, werde ich an anderer Stelle ausführlich darauf eingehen.

Die Entdeckung der romanischen Bauteile in der Ostwand, die durch den Anbau von Fachwerkgebäuden seit dem 17. Jahrhundert vor Zerstörung geschützt blieben, bedeutete, daß auch das aufgehende Mauerwerk zum größten Teil der Erbauungszeit angehören mußte. Damit waren in der Tat neue Voraussetzungen für den weiteren Umgang mit dem Bauwerk gegeben.

Das erste Projekt, das sowohl die Interessen der Stadtverwaltung hinsichtlich der Verkehrsplanung als auch die Wünsche der ‚Denkmalschützer' zu berücksichtigen versuchte, geht auf den Stadtbaumeister Winter und den Architekturprofessor an der Technischen Hochschule Braunschweig, Konstantin Uhde, zurück. Darüber berichteten die Braunschweigischen Anzeigen am 27. April 1880: „Der Grundplan zeigt in den roth gemalten Flächen die projectirten Gebäude am Burgplatze, nämlich das Stadthaus und ein Landesgewerbehaus.“[359] Anschaulich wird die gedachte Gestaltung des Platzes und seiner *29* Umgebung in einem Aquarell, dessen Urheber Ludwig Winter war; dazu heißt es: „Die Reste der alten Burg Dankwarderode sollen nach dem Projecte als Ruinen stehen bleiben und mit Gartenanlagen umgeben werden, wie es schon früher Herr Museumsdirector Riegel befürwortet hat. Den Verkehr würden die Ruinen nicht hindern, denn zu beiden Seiten derselben bleibt genügender Raum für Straßenverbindungen.“[360] Zunächst fällt auf, daß das sich parallel zu den Ruinen im Hintergrund breit lagernde Rathaus offenbar den bisher gegen eine Erhaltung der Burgkaserne vorgebrachten Argumenten nicht zu wider-

29 L. Winter: Der Burgplatz mit der romanischen Ruine der Burg Dankwarderode. Entwurf. Aquarell. 1880

sprechen scheint, wonach die Ost-West-Verbindung nicht ungehindert über den Platz verlaufen könne, sondern wegen der Ruinen nördlich und südlich im Bogen vorbeigeführt werden müsse, wenn die Reste konserviert würden. Die Ausdehnung des Rathauses steht einer entsprechenden Trassenführung weitaus zwingender im Weg als die Reste des Mosthauses.

Das Aquarell zeigt aber auch, daß ohne ersichtlichen Grund zwei der zehn Pfeiler der Bogenreihe entfernt werden sollten und daß genau an jener Stelle im nördlichen Teil der Ostwand, an der die Freilegung gewisse Ungereimtheiten in der Fensterfolge aufgedeckt hatte, dieses vorerst ungelöste Problem eine ebenso simple wie ahistorische Lösung finden sollte: Winter schlägt eine fast bis zum Boden reichende Bresche in die Mauer, die den Blick ‚malerisch' auf den Sockel des nordwestlichen Eckturms des geplanten Rathauses freigibt. Es ist wohl nicht falsch festzustellen, daß hier ein bürgerlich-städtischer Selbstdarstellungswille spielerisch seine Überlegenheit demonstrieren möchte.

Kritik von kompetenter Stelle ließ auch nicht auf sich warten. Sie kam von Karl Wilhelm Hase, Professor in Hannover, der sich nach der Entdeckung der bedeutenden Fragmente sofort vehement für eine angemessene Restaurierung eingesetzt hatte und nun händeringend ob des braunschweigischen Kleinmuts zur Feder griff: „Und doch haben neuerdings erstaunliche Vorfälle in Braunschweig gelehrt, dass an maassgebender Stelle daselbst sich Gelüste zeigen, nicht eine ruhige, bereits angeordnete Untersuchung des Saalbaues abzuwarten, um sich danach über die Art der Wiederherstellung entschliessen zu können, sondern dem von den städtischen Kollegien einmal gefassten Beschlusse nachzugehen, und das in sich starke Gebäude mit jener Ostwand, in welcher sich ähnlich wie in Goslar, Gelnhausen, Wimpfen und an der Wartburg Fensterarkaturen zeigen, zu einer kleinen, von Akazienbäumchen und Syringen umgebenen Ruine umzugestalten."[361] Hase macht Braunschweig den Vorwurf des Provinzialismus, der sich darin erweise, daß sich die Stadtväter in ihren Entscheidungen offenbar nicht um die andernorts gemachten Erfahrungen kümmerten (Nürnberg, Augsburg, Goslar, Lübeck). Besonders das Rathaus als Folie einer solchen Ruinenidylle reizte ihn zur Kritik: „Der Oberbürgermeister der Stadt hat denn auch einige angesehene Architekten Braunschweigs für seine Idee zu begeistern gewusst, um durch ein grosses Aquarell, in welchem im Hintergrunde ein mächtiges, für einige Millionen noch zu erbauendes Rathaus (das Braunschweig in solcher Gestalt natürlich nie bauen wird) ⟨hier irrte Hase; die Realität sollte die Phantasie um einiges übertreffen, UB.⟩ prangt, für seine Idee Propaganda bei Hoch und Niedrig zu machen und (...) es in einem Schauladen Braunschweigs auszustellen (...)."[362]

Anscheinend nahm man in Braunschweig von dieser herben Krktik keine Notiz, denn erst im Oktober meldete sich eine Stimme zu Wort, die sich gegen das Ruinenprojekt ausspricht, dabei aber den fundierten und auch aus heutiger Sicht durchaus akzeptablen Vorschlag machte, „nach Beseitigung der Anbauten vor der Ostfront, diese in ihrer alten, großen Schönheit wieder herzustellen, die Westfront aber in ihrer jetzigen, selbstverständlich restaurirten Gestalt zu belassen, und den inneren Ausbau auf das Nothwendigste zu beschränken"[363].

Auch dieser Vorschlag fand erst später einen Befürworter in Hermann Riegel[364]; es soll aber schon hier festgehalten werden, daß er zu den drei schließlich zur Diskussion gereiften und zur engeren Wahl gehörenden Projekten zählte.

Einer Notiz des Braunschweiger Tageblatts vom 25. November 1880 ist zu entnehmen, daß der Stadtbaumeister Winter in der Zwischenzeit eine genauere Untersuchung des Gebäudes durchgeführt hatte[365], deren Ergebnisse aber der Öffentlichkeit noch nicht zugänglich gemacht werden konnten. Erst im März 1882 überreichte Winter die Zusammenstellung der Ergebnisse dem Stadtmagistrat.[366] Dem Zeitungsbericht zufolge hatte Winter eine Zeichnung angefertigt, die die ursprüngliche Gestalt der Burganlage zur Zeit Heinrichs des Löwen wiedergeben sollte.[367] Sie zeigt, daß ein Prozeß des Umdenkens stattgefunden hat, der an der Gestaltung der Ostfassade ablesbar ist. Winter löst sich von den strengen Symmetrievorstellungen Pfeiffers und gibt einem zweiten großen, ungeteilten Rundbogenfenster den Vorzug vor dem dreifach gekuppelten. Es ist nicht zu übersehen, daß gemäß Winters Vorstellung entgegen der Annahme Pfeifers die Hauptfassade am Burgplatz zu vermuten ist, da er für diese Seite ein Zwerchhaus rekonstruiert.

Ebenfalls von der Möglichkeit einer Rekonstruktion geht ein Vorschlag aus, der auf Veranlassung des Braunschweiger Architektenvereins auch den Mitgliedern des Geschichtsvereins und des Kunstclubs vorgelegt wurde. Der unbekannte Verfasser fügte seinem undatierten Entwurf eine „streng architectonische" Zeichnung bei, der er gegenüber allen freien, d. h. skizzierten oder aquarellierten Darstellungen den Vorzug gab, weil sie allein einer solchen ernsten Angelegenheit angemessen wäre.[368] Dieser Entwurf muß als verloren gelten, auch das genaue Entstehungsdatum kann nur unter Zuhilfenahme eines Terminus post quem, nämlich dem vorauszusetzenden Aquarell Winters, bestimmt werden: frühestens 1881.

Der Verfasser entwarf folgendes Bild der Westfassade: „Die architectonischen Zuthaten der westlichen Seite des Saalbaues sind, mit Ausnahme der Freitreppe und des Giebels über dem Laubengange, eigentlich nur als Verblendungen vorhandener Mauern zu bezeichnen, wohingegen die Ostseite, welche mit einem der Westseite analogen Giebel gedacht werden muß, um den Eindruck der hohen Dachfläche zu mindern, bleiben würde, wie sie ist und nur Detail-Ergänzungen stattzufinden brauchten."[369] Selbstverständlich ist dem ungenannten Autor, daß nicht die Ost-, sondern die dem Burgplatz zugewandte Westseite als ehemalige Hauptfassade zu betrachten ist. Es ist nicht mehr festzustellen, welche Reaktionen dieser Entwurf bei den Zeitgenossen hervorgerufen hat. Die Feststellung seiner damaligen Existenz mag genügen, um der Ansicht entgegenzutreten, außer den Plänen Winters habe man sich in Braunschweig in der Frage der Wiederherstellungsmöglichkeiten keine Gedanken gemacht. Es zeigt sich allerdings schon zu diesem frühen Zeitpunkt der Planungsphase, daß Vorschläge und Anregungen, die außerhalb der städtischen oder herzoglichen Ämter entwickelt wurden, wenig Aussicht hatten, von den zuständigen Stellen ernst genommen zu werden.

Als Ausnahme muß wohl die fundierte Darstellung Riegels betrachtet werden, der sich am 29. und 30. Juni 1881 mit einem Zeitungsartikel zu Wort meldete. Er geht zunächst auf drei Möglichkeiten ein, den mittelalterlichen Baubestand zu konservieren: „1) entweder das *Baudenkmal, wie es auf uns gekommen ist, erhalten* und in würdigen oder mindestens anständigen Zustand zu setzen; oder 2) die Theile aus dem 17. Jahrhundert abbrechen und *die mittelalterlichen Bestandtheile als Ruine stehen lassen*; oder 3) *diese Bestandtheile ihrem Stile gemäß nach bestem Wissen und Ermessen so ausbauen, wie die alte Herzogsburg einst und ursprünglich gewesen sein mag.*" (Hervorh. UB.)[370] Zu den unter 2) und 3) genannten Restaurierungskonzepten lagen verschiedene Vorschläge vor, die aber Riegels Verständnis von „geschichtlicher Urkundlichkeit" eines Bauwerks nicht entsprachen. Auch die restaurierte Fassung der Goslarer Pfalz genügte in seinen Augen diesem Anspruch nicht und durfte daher nicht zur Rechtfertigung einer braunschweigischen Variante herangezogen werden.

Unverständlicherweise war Riegel immer noch der Auffassung, daß die westliche Fassade des Palas „in alten Tagen (...) vermuthlich ganz geschlossen und ohne baukünstlerische Ausbildung" war. Worauf diese Annahme zurückzuführen ist, läßt sich nicht feststellen. Erst die genauen Grabungsbefunde Ludwig Winters von 1880, die 1883 publiziert wurden, und der 1978 im Staatsarchiv

Wolfenbüttel wiederentdeckte, damals nicht bekannte Klappriß aus der Zeit um 1600 zeigen, daß Riegel im Irrtum war.

Er war der Meinung, daß man das Bauwerk von allen neueren Anbauten befreien und in einen äußeren Zustand versetzen sollte, der demjenigen der ersten Hälfte des 17. Jahrhunderts entspricht. Nur in einem Punkt stimmte er einem modernen Umbau zu: Man füge dann *an der Südseite ein angemessenes Treppenhaus* an und richte das Innere in den beiden Stockwerken in schicklicher Weise her."[371] Darüber hinaus nahm er auch zur Frage der zukünftigen Nutzung des Gebäudes Stellung – diese sei abhängig von der Frage, ob die Stadt oder der Staat für die Kosten der Wiederherstellung aufkämen. Im ersten Fall wäre nach seiner Ansicht die Einrichtung des Städtischen Museums empfehlenswert, im zweiten Fall, bei dem der Rückkauf des Gebäudes durch den Staat vorauszusetzen wäre, ließ er die Frage unbeantwortet.

Riegel erhielt für seine Vorschläge Unterstützung von fachkompetenter Seite: Bei einer Besichtigung des Mosthauses am 29. August 1881 zeigte sich der Konservator der Kunstdenkmäler im Königreich Preußen, Heinrich von Dehn-Rotfelser, beeindruckt von den aufgedeckten romanischen Fragmenten und erklärte, „daß das Vorhandene resp. Aufgefundene völlig hinreichend und bedeutend genug sei, *um eine vollständige Wiederherstellung des Saales der Burg bewirken zu können*, sowie, *daß er sich unbedingt für die völlige Erhaltung des Bauwerkes aussprechen müsse*." (Hervorh. UB.)[372] Nach Kenntnisnahme des Riegelschen Vorschlags bekannte sich von Dehn-Rotfelser in einem Brief an den Museumsdirektor ebenfalls zu dieser Lösung: „Ich kann Ihnen versichern, daß ich (...) denselben für die *einzig richtige* – beinahe für die einzig mögliche Lösung halte. In dieser Weise hergestellt, ist das Bauwerk für den wahren Kunstfreund sehr viel werthvoller als eine nach Vermuthungen mehr oder weniger willkürlich erfundene Ergänzung." (Hervorh. UB.)[373] Zu diesem Zeitpunkt scheint sich also in der Expertendiskussion ein Konsens zugunsten des Machbaren vor dem Unwägbaren herzustellen, obwohl mancher, auch von Dehn-Rotfelser, mit der Möglichkeit einer Rekonstruktion liebäugelte.

Noch ganz im Sinne Riegels präsentierte sich ein sorgfältig ausgearbeiteter bildlicher Entwurf Ludwig Winters, der im Januar 1883 entstanden ist. Während auf der Hauptzeichnung dem reparierten und ausgebauten Mosthaus die mutmaßliche Gestalt des 17. Jahrhunderts unter Erhaltung der romanischen Teile in der Ostwand gegeben ist, legte Winter als Variante das Ruinenprojekt auf einer angefügten und eingepaßten Klappe an.[374] Auf einer weiteren Zeichnung entwickelte er in zwei Grundrissen ein Raumprogramm für den Fall, daß das wiederhergestellte Gebäude als Städtische Bibliothek und Archiv eingerichtet werden sollte.

30

Ein solcher Vorschlag Winters muß insofern überraschen, als er sich noch in seinem Untersuchungsbericht, den er Ende März 1882 dem Magistrat überreicht hatte, einer eigenen Stellungnahme zur zukünftigen Baugestalt enthalten bzw. die diskutierten Vorschläge kritisch betrachtet hatte.[375]

30 L. Winter: Burg Dankwarderode. Projekt. Erhaltung Ruine. Farbige Zeichnung. Januar 1883

Dem Begleitschreiben zu diesem Bericht ist zweierlei zu entnehmen: Die beiliegenden 35 Zeichnungen in zwei Mappen[376] sind die Vorlagen zu den 1883 im Lichtdruckverfahren hergestellten und publizierten Blättern, woraus folgt, daß bereits im Herbst 1882[377] ein umfassendes Bild der früheren Bauperioden angefertigt wurde. Winter läßt keinen Zweifel daran, daß eine Rekonstruktion des Palas möglich sei, doch verschweigt er auch nicht, daß es sich dabei nicht um die Wiederherstellung des ursprünglichen Zustandes handeln könne: „Bei aller Beachtung der im Bauwerke gegebenen Elemente, und dem gewissenhaftesten Anschlusse an die vorhandenen Muster, bleibt der schöpferischen Phantasie immer noch ein weiter Spielraum, und ihre Leistungen, wenn sie auch einen gewissen Grad von Wahrscheinlichkeit beanspruchen dürften, vermögen doch nie ein getreues und wahres Bild der Vergangenheit wiederzugeben. In beiden Fällen kann daher auch von einer eigentlichen Restauration (...) nicht mehr die Rede sein, sondern nur von der Errichtung eines neuen Bauwerks, welches die vorhandenen Trümmer in sich aufnimmt und ein möglichst getreues Bild der früheren Gestalt wiedergibt."[378] Winter verzichtete deshalb bewußt auf die Erarbeitung und Vorlage eines eigenen Projekts für das neue Burggebäude; aus technischen Gründen sei, wie er betonte, „die Niederlegung fast der ganzen westlichen Außenmauer, sowie eines Theiles des nördlichen Giebels" erforderlich, womit indirekt gegen die Restaurierung des Bauzustandes des 17. Jahrhunderts und für eine Neugestaltung in historisierenden Formen des 12. Jahrhunderts plädiert wird.

Winters Baubefund und seine Überlegungen zur historischen Gestalt des Burggebäudes im 12. Jahrhundert sollen im folgenden anhand des 1883 veröffentlichten Materials einschließlich der Zeichnungen, soweit dies für die Vorgeschichte und für die Art der Burgrekonstruktion ab 1886 notwendig ist, vorgestellt werden. Bezogen auf die Gestalt des uns heute als Palas der Burg Dankwarderode bekannten Gebäudes, für das die Baupläne des Außenbaus um die Mitte des Jahres 1887 endgültig vorlagen, wird der Schwerpunkt der Darstellung auf die Gestaltung der Westfassade gelegt, die im Planungsverlauf, soweit kann hier vorgegriffen werden, aus unterschiedlichen Gründen mehrfach Abänderungen erfuhr, die es zu analysieren gilt. Die Ostfassade dagegen bleibt als Konstante in der einmal für authentisch befundenen Form durch alle Planungsstadien hindurch erhalten.

2.3 Winters Baubefund auf der Grundlage seiner Untersuchung im Jahre 1880

Soweit die aktenmäßige Erfassung der Bauuntersuchung, die im Anschluß an Wiehes euphorische Mitteilung vom 10. März 1880 über die in der Ostwand entdeckten romanischen Fensterteile in Gang gesetzt wurde, überhaupt Rückschlüsse auf den Ablauf der Arbeiten und ihre wissenschaftliche Absicherung zuläßt, darf festgestellt werden, daß das Gerangel um Kompetenzen zwischen dem Stadtmagistrat und dem Staatsministerium der Angelegenheit nicht förderlich war.

Die Arbeiten wurden im Auftrag des Stadtmagistrats in aller Eile durchgeführt, womit sowohl die Interessen des Herzoglichen Bauamtes als auch jene des Geschichts- und Architektenvereins übergangen wurden. Dies wird durch die Korrespondenz zwischen der Stadt und den jeweiligen Institutionen belegt, die nach dem Abschluß der Arbeit des Stadtbaumeisters geführt wurde.

Eine Beschwerde des Herzoglichen Baurats Wiehe, vom Staatsministerium als Anfrage weitergeleitet, beantwortete der Stadtmagistrat am 11. Mai 1880 ausführlich: „Dagegen befanden wir uns zu unserm Bedauern nicht in der Lage, dem vom Herzoglichen Staats-Ministerium zu erkennen gegebenen Wunsche, wonach die fraglichen Aufräumungsarbeiten im Einverständnisse und unter Mitwirkung des Bauraths Wiehe vorzunehmen gewesen sein würden, zu entsprechen, da wir uns von einem gemeinschaftlichen Vorgehen des Bauraths Wiehe und des Stadtbaumeisters Winter in den Aufräumungsarbeiten nur unter der Voraussetzung ein gedeihliches Resultat versprechen konnten, daß zwischen den beiden genannten, in einem Abhängigkeitsverhältnis zueinander nicht stehenden Sachverständigen ein ungetrübtes, persönliches Einvernehmen bestehe. Da hierauf aber nach den in letzter Zeit zwischen den genannten (...) stattgehabten Vorkommnissen nicht zu rechnen war, wir auch zur Wahrung des Ansehen unseres obersten, städtischen Baubeamten den Schein zu vermeiden wünschten, als ob derselbe der Controle und Oberaufsicht eines oberen, herrschaftlichen Baubeamten bedürfe, so hielten wir es für zweckmäßig, und gerechtfertigt, dem Stadtbaumeister Winter die fraglichen Arbeiten allein anzuvertrauen und sind wir der Ueberzeugung, daß hieraus bei der dem g. Winter innewohnenden Sachkenntnis und Gewissenhaftigkeit ein Nachtheil für die Sache nicht erwachsen wird."[379] Obwohl nahezu gleichaltrig und in ähnlicher Weise ausgebildet, gab es doch Unterschiede in der beruflichen Entwicklung, die besonders das letzte Argument des Stadtmagistrats in ein anderes Licht rücken: Wiehe hatte sich aufgrund seiner 1873 einsetzenden Tätigkeit als Kreisbaumeister einen Kompetenzvorsprung gerade in restauratorischen Fragen vor dem erst 1879 zum Stadtbaumeister aufgestiegenen Winter erarbeitet.[380] Das berechtigt zu der Frage, ob nicht gerade im Interesse der Sache eine Zusammenarbeit beider zwingend erforderlich gewesen wäre.

Daß es dem Stadtmagistrat vor allem darum ging, sich im weiteren Verlauf der Angelegenheit Sachentscheidungen allein vorzubehalten, wird im Briefwechsel mit den genannten Vereinen deutlich. Nachdem am 15. Mai 1880 den Vereinsvorsitzenden in einem Schreiben des Bürgermeisters Pockels unmißverständlich klar gemacht worden war, daß eine Beteiligung an den Untersuchungen zu diesem Zeitpunkt nicht erwünscht war[381], erfahren wir aus einem Schreiben des Geschichtsvereins-Vorstandes vom 31. Mai 1880, daß die Stadt schließlich doch zustandegekommene Vereinbarungen offensichtlich nicht eingehalten hatte: „Noch bevor es indessen möglich gewesen, deren Namen (der Mitglieder einer Untersuchungskommission, UB.) dem verehrlichen Stadtmagistrate bekannt zu machen, *sind die bloßgelegten Fundamente auf der Westseite der Burgkaserne*, deren Prüfung ein hervorragendes Interesse geboten haben würde, *wieder zugeschüttet* und ist damit die nothwendige exacte Untersuchung der betr. Bautheile für uns unmöglich gemacht." (Hervorh. UB.)[382] Die einzige Darstellung der eiligen Bodenuntersuchung liegt somit in der Publikation Winters von 1883 vor. Eine spätere Überprüfung, etwa bei der Abtragung der Baureste, ist an keiner Stelle nachweisbar.

Die von Ludwig Winter angebotene Datierung der von ihm freigelegten Fundamente kann mit Fakten nicht widerlegt werden, allenfalls sind Zweifel an seiner Deutung verschiedener Teile, besonders an der West- und Südseite, vertretbar; hier müssen vor allem Vergleiche mit anderen erhaltenen Pfalzbauten wie Goslar oder Gelnhausen angestellt werden. Zunächst sollen Winters Ergebnisse vorgestellt werden, die nach seiner eigenen Auffassung in dieser Form jedoch nur zu einer Idee des Palas, nicht aber zu einem konkreten Restaurierungsvorschlag taugen.

Auf den Tafeln I-III seines Berichts dokumentiert er den Baubefund am aufgehenden Mauerwerk aller Gebäudeseiten in Aufrissen und Schnitten, wobei die Ostseite von allen Anbauten bereinigt dargestellt ist. Der Grundriß auf seiner Tafel I zeigt, welche Teile nach Beseitigung des Bauschutts vom abgebrannten Ferdinandspalais noch intakt waren und in die Untersuchung einbezogen wurden.

Wie schon Pfeifer richtet auch Winter seinen Blick auf die freigelegten Architekturfragmente der Ostfassade und beschreibt in aller Ausführlichkeit deren Innen- und Außenansicht; er kristallisiert dabei jene Wand- und Fenstergliederung heraus, die als ursprünglich romanisch, d. h. als aus der Erbauungszeit stammend betrachtet wurde und als Ausgangsschema der späteren Gesamtrekonstruktion diente. Auf Tafel VIII hat Winter dieses Schema zur Darstellung seiner Idealvorstellung des Pfalzensembles benutzt; in keiner Phase der Beschäftigung mit den Rekonstruktionsplänen weicht er von diesem als authentisch erachteten Muster ab: „In der östlichen Umfassungsmauer des Erdgeschosses sind es nur die kleinen schmucklosen Fenster, deren Form die romanische Bauepoche verräth. Im Obergeschosse sind es (...) vornehmlich zwei große Bogenöffnungen und vier kleinere Fenstergruppen, welche durch ihre eigenartige Ausbildung die Aufmerksamkeit auf sich ziehen. Jene (...) sind in der ganzen Stärke der Mauer halbkreisförmig mit Quaderbögen geschlossen. Die kleineren, nur unvollkommen erhaltenen Fenstergruppen bildeten (...) je drei Öffnungen, die nur durch einzelne freistehende Säulen von einander getrennt werden."[383] Die Art der Beschreibung der Westfassade dagegen, die in allen Bauperioden, die Winter historisch nachweist, als Schauseite des Gebäudes ausgebildet war, läßt den nicht unbegründeten Verdacht aufkommen, daß der Stadtbaumeister hier nicht mit der gleichen Sorgfalt an die Untersuchung herangegangen ist. Er stellt zwar fest, „daß die alte westliche Außenmauer (...) an einigen Stellen des Erdgeschosses den späteren Umbauten nicht ganz zum Opfer gefallen ist"[384], aber seinen Zeichnungen ist der alte Wandbestand nicht zu entnehmen, weil er es wohl nicht der Mühe wert erachtet hat, überhaupt einen Aufriß der inneren Westwand anzufertigen, ja er erwähnt die Wandgestaltung der Innenseite nur in einem halben Satz: „Die nördlich und westlich belegenen Außenmauern enthalten in beiden Geschossen gekuppelte Fenster, welche, gleich weit von einander entfernt, unter sich in den Hauptformen übereinstimmen. Sie sind im Aeußern mit profilirten Quadergewänden eingefaßt, durch einen Quadersturz mit krönendem Giebel überdeckt und *im Innern durch große Kreissegmentbögen überspannt*."[385] Der Zweifel an der Sorgfalt des Architekten wird zudem genährt durch ungenaue oder fehlende Lokalisierung von Fragmenten, wie etwa eines Bruchstücks eines Bogenfrieses, das nach Winters Darstellung „einem großen Portale" angehört, von ihm aber nur als „gefunden in der westlichen Umfangsmauer ersten Stocks" bezeichnet wird.[386] Der Unzulänglichkeit des Befundes durchaus bewußt, bietet Winter nur eine analog zur Ostseite gestaltete Westfassade an, die „im Obergeschosse von großen und kleinen Oeffnungen durchbrochen gewesen" sei.[387]

Auf Tafel IV seiner Publikation gibt Winter die Ergebnisse der Grabungen in und an den Gebäuden wieder. In der Frage der Datierung der freigelegten Fundamente, besser, ihrer Zuordnung zu den tradierten Bauperioden sind wir ganz auf seine Darstellung angewiesen, da es keine weiteren Nachforschungen anderer Wissenschaftler gegeben hat. Abgesehen von der sehr früh angesetzten

31 Der Burgplatz um 1600. Ansicht von Nordwesten. Klappriß

Bauzeit des Palas (ab 1150), halten seine Daten jüngerer Baumaßnahmen im allgemeinen einer Überprüfung stand.

Unbeantwortet muß jedoch die Frage bleiben, weshalb Winter keine Fundamente aus der Zeit zwischen dem 13. und 17. Jahrhundert ergraben hat; wir können nur vermuten, daß die Brände von 1252[388] und vom Beginn des 16. Jahrhunderts die Grund- bzw. Außenmauern des Palas nicht so gravierend beschädigt haben, daß von Grund auf neu gebaut werden mußte. Zumindest für *31* den letztgenannten Brand belegt der Klappriß von 1600 die Richtigkeit der Annahme.

Im Bereich des abgetragenen Ferdinandspalais bieten die aufgedeckten Fundamentreste mit Ausnahme der Grundrißform der wiederentdeckten Burgkapelle keine ausreichenden Anhaltspunkte für eine überzeugende Rekonstruktion der ursprünglichen Baugestalt: Winters Grundrißdisposition auf seiner *32* Tafel VI wirkt auf den ersten Blick bestechend, nimmt man aber seine darauf *33* aufbauende Darstellung der Burgplatzfassade auf Tafel VII hinzu, dann tritt das Problematische der Idee offen zutage. Nicht nur die komplizierte Treppenanlage zwischen Palas und Burgkapelle sowie am Aufgang zum Obergeschoß vor der Westwand, für deren Stabilität eine netzartige Substruktion notwendig gewesen wäre, die Winter durch die Grabungen jedoch nicht einmal im Ansatz nachweisen konnte, sondern auch der Vorbau in der Palasmitte[389], der den

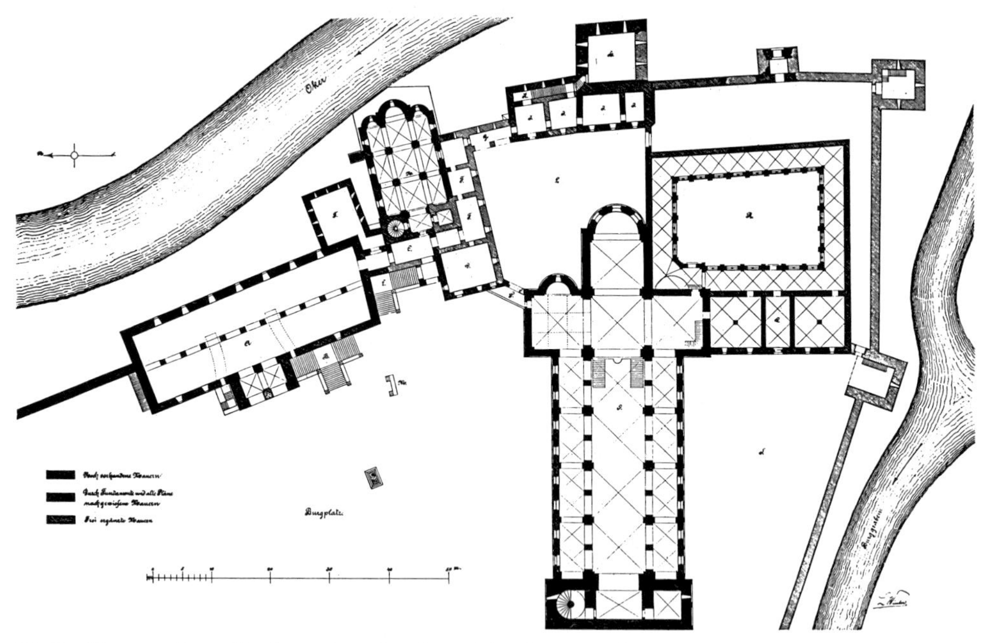

32 L. Winter: Burg Dankwarderode. Grundriß der Burg im 12. und 13. Jahrhundert nach den Befunden von 1881, Lichtdruck

33 L. Winter: Burg Dankwarderode. Westansicht der rekonstruierten Burg des 12. Jahrhunderts, Lichtdruck

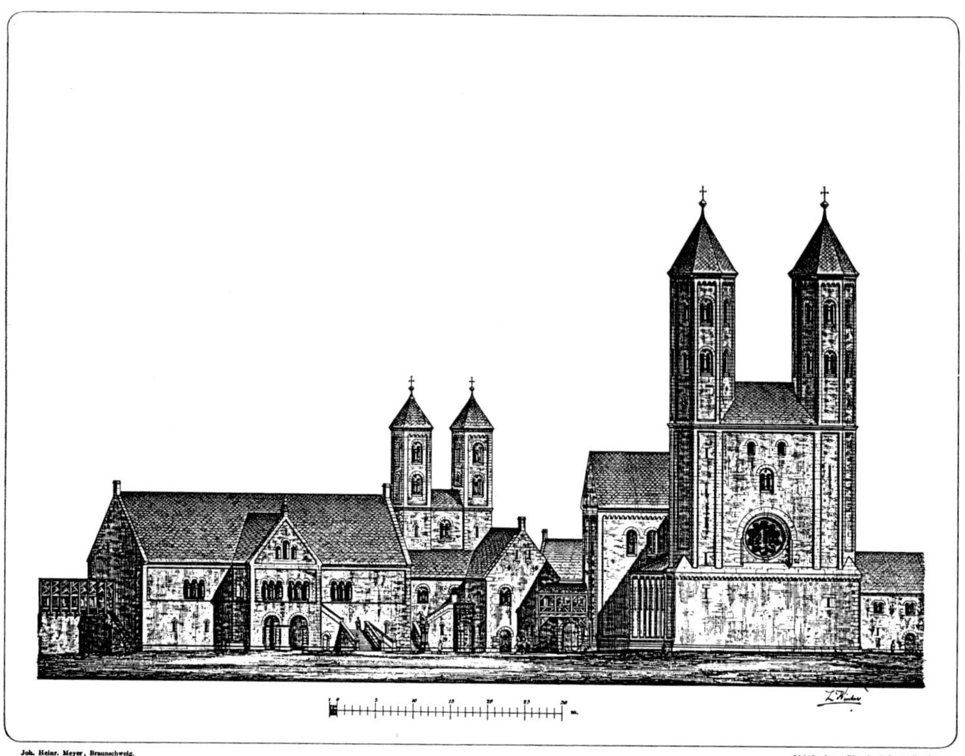

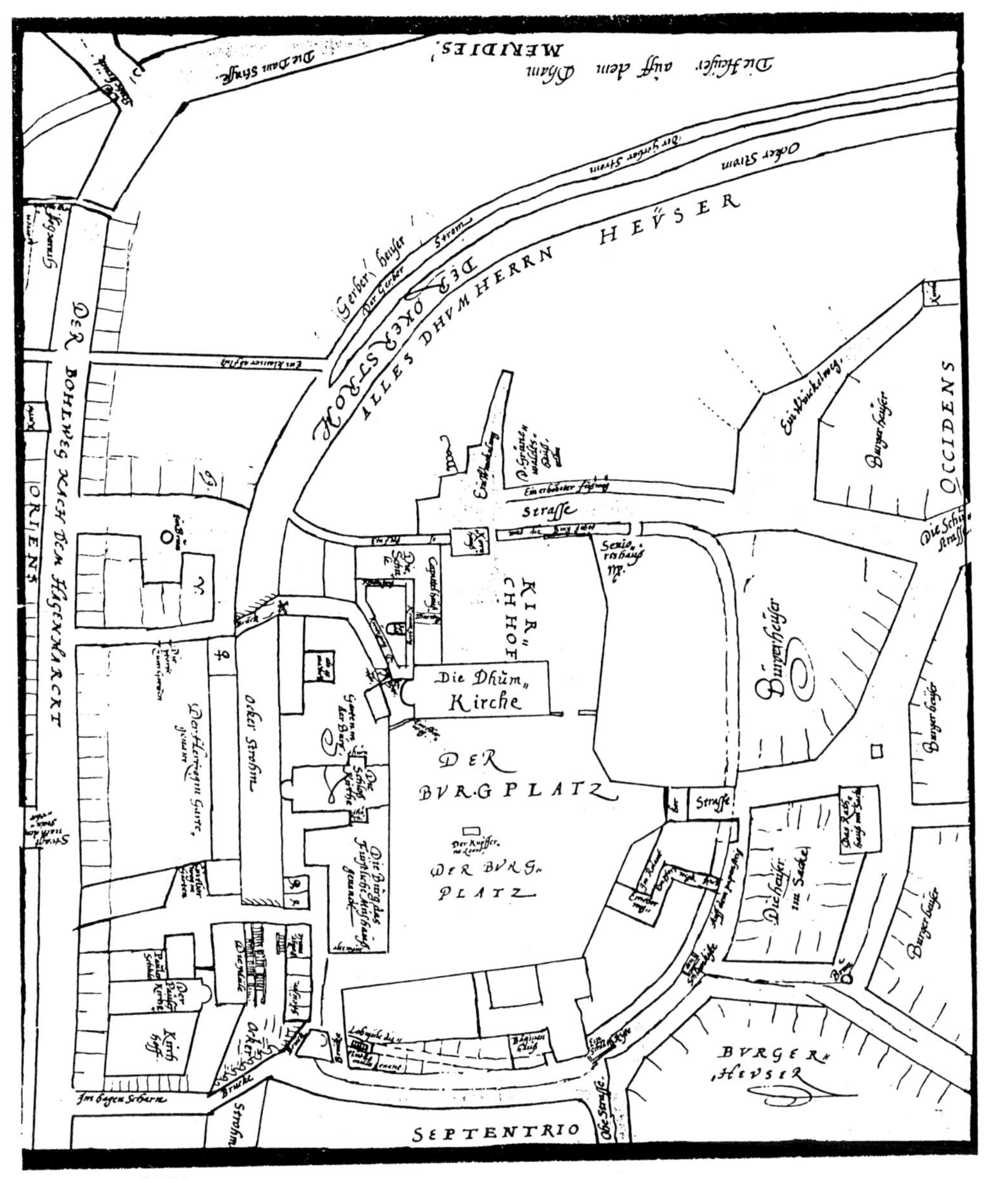

34 Der Burgplatz um 1600. Grundplan, Klappriß

Eindruck eines eingestellten Querhauses erweckt – vgl. Goslar –, und die eigenartige Verbauung der Kapellen-Westfassade geben zu denken.

31 Hier leistet die nordwestliche Teilansicht des Klapprisses von 1600 gute Dienste, wenn auch Skepsis in bezug auf Proportionen und Details der Darstellung angebracht scheint.

Auffällig, weil von Winters ergrabenem Grundriß in mehrfacher Hinsicht abweichend, ist die in einer Linie verlaufende, aber in drei Funktionsbereiche unterteilte Westfassade des Burgkomplexes: Palas, Burgkapelle St. Georg und
34 Gertrud und ein nicht näher definierter Anbau, vermutlich ein Wohngebäude (Kemenate). Diese Fluchtlinie stößt rechtwinklig auf diejenige des Doms, ein Umstand, der in der Abweichung vom tatsächlichen Verlauf der Fundamente wohl darstellungstechnisch begründet ist; das erklärt auch die „exakt ostwestlich orientierte Achse der Kapelle" und steht somit keineswegs „im Gegensatz zum Ausgrabungsbefund des Jahres 1881 (sic!)", wie Mertens meint – es handelt sich eben nicht, wie er selbst sagt, um eine „maßstäblich einheitliche Aufmessung"[390].

Fassen wir die Westfassade näher ins Auge. Der Saalbau, Palas, befindet sich in ruinösem, dachlosem und unbenutztem Zustand. Im Erdgeschoß deuten zwei Rundbogenfenster mit zwei eingestellten Säulen, die dem von Winter an der Ostseite freigelegten gekuppelten Fenstertypus entsprechen, an, daß entgegen der allgemeinen Auffassung auch der Erdgeschoßsaal auf dieser Seite ausgezeichnet beleuchtet war.[391] In der Mitte der Palasfassade befinden sich zwei große rundbogige Portale, daneben eine (Keller-) Pforte. Im Obergeschoß zeigen zwei rechteckige Fenster, daß im 15. oder zu Anfang des 16. Jahrhunderts vor dem Brand bereits Umbauarbeiten vorgenommen worden sein müssen; ein gekuppeltes Fenster über dem Torbogen belegt, daß auch an der Westseite bis in das Obergeschoß hinein alte Bausubstanz vorhanden war. Vielleicht kann man sogar davon ausgehen, daß bei den folgenden Umbauten des 17. Jahrhunderts das alte aufgehende Mauerwerk nicht beseitigt, sondern wiederverwendet wurde.[392]

Der Klappriß zeigt keinerlei Andeutungen eines als Risalit aus der Wand hervortretenden Vorbaus, wie ihn Winter auf der Grundlage ergrabener Fundamente rekonstruiert hat. Daraus und aus der Stellung des oberen gekuppelten Rundbogenfensters über dem Torbogen aber, wie Mertens, zu schließen, daß kein vorgelagerter Baukörper zur Zeit Heinrichs des Löwen existiert habe, entbehrt jeder Grundlage. Die Fundamente müssen nur anders interpretiert werden – nimmt man anstelle des Vorbaus einen von außen nicht zugänglichen Altan an,
35 wie ihn Hölscher für Goslar rekonstruiert hat, dann läßt sich vielleicht sein Fehlen um 1600 damit erklären, daß er – funktionslos ober baufällig geworden – abgetragen wurde (vgl. Goslar). Die von Mertens für den Anfang des 16. Jahrhunderts vermuteten Umbauarbeiten, die er sowohl an den Rechteckfenstern im Obergeschoß als auch an der regelmäßigen Mauerung der Portalgewände festmacht[393], geben etwa den Zeitpunkt an, zu dem der Altan beseitigt worden sein könnte.

Weitaus schwieriger gestaltet sich die Erklärung der Abweichungen, die die Burgkapelle betreffen. Zwar läßt sich die Stellung des Gebäudes – seine Ost-West-Orientierung parallel zum Dom – aus darstellungstechnischen Zwängen herleiten, die Architekturform als solche ist damit jedoch nicht zu begründen.

35 U. Hölscher: Goslar. Die Pfalzgebäude unter Heinrich III. Rekonstruktion. 1927. Ansicht von Südosten

32 Winters Grabung förderte einen dreischiffigen und dreijochigen Kirchenraum zutage, der im Osten mit ebenfalls drei Apsiden geschlossen war, während im Westen eine Doppelturmfassade vorgeblendet ist. Davor wiederum legt Winter einen überdachten Verbindungsgang zwischen den Palas und das Gebäude, das westlich und südlich die Kapelle einfaßt. Von ihm aus führt ein hölzerner Laubengang, der über das Tor verläuft, in das nördliche Dom-Querhaus. In die auch durch die Grabungen nicht näher definierbare Lücke vor der Kapelle projiziert Winter eine Treppenanlage, die durch ein entsprechendes Fundament nicht zu belegen ist.

34 Der Klappriß zeigt dagegen eine ganze Reihe von wesentlichen Abweichungen, die in den Fundamenten, die uns Winter vorstellt, nicht aufzufinden sind. Der Zeichner vom Ende des 16. Jahrhunderts registrierte ein rechteckiges Langhaus mit einapsidialem Chorschluß, einen Doppelturm-Westriegel mit vorgelagertem Westwerk (?) und Narthex (?). Südlich schließt ein ungedecktes Gebäude an, das wohl ebenfalls bei dem Brand in der ersten Hälfte des 16. Jahrhunderts beschädigt worden ist – daß die Kapelle dagegen intakt zu sein scheint, muß insofern überraschen, als die Quellen kein Material enthalten, das auf einen Wiederaufbau im 16. Jahrhundert hindeutet.

Der Grundriß der Braunschweiger Burgkapelle St. Georg und Gertrud erweckt in der von Ludwig Winter ergrabenen Form den Eindruck einer Kopie der Goslarer Liebfrauenkapelle im Pfalzbereich.[394] Auch im Aufriß ist eine Ähnlichkeit nicht zu übersehen, wenn auch die im Klappriß gegebene Westvorhalle für Goslar nicht nachgewiesen ist.

Winter, der die Goslarer Kapelle nicht kennen konnte, da ihre Fundamente erst 1913/14 ergraben wurden, beschreibt seinen Befund genau: „Ihr Innenraum, 15,50 Meter lang, 10,50 Meter breit, war in beiden Geschossen überwölbt und durch zwei Pfeilerpaare in ein breiteres Mittelschiff und zwei schmalere Seitenschiffe getheilt. Drei halbkreisförmige, dicht zusammengedrängte Chornischen, die durch ausspringende Ecken von einander getrennt, äußerlich nur als Segmentbögen vortraten, bildeten den östlichen Abschluß; zwischen den beiden quadratischen Westthürmen befand sich in jedem Geschosse eine der Breite des Mittelschiffs entsprechende Vorhalle, und in diesen der Haupteingang."[395]

Der Klappriß zeigt ein ganz anderes Bild, das sich nur schwer mit den Winterschen Befunden in Einklang bringen läßt. Als gesicherter Bestand ist nun aber auch die Zeichnung aus dem Anfang des 17. Jahrhunderts aus den genannten Gründen nicht anzusehen.

Winters Darstellung der Grabungsergebnisse läßt gerade das westlich der Kapelle vorgelagerte Grundstück zwischen dem Palas und dem nicht näher bestimmten Gebäude sehr unklar; es finden sich Fundamente, die er dem 12. Jahrhundert zuordnet. Auch in Goslar ließ sich auf der Grundlage der Grabungen im Bereich zwischen der Westfassade der Kapelle und dem Wohnbau kein exakt bestimmbarer Baukörper rekonstruieren, obwohl Fundamente aus der frühen Bauzeit der Kapelle festgestellt werden konnten. Für Goslar können wir einen zwischen den bis an die Ostwand des Wohnbaus heranreichenden Mauern liegenden Vorhof annehmen, der aber wohl nicht nach dem Aachener Vorbild als Atrium angelegt war.

An der Braunschweiger Pfalzkapelle ist ein solcher Hof nicht nachzuweisen und auch nur über Winters Grabungsergebnisse hinweg rekonstruierbar. Anders als er die Fundamente im fraglichen Bereich gedeutet hat, wäre jedoch eine Gestaltung der westlichen Eingangssituation im Sinne des vom Klappriß gezeigten Aufrisses denkbar; dabei treten die vor die Westtürme gezogene – zweijochige (?) – Vorhalle und der schmale Portalvorbau ganz an die Fassadenflucht des Palas heran.

Unbestimmt bleibt auch die Definition des nach Süden sich anschließenden Gebäudes, dessen Grundriß Winter aus minimalsten Fundamentresten nachgebildet hat: „Zum Palas gehörte ferner die ‚Kemenate'. (...) Nächst dem großen Festsaale, in gleicher Höhe wie dieser und mit ihm durch einen verdeckten Gang C verbunden, lagen die Gemächer des Herrn. Das bedeutendste darunter D, 8,5 Meter lang, 6,5 Meter breit, zwischen der Burgkapelle und dem Dome, bildete den Centralpunkt der ganzen Palastanlage. (...) Von den Herrengemächern getrennt und nur durch einen gedeckten Gang G mit ihnen verbunden, lag weiter südlich ein aus mehreren Theilen zusammengesetztes Bauwerk, welches hauptsächlich den Frauen und Jungfrauen zum Aufenthalte diente."[396]

32

31

Der Klappriß zeigt zwar ebenfalls ein südwestlich an die Kapelle angebautes dachloses Gebäude, jedoch keinen Hinweis auf einen gedeckten Gang, im Gegenteil: Das von Winter als Kemenate bezeichnete Gebäude erscheint hier als in einer Flucht mit der Fassade der Kapelle liegend; zwischen der Kapelle und den bei Winter als Frauenkemenate bezeichneten Gebäuden findet sich ein freies, zum Domchor hin mit einer Mauer abgeschlossenes Gelände, das auf dem

Grundplan des Klapprisses als „Garten in der Burg" benannt ist. Das in der Westwand des Gebäudes enthaltene gekuppelte Fenster, das als Symbol älteren, vielleicht romanischen Baubestandes gelesen werden kann, deutet allerdings an, daß hier wohl schon zu Heinrichs des Löwen Zeiten ein Gebäude unbekannter Funktion gestanden haben könnte.

33 Vielleicht stand es in Zusammenhang mit einem von Winter auf Blatt VII dargestellten gedeckten Gang, der zu einer Öffnung im Nordquerschiff des Domes führte und möglicherweise dem Herzog als Zugang zu seiner Empore im Dom diente. Wie lange ein solcher Zugang bestanden hat, ist nicht überliefert; der Klappriß zeigt für die Zeit um 1600 an dieser Stelle ein Tor, das aber nicht mehr mit dem benachbarten Gebäude verbunden zu sein scheint.

Der Vergleich der beiden Darstellungen hat gezeigt, daß hinsichtlich der tatsächlichen Baugestalt der Pfalz Heinrichs des Löwen trotz der Grabungen Winters und der Entdeckung des Klapprisses Klarheit nicht zu gewinnen ist, da die häufigen Umbauten auch im Bereich der Fundamente die Reste älterer Bauperioden teilweise beschädigt oder ganz beseitigt haben. Aufklärung über die Gestaltung der Westfassade des Palas haben wir vermittels des Klapprisses insofern gewonnen, als wir jetzt sagen können, daß Winters Darstellungen und besonders seine spätere ‚Rekonstruktion' ist fast allen wesentlichen Teilen auf Spekulation beruhen, die aber, wie im folgenden Teil darzulegen sein wird, durchaus zeitgeschichtlich bedingt ist.

2.4 *Überlegungen zur Datierung des Palas der Herzogspfalz Dankwarderode*

Herzog Heinrich der Löwe habe die Burg in Braunschweig ausbauen, die Stadt befestigen und als Zeichen seiner Herrschaft im Jahre 1166 den Bronzelöwen aufstellen lassen, so berichten die Chronisten, doch haben sie vergessen, ein Datum für die umfangreichen Bauarbeiten im Burgbereich mitzuteilen.[397] Wir erfahren nicht, ob der Löwe zu Beginn oder nach Abschluß des Burgausbaus entstanden ist.

Zum Umbau der Burganlage gehörte auch die Errichtung einer neuen, größeren Kirche als Grablege des Herzogs, die eine ältere, 1030 durch Bischof Godehard von Hildesheim geweihte Stiftskirche St. Peter und Paul ersetzte. Ihr Baubeginn, der allgemein nach Heinrichs Rückkehr aus Palästina in das Jahr 1173 gesetzt wird, ist ungewiß, sicher dagegen wissen wir, daß 1188 nach einer vermuteten Bauunterbrechung in den Jahren 1182–1185[398] die Marienaltarweihe stattfand[399], woraus wir auf eine Fertigstellung von Chor und Querhaus schließen können. Der genannte Vorgängerbau St. Peter und Paul, der im Bereich der Chorsüdseite vermutet wird[400], wurde vor dem Beginn des Neubaus abgebrochen, wahrscheinlich 1172[401]. Daraus folgt, daß für einen längeren Zeitraum im Burgbereich kein Gottesdienst hätte gehalten werden können, weshalb anzunehmen ist, daß diese Aufgabe einem weiteren Kirchenbau in der Burg zufiel.

Ludwig Winter hat im Verlauf seiner Grabungen 1880 die Fundamente der nach 1650 beseitigten Burgkapelle St. Georg und Gertrud aufgedeckt. Sie wird zweigeschossig gewesen sein, in der Mitte dürfte sich eine große Öffnung im Boden befunden haben, so daß der Herzog von oben am Gottesdienst teilnehmen konnte.

Wie die Pfeiler der Bogenstellung im unteren Saal des Palas und wie die der Stiftskirche St. Blasius waren auch ihre Pfeiler mit Ecksäulchen besetzt.[402] Es liegt nahe, diesen Kirchenbau als unmittelbaren Vorläufer der Stiftskirche anzusehen, womit einmal seine Fertigstellung vor 1173 anzunehmen ist, zum anderen aber auch die Bauzeit des Palas einen vertretbaren Rahmen erhält. Wenn Winter mit seiner Datierung in die Zeit zwischen 1150 und 1170 den Bau etwas zu früh ansetzt und auch Dorn diese Daten für die Burgkapelle noch einmal genannt hat, ohne daß sich dafür konkrete Merkmale feststellen ließen, so ist doch nicht von der Hand zu weisen, daß eine Bautätigkeit am Palas vor der Gründung des Doms wahrscheinlich ist. Als Eckdaten der Bauzeit bieten sich die Aufstellung des Bronzelöwen 1166 und der Baubeginn an der neuen Stiftskirche um 1173 an.

Auch die Burggebäude selbst hatten Vorgängerbauten, die aber allem Anschein nach weder in ihrer Bauweise noch in ihrer Gestaltung den Ansprüchen des Welfenherzogs genügten.[403] Die denkbare ursprüngliche Gestalt des Neubaus Heinrichs des Löwen bot in vielfacher Hinsicht Anlaß zur Diskussion, nachdem die Freilegung der Fundamente und die Erhaltung einiger Architekturfragmente im aufgehenden Mauerwerk die Gelegenheit einer annähernden Wiederherstellung schufen. Maßgeblich beeinflußt wurden die Vorstellungen der Planer von der 1879 abgeschlossenen Restaurierung der Goslarer Kaiserpfalz, die ein Muster vorgab, wie auch von einer historisch-ideologisch motivierten Vorbildhaftigkeit des Goslarer Gebäudes, dem nun sogenannten ‚Kaiserhaus', die seit der Mitte des 19. Jahrhunderts immer stärker in Zusammenhang mit dem Verhältnis zwischen Heinrich dem Löwen und Friedrich Barbarossa in die historische Diskussion eingebracht wurde.[404]

1861 hatte Ludwig Bethmann in einem Artikel in Westermanns Monatsheften eine architektonische und historische Ähnlichkeit zwischen der Braunschweiger und der Goslarer Pfalz konstatiert: „Solche Doppelkapellen sind eigentlich nur in kaiserlichen Pfalzen, so (...) (an derselben Stelle wie in Braunschweig) in dem nahen Goslar (zu finden, UB.), dessen Kaiserpfalz überhaupt für Heinrich den Löwen ein Reiz zum Wetteifern gewesen scheint. Heinrich (...) zeigt sich in Allem gern selbständig und dem Kaiser gleich."[405] Bethmann dürfte nur die Pfeilerreihe im Innern der damaligen Burgkaserne gekannt und von der Existenz der um 1707 vollständig verschwundenen Burgkapelle gewußt haben. Über die frühere Gestalt des Goslarer Palas könnte er durch die (um) 1860 publizierte Arbeit Mithoffs[406] informiert gewesen sein, der unter anderem auch eine Rekonstruktion des Bauwerks erstellte, die nur geringfügig von einer Zeichnung des Göttinger Universitätsbaumeisters Müller aus dem Jahre 1810 abweicht.[407]

Erst im Rahmen der Restaurierung schälte sich der Kern des einst so vornehmen Gebäudes heraus. Eine mögliche Vorstellung des Palas bietet eine von Theodor Unger 1871 in der Deutschen Bauzeitung veröffentlichte Zeichnung, die dem in den Jahren 1873–1879 ausgeführten Projekt sehr nahe kommt.[408]

Bethmanns These von der Abhängigkeit der Braunschweiger von der Goslarer Pfalz wird durch Winters Befunde von 1880 anscheinend bestätigt. Ganz in diese Richtung ging der Vortrag Otto von Heinemanns vor dem Braunschweiger Architektenverein am 16. März 1880. Er berief sich auf Bethmann und führte aus: „Aber ich will doch noch hervorheben (...), daß die Kaiserpfalz in dem benachbarten Goslar Heinrich dem Löwen, der sich *in der Fülle seiner Macht* und in dem Glanze seines Ansehens überhaupt gern dem Kaiser wetteifernd zur Seite stellte, Anregung und *Muster für die Anlage* und Ausführung *seines neuen Fürstensitzes* zu Braunschweig gegeben haben mag. (...) So mag er in dieser Pfalz selbst ein *nachahmendes Gegenstück zu dem kaiserlichen Palaste in Goslar* zu schaffen beabsichtigt haben." (Hervorh. UB.)[409] Aus dieser Formulierung lassen sich zwei wichtige Hinweise filtern: Erstens vermutet von Heinemann, daß die Burg nur während Heinrichs des Löwen erfolgreichen Zeiten entstanden sein kann, das bedeutet also zwischen 1160 und 1176 (Chiavenna!), und zweitens veranlaßt der Hinweis auf die mutmaßliche Nachahmung der Goslarer Anlage zur Suche nach den verbindenden Elementen beider Gebäude.

Heinemann hat bei seiner Darstellung vorausgesetzt, daß der Goslarer Palas in seiner 1879 rekonstruierten Form einen Bauzustand nachbildet, den Heinrich der Löwe zur Bauzeit seiner Pfalz gekannt haben muß.[410] Es wird eine Aufgabe sein, die Rekonstruktion des Braunschweiger Palas als in Abhängigkeit von den Vorstellungen zu zeigen, die dem ‚Kaiserhaus' Vorbildcharakter zuschrieben und somit ein ‚schiefes' Bild der sogenannten ursprünglichen Gestalt erzeugten.

Obwohl Mithoff um 1860 darauf hingewiesen hatte, daß „die Architektur des Hauptkörpers des Gebäudes mit den spitzbogigen Tonnengewölben des Untergeschosses, den einst im Kleeblattbogen überwölbten Thüren daselbst und den großen Fensteröffnungen im Obergeschosse (...) vielmehr auf eine weit spätere Zeit (deutet) und man (...) nach diesen Merkmalen genöthigt (ist), als die Zeit der Ausführung der Haupttheile des jetzigen Baues etwa die letzten Dezennien des zwölften Jahrhunderts anzunehmen"[411], wurden zur Zeit der Braunschweiger Diskussion keine Zweifel daran gelassen, daß Heinrich der Löwe seinen Palas in Konkurrenz zu *diesem in Goslar restaurierten Bauzustand* konzipiert habe.

1904 machte Simon auf einen wichtigen Aspekt der Wandbehandlung bei beiden Bauten aufmerksam, der näher an eine veränderte Auffassung der Goslar-Braunschweig-Relation heranführt: „Bei dem Palas der Burg Dankwarderode (...) haben wir auch zwei Gruppen von Arkaden (...). Der Charakter der Mauer ist vollständig gewahrt; *nur an einzelnen Stellen sind an den Enden der Arkaden kleine Säulchen in die Mauer eingestellt* und so der Anfang dazu gemacht, *die trennenden Mauerteile als Pfeiler zu behandeln.* (...) *Die volle*

28

Konsequenz wird in Goslar gezogen, wo der in Dankwarderode geahnte architektonische Gedanke seine direkte Fortsetzung findet." (Hervorh. UB.)[412]

Aus dieser Interpretation der Fenstergliederung an der Ostfassade des Braunschweiger Palas, derzufolge die in Goslar restaurierte Fassade mit den großen Fensteröffnungen erst nach einem Umbau gegen Ende des 12. Jahrhunderts in Abhängigkeit von und in Konkurrenz zu Braunschweig entstanden ist, muß wohl der Schluß gezogen werden, daß, wenn wir von einer Abhängigkeit des Braunschweiger vom Goslarer Palas sprechen, genau angegeben werden muß, welche Bauperiode der Goslarer Pfalz gemeint ist.

Ohne Zweifel ist die schon im 19. Jahrhundert aus dem „königsähnlichen Anspruch"[413] des Welfenherzogs abgeleitete Vorbildhaftigkeit des Goslarer Palas für den Braunschweiger gegeben, nur handelt es sich dabei, wie die Daten und Befunde Hölschers zeigen, nicht um den 1879 restaurierten Palas (Goslar II), sondern um dessen Vorgängerbau (Goslar I), der um 1050 errichtet und bis zur Mitte des 12. Jahrhunderts nur wenig verändert worden war.[414]

Hölscher kommt, wie Mithoff, zu dem Ergebnis, daß am Ende des 12. Jahrhunderts in Goslar noch einmal gebaut worden ist; eine solche Baumaßnahme bekommt einen Sinn nur dann, wenn man sie als Reaktion auf die Braunschweiger Neuerungen versteht. Das bedeutet, auf den Welfenpalas bezogen, daß dieser zur Zeit seiner Errichtung vom Anspruch und von der Architektur her dem älteren in Goslar überlegen gewesen sein muß.

Heinrich der Löwe setzte mit seiner Pfalz ein Zeichen seines hohen Anspruchs zu einem Zeitpunkt, als der Stauferkaiser Friedrich I. ihm nichts Vergleichbares entgegenzusetzen hatte: Gelnhausen wurde erst um 1180 begonnen[415], und Goslar war zwar noch immer ein bevorzugter Aufenthaltsort, aber veraltet.

Die gesamte Literatur zur Pfalzenforschung hat die Ergebnisse Hölschers im wesentlichen akzeptiert; umso erstaunlicher scheint mir, daß Hotz noch 1965 feststellen konnte: „Am stärksten ist von der Pfalz zu Goslar die Burg Heinrichs des Löwen Dankwarderode in Braunschweig abhängig."[416]

Das Mißverständnis, das sich seit dem 19. Jahrhundert in der Forschung gehalten hat, geht zu Lasten des Braunschweiger Palas, dem jegliche architektonische Innovation abgesprochen wird, da er ja nur auf Goslar reagiert. Die Untersuchungsergebnisse Hölschers zeigen jedoch, daß das Braunschweiger Bauwerk in einigen Details für den unter Heinrich VI. zuendegeführten Umbau in Goslar (1188–1200) zum Vorbild und Ansporn wurde.[417] Hier sollte vielleicht der Hinweis erlaubt sein, daß die ebenfalls mit Goslar in Konkurrenz stehende Bamberger Bischofspfalz gegen Ende des 12. Jahrhunderts nach einem Brand eine neue Fassade erhielt.[418]

Fragen wir also nach den Details, die für den Umbau des ‚Kaiserhauses' in Konkurrenz zu Dankwarderode sprechen. Hölscher geht davon aus, daß der ältere Goslarer Palas zweigeschossig und der untere Saal in der Längsachse durch fünf hölzerne oder steinerne Stützen, auf denen wohl die Balkenunterzüge für die Saaldecke lagen, geteilt war. Erst beim Umbau in den 90er Jahren des 12. Jahrhunderts, als das mittlere Querhaus eingebaut wurde, ersetzte man die

Stützen durch steinerne Arkaden „wie bei der Dankwarderode“. Für den nachträglichen Einbau des Querhauses spricht, daß „die Bogenstellungen (...) mit dem Mauerwerk der Frontmauer in den unteren Teilen nicht in Verband (stehen); erst von etwa Manneshöhe an sind die Schichten eingebunden. Die Querarkaden sind also mit den oberen Teilen der Erdgeschoß-Frontmauer gleichzeitig errichtet.“[419] Ohne erkennbaren äußeren Einfluß durch Feuer, Einsturz oder ähnliches müssen also die Umfassungsmauern von der Mitte der Erdgeschoßhöhe an aufwärts vollkommen neu bzw. unter Einbeziehung brauchbarer älterer Teile errichtet worden sein.

30 Um nun den Palas der Pfalz Dankwarderode, der uns nur an seiner Ostfassade authentisch erscheint, in seiner Abhängigkeit von Goslar I (um 1050) und in seiner Vorbildhaftigkeit für Goslar II (um 1200) zu erkennen, ist es notwendig, sich eine Vorstellung des Goslarer Gebäudes aus der Zeit um 1050
35 zu machen, wofür Hölscher eine Möglichkeit anbietet; der Palas wäre demnach ein zweigeschossiger Rechteckbau in symmetrischer Aufteilung der Ostfassade gewesen: Zu beiden Seiten des aus der Fassadenflucht vorspringenden, treppenlosen und im Erdgeschoß rundbogig geöffneten Altans, der das Portal überdeckt, gliedern je drei Fenstergruppen die Wand. Im Erdgeschoß sind es gekuppelte Fenster, im Obergeschoß Drillingsfenster von der Art, wie sie Winter an Dankwarderode freigelegt hat.

Das Obergeschoß öffnet sich mit drei unverschlossenen Bögen auf den Altan, deren mittlerer breiter und höher als die beiden anderen ist. Die Wand selbst ist in der Breite des Altans durch flache Lisenen bis an das Dachgesims heran unterteilt, sonst aber bleibt die Mitte des Gebäudes unbetont. An der südlichen Schmalseite führt eine Treppe zu einer Tür im Obergeschoß, das vermutlich im Innern des Saalbaues von unten nicht zugänglich war.

Hölscher selbst ist sich der Ungeklärtheiten seines Entwurfs bewußt; fast scheint es, als habe er sich der Dankwarderode als Vorbild bedient. Damit ist aber auch das Interessante dieses Rekonstruktionsversuchs genannt: Wenn wir uns Goslar I annähernd in dieser Form zu denken haben, haben wir die Möglichkeit, auf Dankwarderode zurückzuschließen, und kommen zu dem Ergebnis, daß wir es auch hier mit einem schlichten Gebäude zu tun hätten, dem ein Altan und nicht, wie Winter uns vorführt, ein querhausartiger Vorbau mit aufwendiger Treppenanlage vorgelagert war.

33 Winter ist mit seinem ersten Entwurf, der 1883 im Rahmen des Untersuchungsberichts veröffentlicht wurde, nicht zufrieden. Sein „Entwurf zur
36 Wiederherstellung des Saalbaues der Hofburg Heinrichs des Löwen“ vom 20. Mai 1886 weicht, in der Westansicht, erheblich von der Idealkonstruktion ab. Läßt man den rechts dargestellten Baukörper, der als Kastellanswohnung konzipiert ist, und den dahinter aufragenden Nordturm der ehemaligen Kapelle außer Betracht, so bleibt ein rechteckiger Baukomplex auf den Fundamenten des 12. Jahrhunderts übrig, der im Vergleich mit Goslar I dem ehemaligen Zustand sehr nahe kommen könnte, wenn auch einige Details der Fassadenbildung sicher der Korrektur bedürften.

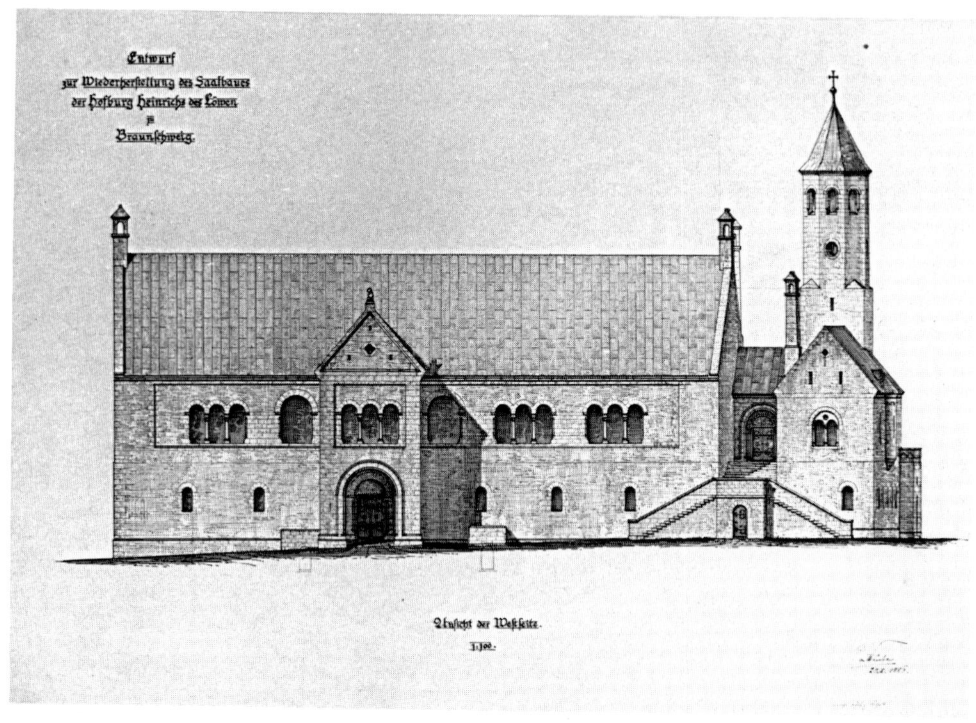

36 L. Winter: Entwurf zur Wiederherstellung des Saalbaues. Westansicht. 20. Mai 1886

Es ist unklar, weshalb Winter den Vorbau, den er aus den ergrabenen Fundamenten erschlossen hat, nicht in der von diesen vorgegebenen Breite und mit einer doppelbogigen Öffnung ausführte. Eine solche Öffnung finden wir in Goslar, durch ein Fundament belegt, nach dem Umbau des Palas. Sowohl in Goslar II als auch in Braunschweig handelt es sich bei dem Vorbau um einen Altan, da in beiden Fällen keine Fundamente nachgewiesen sind, die auf Treppenaufgänge schließen lassen. Winters Idee eines geschlossenen Vorbaus ist aus dem Braunschweiger Grundriß nicht abzuleiten, weit eher dagegen aus dem in Goslar II gegebenen Querhaus mit der großen Rundbogenöffnung, über der sich ein Giebel erhebt.

36 Im Ansatz können wir Winters Fenstergliederung des Obergeschosses akzeptieren, wenn wir sie in Abhängigkeit von Goslar I sehen; zu bedenken ist jedoch, daß die beiden größeren, in Analogie zur Ostfassade angenommenen Rundbogenfenster nicht nachweisbar sind, während ein Drillingsfenster an der Westseite durch die Darstellung auf dem Klappriß belegt ist. Den Zugang vom oberen Saal auf die Altanplattform ermöglichte ein Rundbogenportal, das vielleicht aus zwei Öffnungen in der Art der größeren Fenster gebildet wurde.

Der an die Südwand des Palas nach Winters Vorstellung angesetzte Treppenaufgang ist auch in einfacherer Bauweise, nämlich mit steilem Aufgang zu einem Portal, das Winter in einen Baukörper zwischen Saalbau und Kapelle eingefügt hat, auf den ergrabenen Fundamenten rekonstruierbar. Damit ergäbe sich eine Erklärung für den bislang ungelösten Widerspruch zwischen dem Befund Winters und der Darstellung auf dem Klappriß. Der südliche Treppenaufgang endet in einem Zwischenbau, der den direkten Zugang vom Festsaal im Obergeschoß des Palas zur Westvorhalle der Kapelle vermitteln soll.[420] Vor die Westvorhalle wäre dann, wie es der Klappriß zeigt, noch ein schmaler Portalvorbau gesetzt.

Die zeitliche Einordnung der Braunschweiger Pfalz zwischen 1160 und 1173, wie ich sie oben vorgeschlagen habe, bedarf einer Präzision auf der Grundlage historischer Fakten und Zusammenhänge.

Herzog Heinrich der Löwe hatte seit der Wahl Friedrichs I. zum deutschen Kaiser 1152 seinen Gebietsbesitz beträchtlich erweitern können. Auf dem Reichstag zu Goslar im Jahre 1154 erhielt er das Herzogtum Bayern zugesprochen, auf dem Hoftag 1158, ebenfalls in Goslar, konnte er auch im Harz Gebietszuwachs verzeichnen. Die Ausdehnung seiner Besitzungen machte ihn allmählich zum mächtigsten Fürsten des Reiches, von dessen Loyalität nicht zuletzt das militärische Schicksal des Kaisers abhängig war, wie sich bei der Niederlage Barbarossas bei Legnano (1176) erwies.

Der Welfe besaß um 1160 bereits eine Machtposition, die zwar von den sächsischen Fürsten energisch bekämpft wurde, doch ohne kaiserliche Unterstützung anscheinend nicht zu brechen war. Der Krieg, in den Heinrich mit den sächsischen Fürsten zwischen 1166 und 1168 verwickelt wurde, konnte nur durch die Vermittlung des Kaisers auf dem Reichstag zu Würzburg (29. Juni 1168) beendet werden.

Angeblich, und darüber gehen die Meinungen der Historiker weit auseinander, habe ihm der Kaiser bei dieser Gelegenheit das Goslarer Reichslehen wieder entzogen, das der Welfe seit 1152 innegehabt haben soll.[421] Für diese Möglichkeit spricht, daß zwischen 1152 und 1163 der welfische Ministeriale Anno von Heimburg nachweislich Vogt in Goslar gewesen ist[422], dagegen, daß zwischen 1152 und 1168 eine Reihe von Hof- und Reichstagen stattgefunden hat, zu denen Heinrich der Löwe anwesend war, während sonst keine Aufenthalte des Herzogs in Goslar bezeugt sind; zudem war es nicht üblich, „daß der deutsche König außerhalb des Reichsgutes und des Reichskirchengutes Hoftage hielt"[423].

Wie wichtig Goslar für beide Seiten tatsächlich war, deutet die Auseinandersetzung zwischen dem Kaiser und dem Herzog 1176 in Chiavenna an, bei der Heinrich der Löwe seine militärische Hilfe für den lombardischen Feldzug des Kaisers von der Belehnung mit der Reichsvogtei Goslar abhängig gemacht haben soll.[424] Daß es sich bei der Forderung des Herzogs um mehr als einen normalen Lehnsakt handelte, zeigen die an Goslar gebunden Interessen beider Kontrahenten: „Wenn es ihm (Heinrich dem Löwen, UB.) gelang, die Reichsvogtei mit ihren reichen Silberschätzen endgültig in seine Hand zu bringen (...), so wäre dies der krönende Abschluß seiner Territorialpolitik am Harz gewesen.

(...) Die Preisgabe der Reichsvogtei hätte (für Friedrich, UB.) den Verzicht auf den auch wirtschaftlich wichtigsten Stützpunkt des Königtums in Sachsen gebracht und eine erfolgreiche Reichslandpolitik in den nördlichen Vorlanden des Harzes unmöglich gemacht."[425]

Wir wissen, wenn auch nur aus nicht zeitgenössischen Chroniken, daß Heinrich der Löwe das Bronzestandbild eines Löwen als Hoheitszeichen 1166 in seiner Burg Dankwarderode aufstellen ließ. Wir wissen nicht, welche Bauten zu diesem Zeitpunkt den architektonischen Rahmen dieser Burganlage bildeten. Die historischen Fakten gestatten aber die Vermutung, daß die Errichtung des ersten vollplastischen Denkmals im Freien nördlich der Alpen[426] als Ausdruck und Demonstration einer königähnlichen Machtposition zu werten ist, als diese von den sächsischen Fürsten bedroht wurde.

Der vollständige Neubau der Burg Dankwarderode erhält einen nachvollziehbaren politischen Sinn dann, wenn man den Verlust der Reichsvogtei Goslar im Frieden von 1168/1169 damit in Verbindung bringt; der Löwe demonstriert seinen Machtanspruch in einer Pfalzanlage, die in Konkurrenz zur salischen Pfalz Heinrichs III. in Goslar Gestalt gewinnt. Dies wiederum kann nur zu einem Zeitpunkt geschehen, an dem der Bauherr einerseits genügend Macht hat, eine solche Konfrontation durchzustehen, und andererseits Anlaß hat, sie einzugehen. Beides war um 1168 gegeben. Damit wäre ein plausibles Argument für die Datierung des Baubeginns um diese Zeit gewonnen.

Es gibt noch einen weiteren Anhaltspunkt, der geeignet ist, den Beginn der Bauzeit in Braunschweig in das letzte Viertel der 1160er Jahre zu setzen, auf den Arens 1976 aufmerksam gemacht hat. Seine Untersuchungen an staufischen Pfalzkapellen haben ergeben, daß die Errichtung von Doppelkapellen „mit mittlerem Loch zwischen vier Freistützen und mit in beiden Geschossen übereinander angeordneten Altären" vor 1170 Königen und Bischöfen vorbehalten war[427] – für Braunschweig bedeutet das, daß die Burgkapelle St. Georg und Gertrud wohl die erste nicht königliche oder bischöfliche Doppelkapelle dieses Typs war; ihr vergleichbar ist vielleicht nur noch die Burgkapelle in Landsberg/Halle, bei der jedoch der Westturmriegel nach dem Goslarer Liebfrauen-Vorbild fehlt (1170–1180).

Natürlich ist auch die Pfalz Heinrichs des Löwen nicht in ihrem ganzen Umfang in so kurzer Zeit (1168–1173) erbaut worden, so daß wir mit Erweiterungen und Veränderungen auch noch während der Arbeiten an der Stiftskirche zu rechnen haben. Die Bauornamentik von Palas und Kapelle – besonders die Pfeiler mit den eingestellten Ecksäulchen – spricht für eine weitgehende Fertigstellung dieser Gebäude vor dem Beginn der Arbeiten am Langhaus der Stiftskirche (um 1195 vollendet), so daß eine Ansetzung des Palas um 1175 zu spät sein dürfte.[428]

Die Pfalz Heinrichs des Löwen ist als eine Art Gegen- oder Konkurrenzanlage zu der in Goslar bestehenden Pfalz Heinrichs III. entstanden mit der Absicht, den eigenen Anspruch auf die deutsche Königswürde zu demonstrieren. Die Neubauten des Staufers Barbarossa, vor allem Gelnhausen, konnten dem nur wenig entgegensetzen; erst der Zusammenbruch des welfischen Machtbereichs durch die drastischen Reichstagsbeschlüsse (Verbannung) ließ das Ansehen des Herzogs sinken und ermöglichte dem Nachfolger Friedrichs, Heinrich VI., in einem letzten Kraftakt zu Lebzeiten des Welfen mit der Erneuerung der Goslarer Pfalz den Triumph des Kaisertums über die welfischen Partikularinteressen auszukosten.

2.5 Die Palasrekonstruktion von Ludwig Winter

Auf Beschluß der Stadtverordnetenversammlung vom 18. März 1886 überließ die Stadt der Herzoglichen Hofstatt unentgeltlich die Burgkaserne zur weiteren Verwendung.[429] Damit fand die mehr als ein Jahrzehnt andauernde Kontroverse um das Bauwerk ein überraschendes Ende. Es setzte nun eine Phase detaillierter Planung zu einer Rekonstruktion des ursprünglichen Zustandes ein, deren Zustandekommen und Ausführung vordergründig von baugeschichtlichen und historischen, bei genauerer Betrachtung aber entscheidend von zeitpolitischen Überlegungen bestimmt waren. Schon das Zustandekommen der Rückgabe des Gebäudes an die Herzogliche Hofstatt war ein politischer Akt.

Noch am 2. März 1886 hatte der Braunschweigische Landtag eine Vorlage des Herzoglichen Staatsministeriums abgelehnt, nach der der Stadt durch einen finanziellen Zuschuß die Restaurierung des Gebäudes ermöglicht werden sollte.[430] Da andererseits die Stadtverordneten einer Wiederherstellung nur unter der Voraussetzung der Gewährung dieses Zuschusses zuzustimmen bereit waren[431], schien zu diesem Zeitpunkt eine Lösung des Problems in weite Ferne gerückt und eine Erhaltung des Bauwerks erneut in Frage gestellt zu sein.

Das Projekt, für dessen Realisation der Zuschuß benötigt wurde, geht im wesentlichen auf die Entwürfe Winters aus dem Jahre 1883 zurück. Das zu jener Zeit schon umstrittene Projekt sah vor, unter weitgehender Wiederherstellung der an der Ostfassade aufgedeckten Reste des 12. Jahrhunderts das Bauwerk in seinem letzten Zustand zu erhalten und ihm eine städtische Zweckbestimmung zu geben: „In dem noch vorhandenen Theile der Burg Dankwarderode (...), in seiner jetzigen Form hergestellt und am Süd- und Südost-Giebel mit einem kleinen Anbau versehen (...), ergeben sich zwei große Säle mit je etwa 420 qm Grundfläche, von denen der untere zur Unterbringung des Archivs, der obere zur Ausstellung der Bibliothek sehr geeignet sein würde, in dem Anbau bezw. in den Giebeln lassen sich die erforderlichen Räume für die Verwaltung und eine Hausmanns-Wohnung schaffen."[432] Durch die Ablehnung des Zuschusses durch den Landtag zeichnete sich ein auf unbestimmte Zeit verlängerter Status quo ab, der keineswegs im Interesse der Stadt liegen konnte, da hierdurch die Ausführung des Straßenbauprojekts behindert wurde.

Initiator jener überraschenden Transaktion zwischen der Stadt und der Herzoglichen Hofstatt war der neue Regent des Herzogtums, Prinz Albrecht von Preußen. Nach einem Bericht des Braunschweiger Tageblatts vom 11. Januar

1886 bekundete der seit November 1885 regierende Preuße ein reges Interesse für die Reste der Burg Dankwarderode und ihr weiteres Schicksal.[433] Am 1. März 1886, am Tag vor der negativ verlaufenen Sitzung des Landtages, hatte er in Begleitung des Flügeladjutanten vom Dienst das Gebäude besichtigt und sich sehr für dessen Erhaltung ausgesprochen.[434]

Die historische Anteilnahme am Schicksal eines Bauwerks, das gerade von einem preußischen Prinzen als Symbol einer Fürstendynastie verstanden werden mußte, die sich nicht immer einem Reichsgedanken unterzuordnen bereit war, bedarf deshalb einer näheren Betrachtung, die ihren Ausgang in der Frage um die Braunschweiger Thronfolge nach dem Tod Herzog Wilhelms am 18. Oktober 1884 nehmen muß.[435]

Herzog Wilhelm, der 1830/1831 unter Umständen, die ihn dem Verdacht der Thron-Usurpation aussetzten, die Regierung des Herzogtums Braunschweig als Nachfolger seines Bruders Karls II. angetreten hatte, starb 1884 unverheiratet und kinderlos. Thronfolgeberechtigt war, nach dem Aussterben der Bevernschen Linie des Neuen Hauses Braunschweig, nunmehr ein Mitglied der aus der Calenberger Linie hervorgegangenen hannoverschen Linie, Herzog Ernst August von Cumberland, der aber wegen seiner Ablehnung der preußischen Herrschaft über Hannover vom Kaiser nicht geduldet worden wäre.[436]

Vorausschauend hatte Herzog Wilhelm deshalb am 16. Februar 1879 ein Regentschaftsgesetz erlassen, das für den Fall, daß der Herzog von Cumberland nicht auf seine hannoverschen Ansprüche verzichtete, nach einjährigem Interregnum eines Regentschaftsrates die Wahl eines Regenten vorsah, der einem der dem Deutschen Reich angehörenden souveränen Fürstenhäuser entstammte.[437]

Die Wahl fiel am 21. Oktober 1885 auf den Prinzen Albrecht von Preußen, einen Neffen des Königs Wilhelm I. Er trat sein Amt nach feierlichem Einzug am 3. November 1885 in Braunschweig an.[438] Trotz unauffälliger Amtsführung brachte ihm der Abschluß der von Herzog Wilhelm konsequent verweigerten Militärkonvention mit Preußen den Vorwurf der ‚Preußenfreundlichkeit'[439] ein.

Die vorbereitenden Verhandlungen zwischen Braunschweig und Berlin begannen bereits am 21. November 1885[440], wenige Wochen nach Amtsantritt des Prinzen, und fanden ihren Abschluß in einem zwölf Artikel umfassenden Vertrag, der am 9. März 1886 in Braunschweig und am 18. März 1886 in Berlin unterzeichnet wurde.[441]

Beide Daten lassen aufhorchen: Am 9. März erging ein Schreiben der Herzoglichen General-Hof-Intendantur an den Stadtmagistrat, in dem erstmals die Möglichkeit einer Übernahme der Burgkaserne durch die Herzogliche Hofstatt zum Zwecke der Restaurierung angesprochen wurde[442], und am 18. März entschied sich die Stadtverordnetenversammlung, der Anfrage entsprechend das Bauwerk unentgeltlich der Hofstatt zur weiteren Verwendung zu überlassen.[443] Die Kongruenz der Daten ist sicher nicht nur zufällig; Prinz Albrecht war sich wohl der Wirkung bewußt, die der Abschluß der Militärkonvention auf die

Welfenanhänger haben mußte, deshalb sollte die Übernahme der Verantwortung für das alte Gebäude als ein Beweis der Loyalität gegenüber der Geschichte des Welfenhauses erscheinen.

Es wird von verschiedenen Autoren, die sich mit der Braunschweiger Thronfolgefrage und mit der Regentschaft Albrechts kritisch auseinandergesetzt haben, mit Nachdruck darauf hingewiesen, daß sich der Regent in seiner Stellvertreterrolle unwohl gefühlt habe; so schreibt etwa Karl Lange, „daß der Prinz selbst Legitimist war und unter dem Gedanken litt, einem Standesgenossen den Platz wegzunehmen"[444]. Lange beruft sich auf Aussagen des braunschweigischen Ministers von Otto, wonach „Albrecht sich immer nur als den Platzhalter des Welfenhauses betrachtete und gern abgetreten wäre, wenn der Herzog v. Cumberland den preußischen Forderungen nachgegeben hätte"[445]. Daß es dem preußischen Prinzen auf eine Verständigung mit den welfischen Kräften in Braunschweig und Hannover ankam, zeigt ein Vorfall, der sich kurz vor dem Inkrafttreten der Militärkonvention (1. April 1886) abgespielt hat. In der Berliner Kreuzzeitung fand sich am 31. März eine Notiz folgenden Wortlauts: „Dem Vernehmen nach beabsichtigt der Regent, die Burg Dankwarderode so restauriren zu lassen, daß sie vorkommendenfalls als Residenz für die jungen Prinzen benutzt werden kann."[446] Dieser Text war als ‚Korrespondenz aus Braunschweig' abgedruckt und geeignet, für Unruhe unter den Welfenanhängern – wegen der politischen Funktion – und auch beim Braunschweiger Stadtmagistrat – wegen der eingeschränkten Nutzung des Gebäudes – zu sorgen.[447]

Noch bevor diese Meldung in Braunschweig Staub aufwirbeln konnte, ließ der Regent ein Dementi verfassen, dessen Wortlaut deshalb hier von besonderem Interesse ist, weil er sich in einem Punkt von dem im Anschreiben an die Zeitungsredaktion gewählten unterscheidet. Während es in letzterem heißt, daß „Bestimmungen über ihre demnächstige Verwendung (...) aber noch nicht, und *am Allerwenigsten* nach der gedachten Richtung hin, getroffen (sind)", lautet die gewünschte offizielle Version: „Bestimmungen über ihre demnächstige Verwendung (sind) noch *nach keiner Richtung hin* getroffen worden." (Hervorh. UB.)[448] Die Reaktion unterstreicht die gelegentlich vertretene Ansicht, daß dem Regenten an einer Konfrontation mit den welfischen Kräften, die eine solche Nutzung vermutlich als Provokation empfunden hätten, nicht gelegen war. Als verspäteter Reflex auf die dem Dementi zukommende Signalwirkung liest sich eine Bemerkung aus dem Jahre 1898, die, noch zu Lebzeiten des Regenten verfaßt, im Zusammenhang mit den Aktivitäten der erstarkenden welfischen Bewegung fällt: „Nichts hätte für sein (des Prinzen, UB.) Zartgefühl verletzender sein können, als wenn in welfischen Kreisen der Argwohn Boden gefaßt hätte, er beabsichtige, in Braunschweig für sich und seine Familie ein warmes Nest zu bereiten, nachdem er den gesetzlich berechtigten Thronfolger verdrängt habe. Deshalb aber mußte für ihn *von Anfang an* die Erwägung in erster Linie stehen, gerade einem solchen Argwohn keine Unterlage zu bieten." (Hervorh. UB.)[449] Auch die erst nach seinem Tod 1906 realisierte Errichtung eines Reiterdenkmals für den letzten regierenden Welfenherzog in Braunschweig, Wilhelm, vor der Ostfassade der rekonstruierten Burg Dankwarderode sollte als spätes Versöhnungsangebot an die Welfenpartei verstanden werden.[450]

Ihrem Versöhnungscharakter konnte die Übernahme der Verantwortung für die Restaurierung der Burg Dankwarderode aber nur dann hinlänglich gerecht werden, wenn eine architektonische Lösung gefunden wurde, die zugleich der historischen Bedeutung, die dem Gebäude als Teil der Pfalz Heinrichs des Löwen im 12. Jahrhundert zukam, Ausdruck verlieh.

Die Initiative zur Wiederherstellung des Palas der Herzogspfalz ging allem Anschein nach von dem Regenten aus, der sich von Anfang an persönlich um den Fortgang der Planungen kümmerte. Am 27. März 1886 besichtigte er zum zweiten Mal innerhalb eines Monats, diesmal unter sachkundiger Führung des Stadtbaurats Ludwig Winter, begleitet von mehreren Mitgliedern des Hofes und von Bürgermeister Rittmeyer, die noch stehenden Teile der Burgkaserne. Über die „einstündige Besichtigung" berichtete das Braunschweiger Tageblatt am folgenden Tage: „Wie wir hörten, zeigte der Regent, daß er auf das Eingehendste über die Geschichte und über den gegenwärtigen Zustand des Baues orientirt war, so daß die begleitenden Herren über die Sachkenntniß des Fürsten sehr erfreut waren. Das Project des Herrn Winter, aus dem Gebäude eine romantische Ruine herzustellen, hat dem Vernehmen nach nicht die Billigung des hohen Herrn gefunden. Die Burg dürfte demnach vollständig restaurirt werden."[451] Obwohl Ludwig Winter die grundlegenden Vorarbeiten geleistet hatte, stand ihm nach der Übertragung der Besitzrechte an dem Bauwerk auf die Herzogliche Hofstatt de jure eine Mitwirkung an der Durchführung der Restaurierung nicht mehr zu, da er als städtischer Beamter nicht für Aufgaben des Landes oder des Hofes herangezogen werden konnte. Prinz Albrecht konnte jedoch nicht auf die Mitarbeit Winters verzichten und wollte andererseits auch nicht seinen Baurat Ernst Wiehe von dieser bedeutenden Aufgabe ausschließen; um die Querelen beider Beamter aus dem Jahre 1880/1881 vermutlich wissend, entschloß er sich zu einem Kompromiß, der in der Einrichtung einer Kommission bestand, der neben den beiden Genannten noch der Geheime Regierungs- und Baurat Carl Wilhelm Hase aus Hannover angehören sollte.

Die Aufforderung zur Mitarbeit an dem Projekt erging am 8. April 1886 durch die Herzogliche General-Hof-Intendantur.[452] Ein erstes Treffen mit dem Regenten fand am 18. April im Residenzschloß statt; aufgrund seiner Kenntnis der „ursprünglichen Anlagen der Burg" wurde die Ausarbeitung eines ersten Entwurfs dem Stadtbaurat Winter übertragen, „welcher sodann in den hier stattfindenden Sitzungen der (...) Commission berathen und festgestellt werden wird"[453]. Über das Planungsziel berichtet die Presse weiter: „Dem Vernehmen nach geht die Absicht Sr. Königlichen Hoheit dahin, den Saalbau der Burg, um welchen es sich ja besonders handelt, ganz so herstellen zu lassen, wie er zur Zeit Heinrichs Löwen gewesen ist (...)." Wie sich schon anläßlich der Ortsbegehung am 27. März abgezeichnet hatte, gab es für Prinz Albrecht keine andere annehmbare Lösung als die Herstellung eines rekonstruierenden Neubaus; diesem Diktum waren die Architekten von nun an verpflichtet.

Alle Zeichnungen, die Ludwig Winter im Rahmen des Projekts von 1886 an erstellt hat, sind in einem umfangreichen Konvolut erhalten.[454] Der weitaus größte Teil besteht aus exakt durchgezeichneten Entwürfen verschiedener Baudetails wie Fußbodenfliesen, Kapitellen usw. Es ist hier nicht der Ort, darauf einzugehen[455], vielmehr sollen nur solche Pläne zur Betrachtung herangezogen werden, die den Wandel der Fassadengestaltung der Westseite verdeutlichen, da diese, wegen der fehlenden ursprünglichen Gestaltungsvorgaben, am ehesten geeignet sind, die baugeschichtlichen Vorstellungen des Architekten von romanischer Kunst als auch die politisch-historischen Intentionen des Bauherrn durchschaubar zu machen.

36

Von den ersten Zeichnungen Ludwig Winters, die den gleichen Titel „Entwurf zur Wiederherstellung des Saalbaues der Hofburg Heinrichs des Löwen zu Braunschweig" tragen, verdienen drei Blätter besondere Aufmerksamkeit.[456] Es sind dies die Grundrisse des Erd- und Obergeschosses und die Ansicht der Westseite. Die großformatigen Blätter tragen die Signatur des Baumeisters und das Datum 20.5.1886. Winter hat demnach knapp sechs Wochen daran gearbeitet.

Die Ansicht der Ostfassade[457] ist mit Ausnahme der frei gestalteten Kastellanswohnung am Südende und dem als Fragment rekonstruierten nördlichen Westturm der früheren Kapelle identisch mit jenem von Winter 1883 publizierten Entwurf.

37

Ein weiteres Blatt, der Situationsplan[458], das sowohl die gleiche Überschrift als auch das gleiche Datum aufweist, gibt Rätsel auf: Die Grundrißentwicklung entspricht weder im Bereich der Kastellanswohnung noch der westlichen Außenwand dem zugehörigen Grundriß, und auch die Darstellung der Burgumgebung, vor allem im nördlichen Teil, wo eine Beseitigung der vorhandenen Fachwerkbebauung und eine Begradigung der Fluchtlinien beabsichtigt ist, kommt *in dieser Form* erst mehr als ein Jahr später, gegen Ende 1887, ins Gespräch. Die Zeichnung soll deshalb später gesondert betrachtet werden.

36

Der Grundriß des Palas gleicht dem 1883 auf Blatt VI publizierten Grundriß mit Ausnahme des dort zweijochigen Vorbaus sowie des südlichen Anbaus. Entsprechend zeigt der Fassadenaufriß der Westseite einen schmaleren Anbau, der durch das gekuppelte Fenster im ersten Obergeschoß in die mit der Ostseite identische Fenstergliederung einbezogen und damit gleichsam in die Wand zurückgeholt wird. Der Verzicht auf eine monumentalisierende, in das Obergeschoß des Vorbaus hinaufführende Treppe und ihre Versetzung in abgeschwächter Form an den neugestalteten Baukörper am Südende des Palas betont eine Zweiteilung des rekonstruierten Gebäudes, die den restauratorischen Interessen entgegenkommt und auch den Planungen für die Verkehrsführung an der Nord- und an der Südseite der Burg gerecht wird.

Am 29. Juni 1886 berichtete das Braunschweiger Tageblatt: „Der Regent Prinz Albrecht hat am Sonntag (27. Juni, UB.) das vom Stadtbaurath Winter

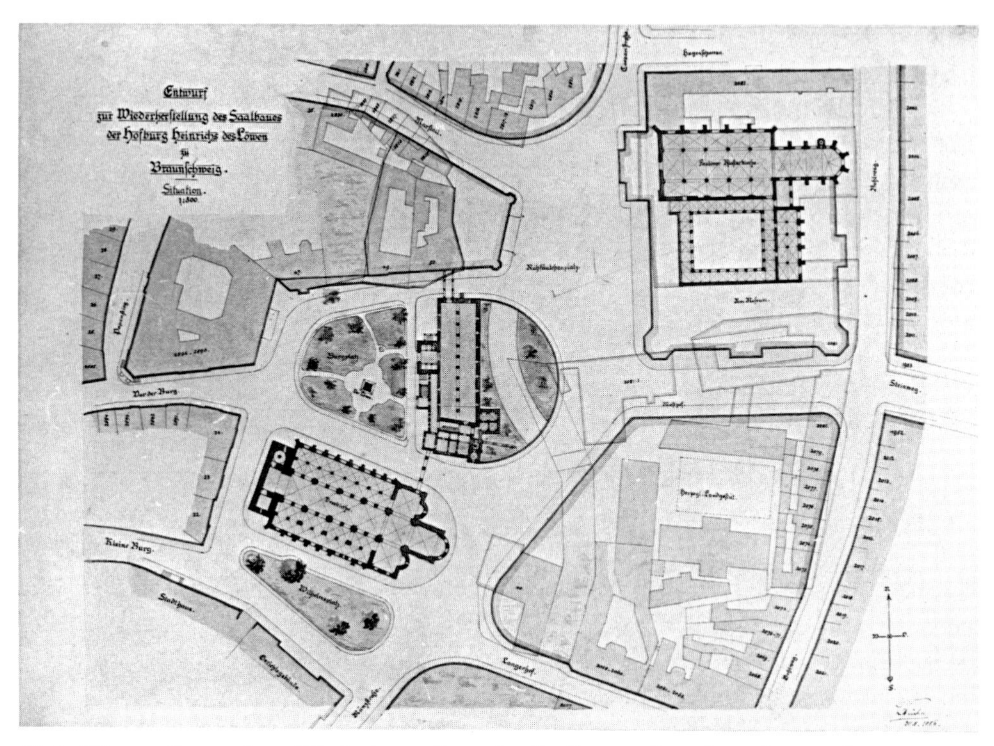

37 L. Winter: Entwurf zur Wiederherstellung des Saalbaues. Situationsplan. Datiert 20. Mai 1886, jedoch vermutlich erst 1887 entstanden

entworfene Project der Wiedererrichtung der Burg Dankwarderode genehmigt. (...) Die Burg wird vollständig abgebrochen und *auf den alten Grundmauern* wieder so aufgebaut werden, wie sie zur Zeit Heinrichs des Löwen bestanden hat. Sie wird eine untere und eine obere Halle bergen, dagegen keine Räume, welche zu jener Zeit Zimmer enthielten, da die ersteren verschwunden sind und wegen der jetzigen Gestaltung der zu beiden Seiten der Burg befindlichen Passagen nicht wieder errichtet werden können. Nur ein Bau für die Wohnung des Castellans, die auf der dem Dome zu gelegenen Seite der Burg zu stehen kommen würde, soll hergestellt werden." (Hervorh. UB.)[459] Die weitere Entwicklung der Planungen bis zum endgültigen und ausgeführten Bauentwurf deutet an, daß es sich bei der Genehmigung dieses Vorentwurfs zunächst nur um die Annahme eines Minimalkonsenses handelte, auf dem die Detailplanung aufgebaut werden sollte.[460]

Die Kommissionsmitglieder Hase, Wiehe und Winter traten am 17. Juli 1886 mit einer Erklärung an die Öffentlichkeit, in der sie über den Planungsstand Auskunft geben: „Demgemäß wird der Saalbau in seiner einstigen Größe, unter Belassung bezw. Wiederverwendung aller der Gegenwart überlieferten Baureste, welche nachweislich der ursprünglichen Schöpfung angehören, sowie unter Ergänzung der fehlenden Theile auf Grund der bei der Untersuchung des Bauwerks gefundenen alten Bestandtheile oder im Geiste gleichartiger Bauten derselben Zeit, wiedererstehen."[461]

Nachdem die Verfasser den geplanten vollständigen Abbruch aller nicht dem 12. Jahrhundert entstammenden Architekturteile mit verschiedenen Argumenten, wie etwa der Instabilität der jüngeren Fundamente der Westfassade, gerechtfertigt haben, weisen sie noch einmal ausdrücklich auf die maßgebliche Rolle hin, die der Regent persönlich im Kampf um die Erhaltung der wertvollen Baureste gespielt hat: „Alle Fach- und Kunstfreunde werden mit uns von hoher Freude erfüllt sein über die thatkräftige Einwirkung Seiner Königlichen Hoheit des Prinzen Albrecht, *der allein es zu danken ist*, daß dieses hochbedeutsame kunstgeschichtliche Denkmal einer ruhmreichen Vergangenheit in neuem Glanze erhalten bleiben wird." (Hervorh. UB.)[462]

Mit der abschließenden Wendung ihres Berichts traten die drei Architekten einer Kritik entgegen, die erneut von Museumsdirektor Riegel in einem Brief an das Herzogliche Staatsministerium vom 1. Juli 1886 formuliert worden war: „Ohne die Bedeutung der drei Herren, deren ausgezeichnete Tüchtigkeit und fachliche Zuständigkeit irgendwie bemängeln zu wollen, glaube ich doch, daß der Standpunkt, welcher vorzugsweise der geschichtlichen und baugeschichtlichen Auffassung des Bauwerks zugewandt ist, in der Kommission nur mangelhaft vertreten ist."[463] Riegel bemühte sich in einem letzten Versuch, auch die nicht dem 12. Jahrhundert entstammenden Bauteile vor der Vernichtung zu bewahren, indem er noch einmal auf seine Initiativen der vergangenen Jahre und auf seine Restaurierungsvorschläge hinweist, wobei er auch die Unterstützung durch den Vorstand des Geschichtsvereins erwähnt.

Dieses Schreiben lag am 19. Juli dem Regenten zur Beratung vor; in einer Notiz des Leitenden Ministers im Staatsministerium, Dr. jur. Hermann von Görtz-Wrisberg, vom 24. Juli heißt es: „Se. K. Hoheit haben sich aber nicht bewogen gefunden, der Vorstellung Riegels weiter Gehör zu schenken."[464] Die Ablehnung der Vorschläge Riegels erweckt den Anschein, der Regent wolle sich nicht auf eine Form der Wiederherstellung des Bauwerks einlassen, die sich nicht mit seinen demonstrativ-historischen und -politischen Zielen zur Deckung bringen ließ.

Die Entscheidung, den Palas der Burg Dankwarderode in einer dem 12. Jahrhundert nachempfundenen äußeren Gestalt wiederaufzubauen, fand in der Fachpresse ein lebhaftes, aber kritikloses Echo, das sich nur geringfügig von den Informationen der Tagespresse unterschied.[465]

Anfang September 1886 begannen die Bauarbeiten mit der Einzäunung des ganzen Terrains[466], Ende Dezember meldeten die Braunschweigischen Anzeigen, daß die Freilegung der romanischen Teile weitgehend abgeschlossen sei: „Die im 17. Jahrhundert vom Herzoge Friedrich Ulrich erbaute westliche Façade, sowie der Nordgiebel sind abgebrochen und dadurch die Pfeilercolonnaden freigelegt (...). Ueber diesen Colonnaden (...) ragt jetzt die alte romanische Ostfaçade des Saalbaus empor. (...) Augenblicklich ist man in der Burg mit dem Ausschachten des alten Baugrundes beschäftigt."[467] Zu Beginn des Jahres 1887

38 Graßhoff: Die romanischen Reste der Burg Dankwarderode. Ansicht von Südwesten. Anfang 1887

38 aufgenommene Fotografien[468] zeigen ein fortgeschrittenes Stadium der Erdarbeiten und erlauben einen genauen Einblick in die freigelegten Fundamente des Palas. Sie bestätigen – zumindest optisch – die Ergebnisse Winters aus dem Jahre 1880.

Zu diesem Zeitpunkt war in der Wiederaufbauplanung eine Abänderung eingetreten, die sich bereits im August 1886 angekündigt hatte, ohne daß Einzelheiten bekannt geworden waren.[469] Am 13. April 1887 genehmigte Prinz Albrecht das zweite Projekt, das in einigen Details entscheidend von der ersten Fassung abweicht.[470]

An den Zeichnungen Winters, als „Entwurf zur Wiederherstellung des Saalbaues der Hofburg Heinrichs des Löwen zu Braunschweig" bezeichnet, tritt *39* sowohl im Grundriß des Erdgeschosses als auch in der Ansicht der Westfassade die Tendenz zum Monumentalen und Repräsentativen in der Gestaltung, wie sie den Vorstellungen des Regenten eher entsprechen mußte, bestimmender als bisher hervor. Im Unterschied zum ersten Entwurf vom 20. Mai 1886, bei dem Winter dem Portalvorbau nur eine äußere Breite von 6,75 m gegeben hatte, ihm also weniger Breite zugestand als die Fundamentbreite von ca. 11 m vorgab, erweiterte er diesen Baukörper nunmehr auf 10,40 m und damit auf die ursprünglichen Dimensionen.[471]

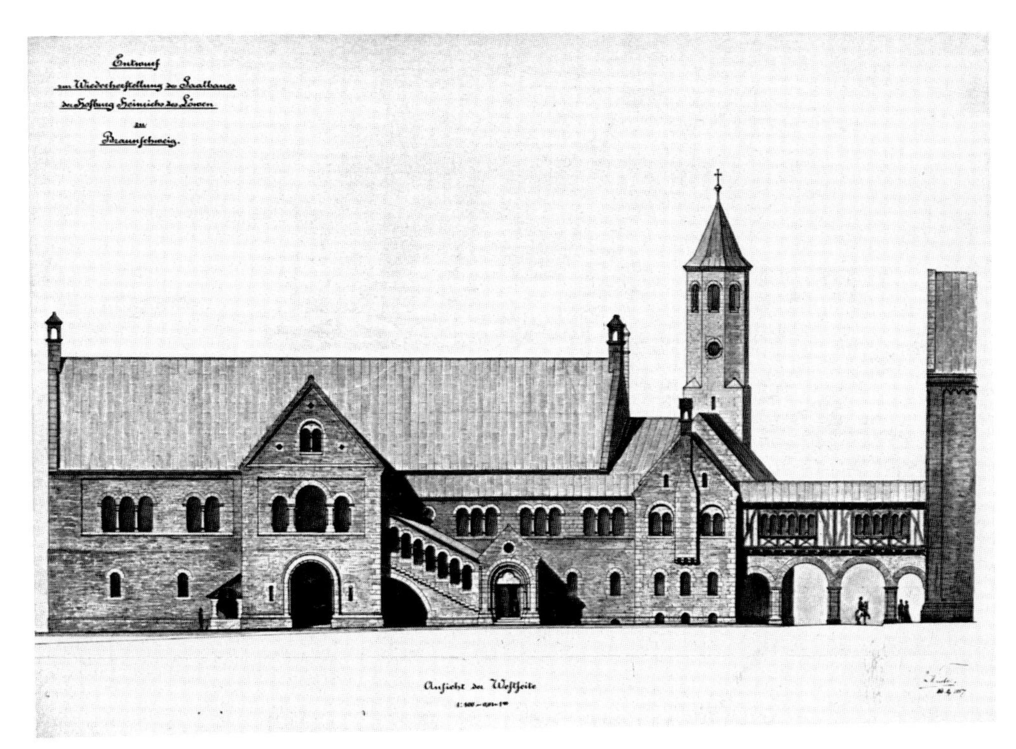

39 L. Winter: Entwurf zur Wiederherstellung des Saalbaues. Westansicht. 13. April 1887

Im Aufriß erhält die nun wie ein aus der Fassade hervortretendes Querhaus wirkende Vorhalle durch ein zweifach gekuppeltes Fenster mit überhöhtem und etwas breiterem Mittelbogen, das wir als Typus vom Mittelgiebel des Goslarer Kaiserhauses kennen, ihren besonderen Akzent.

Die Massivität der Westfassade, die zur eigentlichen Schauseite ausgebildet ist, wird durch einen Treppenaufgang mit eigenem Torhäuschen, der südlich über den Kellerzugang hinweg zum ersten Stockwerk des Portalvorbaus hinaufführt, unterstützt und gesteigert. Zwischen die eigentliche Westwand und den Treppenaufgang ist ein bis an das Kastellansgebäude geführter schmaler Baukörper eingeschoben, der sich vom Grundriß her als Verbindungsgang in allen Geschossen definiert – im Obergeschoß ist er durch die gekuppelten Bogenfenster nach dem Muster der von der Ostwand her für das 12. Jahrhundert authentizierten Form betont. Seine Fortsetzung findet er in einem gedeckten Gang, der, von einer Arkadenreihe nach dem Vorbild der Pfeiler aus dem Palas-Erdgeschoßsaal getragen, eine Verbindung zwischen dem südlichen Anbau und einer Tür im Nordquerhaus des Doms herstellt, durch welche schon Heinrich der Löwe in die Kirche gelangt sein soll.

Dieser Gang ist ebensowenig wie der monumentale Treppenaufgang vom Grundriß der ergrabenen Fundamente her motiviert; er ist eine Zutat des 19.

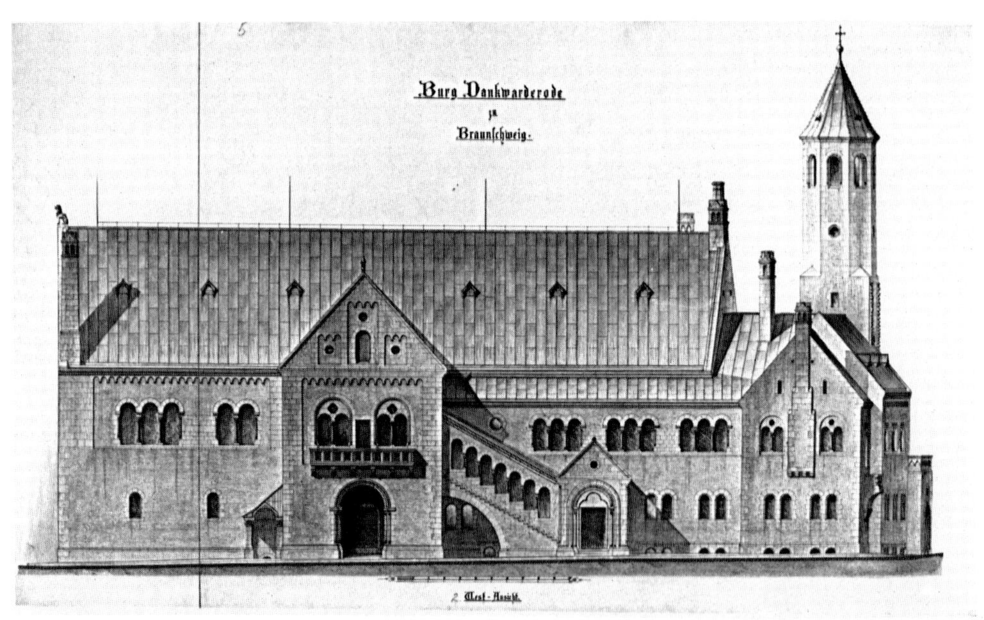

40 L. Winter: Burg Dankwarderode. Westseite. Endgültiger Entwurf. Nach dem 13. April 1887

Jahrhunderts, entspricht aber offenbar ganz den Wünschen des Regenten, der diesen Plan genehmigte.

Dennoch handelt es sich noch immer nicht um die endgültigen Entwürfe; *40* eine Serie von sechs undatierten Zeichnungen Winters unter dem Titel „Burg Dankwarderode zu Braunschweig"[472] weist eine weitere wesentliche Abänderung auf und belegt die Probleme der Kommission, eine geeignete Form des westlichen Vorbaus zu entwickeln.[473] Statt des Drillingsfensters, das an das Goslarer Vorbild erinnerte, setzt Winter jetzt zwei einfach gekuppelte Rundbogenfenster mit einer Kleeblattöffnung im Scheitelbogen ein, zwischen denen eine Tür den Zugang zum Balkon vermittelt. Im Giebel ersetzen drei Blendfelder mit oberem Bogenfriesabschluß, die durch drei kleine Okuli und ein schmales Rundbogenfenster im mittleren Feld durchbrochen sind, das vorher dort geplante gekuppelte Rundbogenfenster. Das Vorbild für diese Giebelgestaltung fand Winter in der kongruenten Gliederung des Giebels am Dom- *21* Nordquerhaus. Die Hinwendung zu einem anderen Bauwerk im Umkreis der Burg könnte damit zu erklären sein, daß das als Goslar-Zitat lesbare Drillingsfenster mit überhöhtem Mittelbogen Anlaß zur Kritik gegeben haben mag, da es an exponierter Stelle eine Abhängigkeit von der bedeutenden Reichspfalz suggerierte, die dem preußischen Regenten auf dem Braunschweiger Thron zu dieser Zeit nicht wünschenswert erschienen sein dürfte.

Im Mai 1887 begannen die Bauarbeiten am Neubau.[474] Es hat den Anschein, daß Prinz Albrecht noch während der laufenden Arbeiten Änderungswünsche vorbrachte, die, wie wir aus einem Schreiben Winters vom 19. November 1888 an die General-Hof-Intendantur erfahren, zu unvorhergesehenen Kostenerhöhungen führten, für die sich der Architekt zu rechtfertigen hatte: „Nicht ohne Einfluss auf die Kostenerhöhung blieben endlich auch die mehrfachen Veränderungen, *welche auf Allerhöchsten Befehl, zum Theil unter Beseitigung schon gefertigter Arbeiten, in und an den Gebäuden vorgenommen wurden.*"[475] Die Eingriffe müssen sehr gravierend gewesen sein, wenn Winter zu folgendem Schluß in seinem Schreiben gelangt: „Und in der That, das Bild, welches ich heute von dem Baue, seinen Constructionen und seiner architektonischen Behandlung in mir aufgenommen habe, ist völlig verschieden von dem, welches ich beim Beginn der Arbeit (...) vor Augen hatte."[476]

Leider nennt Winter keine Einzelheiten; denkbar sind hier nicht behandelte Gestaltungsfragen der Innenausstattung, besonders des oberen Saales, die ohne Vorbild zu entwickeln war.

In einem Brief an seinen Kommissionskollegen Hase in Hannover beklagt sich Winter am 20./21. Januar 1888 darüber, daß er mit den Eingriffen des Regenten in seine Tätigkeit unzufrieden ist: „Ich weiß sehr wohl, dass die Restauration, wie sie der Kunstforscher anstrebt, nicht im Einklange steht mit der von Sr. Königl. Hoheit befohlenen Wiederherstellung des Bauwerks (...)"[477].

Noch im Mai 1888 erhielt Winter in einem Schreiben der General-Hof-Intendantur Durchführungsbefehle für die Innenausstattung[478], aus denen klar hervorgeht, daß es dem Regenten weniger um eine denkmalpflegerische Tat als vielmehr um die Demonstration eines bestimmten historischen Bildes ging, bezogen auf die Person Heinrichs des Löwen.

Mit dem Programm der Wandmalereien im Saal und im Seitengang des Obergeschosses hat sich 1978 Peter Königfeld in einem Aufsatz kritisch befaßt und dabei nachgewiesen, daß „der neu eingebrachte figürliche und szenische Dekor (...) ganz der Verherrlichung des Heroen Heinrich dienen (sollte), als eines frühen Vertreters einer deutschen Nationalpolitik gegenüber den imperialen Zielen des Kaisers und damit eines Vorläufers der deutschen Einigungsbestrebungen, die 1871 schließlich zur Gründung des Deutschen Reiches führten."[479] Gerade die Gestaltung der Westfassade, die aufgrund der fehlenden ursprünglichen Vorgaben eine freiere Handhabung der romanischen Formensprache des 12. Jahrhunderts gestattete, läßt diesen Aspekt in der Auseinandersetzung mit der Gestalt der „als Zeichen des Interesses des Hohenzollernkaisertums an der mittelalterlichen Reichstradition"[480] wiedererrichteten Goslarer Pfalz an Einzelformen deutlich werden.

Im Verlauf der Planungen wandelte sich das Bild der Westfassade von einem zunächst schlichten, an den Formen der bekannten Pfalzen in Gelnhausen, Seligenstadt oder auch der Wartburg orientierten Modell zu einer weitgehend frei erfundenen, teilweise durch die ergrabenen Fundamente nicht mehr gestützten Konstruktion. Das Bauwerk wird erneut als Konkurrenzbau zu Goslar gesehen. Das führt zu einer Monumentalisierung der Westseite, die in der vermeintlich schon zu Zeiten Heinrichs des Löwen in Goslar vorgeprägten Ostfassade mit dem durch eine triumphbogenartige Öffnung überhöhten Altan angelegt war.

Dieser Irrtum forderte Winter zu der Darstellung eines aus der Wandfläche hervortretenden zweigeschossigen Vorbaus heraus, der den Charakter eines Querhauses als Betonung des Herrschersitzes trägt, obwohl der Grundriß eine solche Interpretation nicht stützen kann.[481] Auch in Goslar ist das Querhaus, wie Hölscher gezeigt hat, nicht ursprünglich, sondern Ergebnis der Umbauten am Ende des 12. Jahrhunderts, die ich als Antwort auf die Anmaßung einer von Heinrich dem Löwen königgleich konzipierten Pfalz verstanden habe.

Daß der Wiederaufbau des Braunschweiger Palas letztlich also den falschen, weil in dieser Konstellation noch nicht vorhandenen Bau in Goslar zum Vorbild nahm, müssen wir auf das Einwirken des Regenten auf den Planungsverlauf zurückführen, der nicht nur dem Welfenherzog ein Denkmal setzen wollte[482], sondern vor allem sich selbst. Dafür ist die im Turmknauf des rekonstruierten Nordturms der Burgkapelle am 14. September 1889 eingeschlossene Urkunde ein deutlicher Beleg: „Demnach sei hiemit Denen/die nach uns leben/kund und zu wissen/daß Seine Königliche Hoheit (...) Albrecht/Prinz von Preussen (...) alsbald das im Lauf der Jahrhunderte mehr und mehr verunstaltete/verfallene und endlich zu einer unkenntlichen Ruine gewordene Palatium weiland Herzog Heinrichs des Löwen angesehen und in reiflicher Erwägung/wie es dem ehrfürchtigen Gedenken an jenes mächtigen Fürsten der Sachsen große Thaten nicht geziemt/wenn diese vornehmste Burg seiner Herrschaft der völligen Vernichtung preisgegeben würde/deren Erneuerung/und zwar soviel möglich in ihrer frühern Gestalt/zu befehlen geruht hat."[483]

Prinz Albrecht fühlte sich als Statthalter eines Thrones, der auf seinen rechtmäßigen Besitzer solange warten mußte, bis der sich den Interessen des Kaiserreichs widersetzende Herzog von Cumberland auf seinen hannoverschen Thronanspruch endgültig verzichtete oder ein anderes Mitglied des Welfenhauses thronmündig geworden war. In dieser Rolle sah sich der Regent gezwungen, das welfische Erbe so zu verwalten, wie es auch ein welfischer Herzog getan hätte. Das bedeutet, daß der uns heute ein mittelalterliches Bild vermittelnde Palas der Burg Dankwarderode seine Entstehung in dieser Form einem *politisch-historischen Interesse zum Zweck der Vermittlung staatlich-hohenzollernscher und territorial-welfischer Ansprüche verdankt.*

3 Nebenbauten am Burgplatz im Rahmen der Restaurierung

Das Für und Wider der Burgrestaurierung darf jedoch nicht den Blick für den Zusammenhang, für den Platz als Ensemble, in das der neue Palas einzuordnen ist, verstellen.

Ein zusätzliches Bauprojekt, das zunächst nicht öffentlich diskutiert, ja nicht einmal bekannt geworden ist, muß hier noch vorgestellt werden, um den Nachweis zu erbringen, daß der Regent Prinz Albrecht über die eigentliche Burgrestaurierung hinaus auch eine sinnvolle Gestaltung und Nutzung des übrigen Platzes beabsichtigte. Allerdings standen die Realisierungschancen dafür von Anfang an nicht besonders günstig, da – ähnlich dem Zustand um 1750 – zu viele Partikularinteressen dem höfischen Vorhaben entgegenstanden. Hinzu kommt, daß die Stadt bereits im März 1887 das Grundstück Ruhfäutchenplatz 1 (ehem. Haus von der Schulenburg) mit dem darauf befindlichen Gebäude, das der Dienstboten-Bildungs-Anstalt gehörte, angekauft hatte, um die angestrebte Straßenverbreiterung an dieser Seite des Burggebäudes durchführen zu können.[484]

Winter erwähnte das Projekt erstmals in einem Schreiben an die Herzogliche General-Hof-Intendantur im Zusammenhang mit einem Kostenvoranschlag für die Burgrestaurierung. Er schreibt am 31. Juli 1887: „Das von Sr. Königlichen Hoheit (...) in Anregung gebrachte Project, auf dem jetzt der Stadt gehörigen (...) Grundstücke, am Ruhfäutchenplatz ord. N°.1 , ein neues Gebäude für eine kleinere Hofhaltung zu errichten und dasselbe durch einen über die Straße fortgeführten verdeckten Gang (...) mit dem Saalbaue in Verbindung zu bringen, bleibt auf die Weiterführung des in Angriff genommenen Wiederherstellungsbaues nicht ohne Einfluss (...).“[485] Zu finden sind die Umrisse dieses Projekts auf der vermutlich falsch datierten Zeichnung Winters, die allen Anzeichen zufolge nicht vor dem 13. April 1887 entstanden sein kann und unter Berücksichtigung der geplanten Gestaltung der Burgplatz-Nordseite vermutlich gegen Ende des Jahres oder erst zu Anfang 1888 entworfen sein dürfte.

Zum ersten Mal erfahren wir auch, wie sich Winter die Gestaltung der Platzfläche dachte. Der in der Mitte verbleibende Raum um das Löwen-Denkmal herum sollte mit Grünanlagen versehen werden, die von den Straßenzügen an der Nord- und Südseite begrenzt und von Fußwegen durchschnitten werden. Eine solche Verwendung des Platzraums erlangt nur unter der Voraussetzung Sinn, daß der restaurierte Palas als Denkmal aufgefaßt wird, und daß der Platz nicht mehr funktional dem Gebäude zugeordnet ist wie früher der Burghof. Die Nutzung des Gebäudes verlangt keinen Außenbezug mehr – im Gegensatz zu den Zeiten Heinrichs des Löwen geht von ihm keine reale Macht mehr aus, der Palas ist zum bloßen Erinnerungsobjekt geworden. Die Platzgestaltung ist insofern in gleichem Maße an die anderen Gebäude des Ensembles gebunden und gewinnt als Umrahmung des Bronzelöwen Eigenwert.

Der Plan zeigt die Grundstückslinien für eine Neubebauung der Grundstücke an der Nordseite (Ass. Nr. 47–50), die ganz der Straßenführung angepaßt ist. Winter wollte also die bestehenden Fachwerkhäuser, auch das schon einmal gefährdete von Veltheimsche Haus in der Nordwestecke, einer geradlinigen Bebauung opfern, die von ihrer Nutzung her nur für den östlichen Teil der Grundstücke durchdacht war.

Vom Januar 1888 datiert ein „Vorentwurf zum Neubau eines Gebäudes für eine kleinere Hofhaltung in der Burg zu Braunschweig“[486] Winters, der in der Verwendung romanischer Detailformen eng an die benachbarte Burg angelehnt scheint. Über einem sockelartig ausgebildeten Kellergeschoß, das vom Erdgeschoß durch ein umlaufendes, rückspringendes Gesims abgesetzt ist, erhebt sich

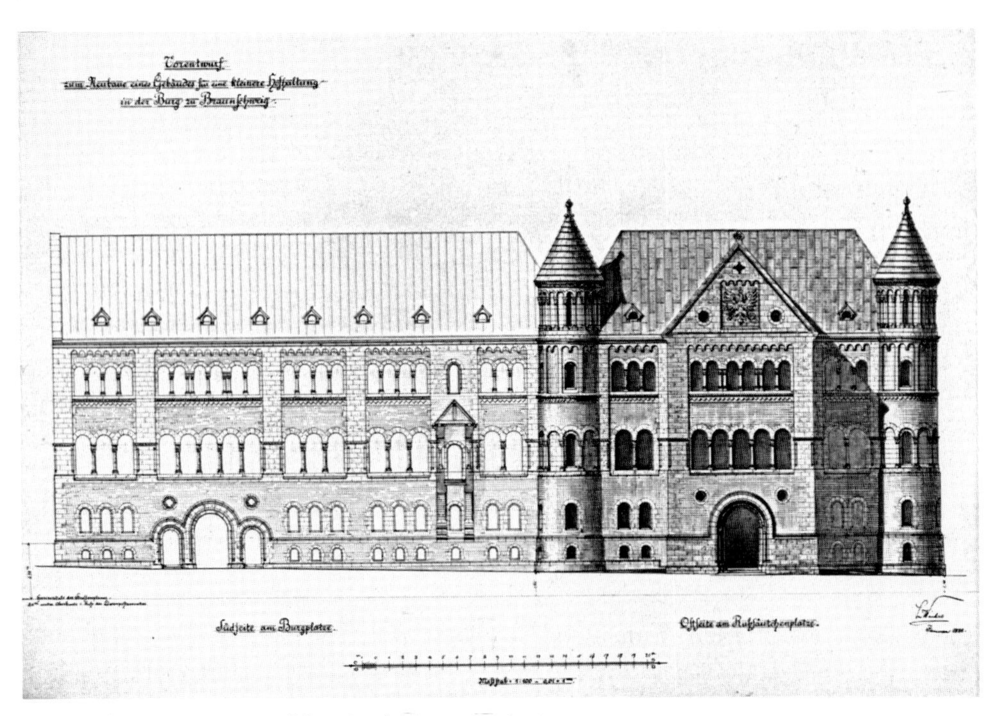

41 L. Winter: Vorentwurf für eine kleinere Hofhaltung. Südseite am Burgplatz und Ruhfäutchenplatzfassade. Januar 1888

ein dreigeschossiges Gebäude mit hohem Satteldach, dessen zwei Hauptfassaden zum Ruhfäutchen- und zum Burgplatz hin beschrieben werden sollen, während die dritte der Burgplatzfassade analog gebildete an der neu projektierten Straße Marstall nicht weiter interessiert.

Der Haupteingang liegt am Ruhfäutchenplatz. Der durch die spitzwinklig aufeinander zulaufenden Fluchtlinien von Burgplatz und Marstall an dieser Seite nur schmale Baukörper erhält seine Betonung durch die flankierenden Rundtürme, die als Gelenke zwischen den Fassaden bzw. Flügeln erscheinen – und wider Erwarten keine Treppentürme sind –, und durch den weit vorspringenden Mittelrisalit, der dem Burgvorbau entspricht und in Sockel und Erdgeschoß eine Durchfahrt aufnimmt. Über dem abgetreppten Rundbogenportal ist die Wand zwischen den bis an das Giebelfeld hinaufführenden Ecklisenen, die in Fensterhöhe des ersten Obergeschosses als Pfeiler mit eingestellten Ecksäulchen – vom Typ Dankwarderode – ausgebildet sind, durch eine Fünferarkade durchbrochen, die in verkleinerter und auf sechs Öffnungen erweiterter Form im zweiten Obergeschoß aufgenommen wird. Den oberen Abschluß dieses Fensterfeldes bildet der immer wiederkehrende Rundbogenfries. Das Giebelfeld weist neben zwei Okuli in Höhe der Dachgauben ein die Mitte ausfüllendes tieferliegendes Rechteckfeld mit einem Reichsadlerrelief auf.

Neben dem Risalit bleibt an der eigentlichen Gebäudewand nur noch Platz für eine Doppel- bzw. Dreierarkade. Obwohl die Ruhfäutchenplatzfassade

42 L. Winter: Vorentwurf für eine kleinere Hofhaltung. Ruhfäutchenplatzfassade, Variante. Um 1888

einen leichten, offenen Eindruck erwecken soll, nehmen die Schwere und Blockhaftigkeit des Risalitunterbaus und der Wehrcharakter des ganzen Baukörpers die angestrebte Wirkung entschieden zurück.

Anders dagegen präsentiert sich die Burgplatzfassade, die durch die Vielzahl der Öffnungen nahezu durchsichtig scheint; das am Vorbau der Ostfassade vorgegebene Fenster- und Arkaturenschema ist hier aufgenommen und gesteigert. In Keller- und Erdgeschoß finden wir zu Dreiergruppen zusammengefaßte Rundbogenfenster (mit Ausnahme des Wandfeldes neben dem Turm), deren Zwischenräume noch unentschieden zwischen Mauerfläche und Pfeilerform schwanken. Unterbrochen wird diese Folge von einem dreibogigen Portal mit überhöhter Mitte, das als Zufahrt zum Hof bzw. Zugang zu den Räumen des Stallpersonals und der Dienerschaft dienen sollte. Das Schema des Portals hatte Winter in seinem Entwurf vom 13. April 1887 für die Fensterstellung im Palasvorbau schon einmal entwickelt.

Die Fenster- und Geschoßfolge im darüberliegenden Stockwerk entspricht jener des Vorbaues am Ruhfäutchenplatz, die links und recht daran anschließenden Drillings- und Viererarkaturen sind jeweils zwischen die an das Dachgesims reichenden Lisenen eingestellt und oben durch den Rundbogenfries eingefaßt.

Diesen durchlichteten Wandaufriß hat Winter offenbar vom Palas der Gelnhäuser Pfalz entlehnt, die er in einer Rekonstruktion in seinem Prachtband von 1883 wiedergegeben und auf seiner Pfalzenrundreise 1886 besucht hat[487] – die jüngere Rekonstruktion Bindings weicht davon nur in Details ab.[488]

42 In einer Variante der Ruhfäutchenplatz-Fassade hat der Stadtbaurat dann den Versuch unternommen, die Blockhaftigkeit des Bauwerks an dieser Seite zurückzunehmen, wodurch aber die Konturen des Ganzen an Klarheit verlieren.

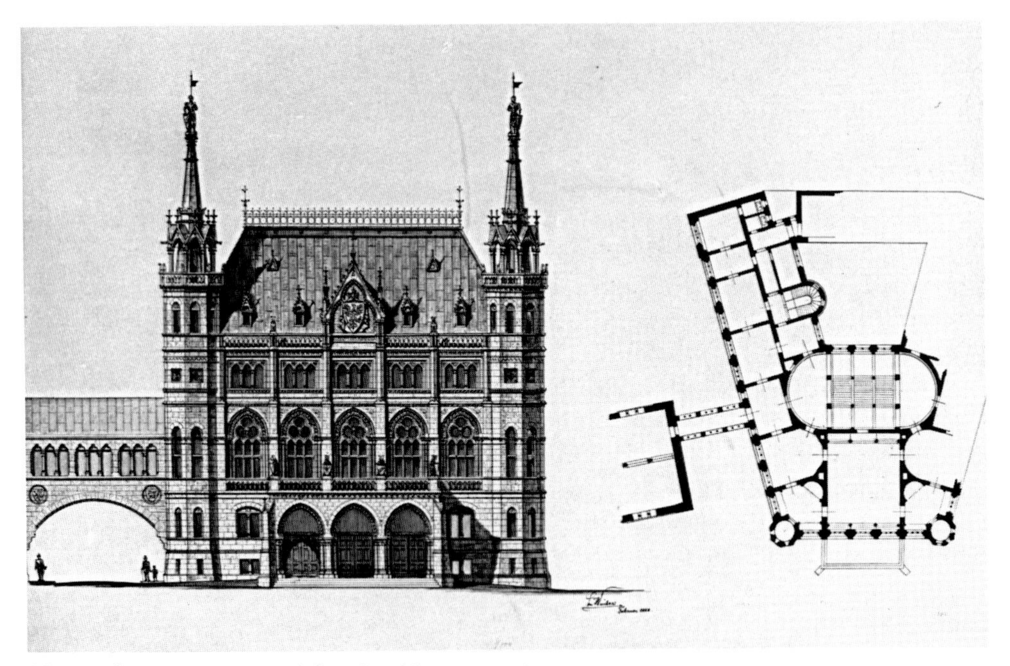

43 L. Winter: Vorentwurf für eine kleinere Hofhaltung. Ruhfäutchenplatzfassade, Variante. Februar 1888

Beiden Entwürfen ist der in den Vorbau herausgezogene Hauptsaal im ersten Obergeschoß gemeinsam, der auch in der Raumdistribution den Schwerpunkt vom Burgplatz zum Ruhfäutchenplatz verlagert. Das im Giebel gedachte Reichsadlerwappen läßt keinen Zweifel am gesellschaftlichen Rang des Bauwerks, doch zeigt die Orientierung der Hauptfassade nach Osten, daß trotz der untergeordneten Funktion als kleinere Hofhaltung oder vielleicht doch als Prinzenpalais eine konkurrierende Ausrichtung auf den Burgplatz und die restaurierte Welfenburg nicht angestrebt war.

43 Im Februar 1888 legte Winter schließlich einen neuen Entwurf vor, der unter Beibehaltung der Geschoßgliederung nun jedoch gotische Formen aufweist und zum Ruhfäutchenplatz hin ein neues Gesicht erhält. Im Grundriß weicht der Entwurf nur geringfügig vom vorhergehenden ab – der Hauptsaal, der über dem Vestibül zu denken ist, ist ganz in das Gebäude hineingezogen. Anstelle des risalitartigen Vorbaus plante Winter nun einen Portikus, der dem Erdgeschoß in der Breite von drei der fünf Fensterachsen dieser Fassade vorgelagert ist. Im ersten Obergeschoß deuten die fünf gotisierenden hohen Maßwerkfenster die Nobilität der Etage an, darüber bilden spitzbogige Drillingsfenster ein triforienartiges Mezzanin. Von den gleichartig behandelten Achsen erhält die mittlere nur oberhalb des Traufgesimses eine dominante Ausprägung durch einen gestelzten Wimperg mit flankierenden Fialen. Die von einem spitzen Kleeblattbogen eingefaßte Fläche füllt ein Wappenschild mit dem Reichsadler aus, unter dem zu lesen steht: „Mit Gott für König u. V.“ (und

Vaterland, UB.). Wie schon im ‚romanischen' Entwurf bilden auch hier zwei nun achteckige Türme die Flügelgelenke, auch sie sind keine Treppentürme. Die Brüstung am Umgang in Höhe des Dachansatzes ist an allen Ecken mit Tierfiguren besetzt, die Turmspitzen bilden zwei schild- und lanzentragende Ritter.

Auch zwischen der kleineren Hofhaltung und dem Palas der Burg Dankwarderode soll ein gedeckter Gang die Verbindung zwischen den beiden Hauptgeschossen herstellen; aus verkehrstechnischen Gründen überbrückt dieser aber nach der Vorstellung Winters die Straße mittels eines weitgespannten Segmentbogens ohne störende Stützen wie an der Südseite zwischen Burg und Dom.

Die Burgplatzfassade, die einmal zwei- und einmal dreigeschossig im Entwurf vorliegt, weicht erheblich von jener im ‚romanischen' Stil ab: Während im Erdgeschoß gekuppelte Kleeblattbogenfenster in rechteckiger Rahmung in ein Rustikamauerwerk eingelassen sind, in ihrer monotonen Reihung nur durch ein einfaches Spitzbogentor und durch drei lanzettartige Fensterchen im Bereich des gedeckten Ganges unterbrochen, ist im ersten Obergeschoß die Reihung der gotisierenden Maßwerkfenster mit den pfeilerartigen Mauerstegen nach ‚romanischem' Muster nur einmal, durch den Übergang, unterbrochen. Darüber folgt in der zweigeschossigen Variante das Traufgesims mit Brüstung, in der dreigeschossigen liegt ein flacheres Geschoß mit Drillingsfenstern in gotischen Formen dazwischen.

Als im Juli 1888 das Burgmodell, das von dem Bildhauer Lüer nach den Plänen Winters angefertigt worden war, in einer Ausstellung der Öffentlichkeit vorgestellt wurde, begrüßte die Lokalpresse den gedachten nördlichen Burgplatzabschluß, ohne auf die Gestalt und die mögliche Funktion des Gebäudes einzugehen.[489]

Auch im Dezember 1889 war eine Entscheidung über die Bebauung der Grundstücke in diesem Bereich noch nicht gefallen; allerdings konnte die neue Herzogspfalz nur in einer entsprechend gestalteten Umgebung zu der ihr zugedachten Geltung gelangen. So schrieb die Berliner Börsenzeitung anläßlich der Fertigstellung des Rohbaus: „Leider sieht jetzt die Umgebung der Burg ziemlich wüst aus. Es befinden sich dort verschiedene des Abbruchs harrende alte Gebäude, deren Schicksal indeß noch nicht ganz spruchreif ist bezw. ist noch nicht endgiltig festgestellt, welche Bauten demnächst errichtet werden sollen. Wenn diese Frage indeß auch geregelt ist, so wird Braunschweig einen Platz bekommen, wie ihn wenige Städte besitzen."[490] Hiermit sind wohl im wesentlichen die beiden Fachwerkhäuser am Nordostrand des Platzes und vielleicht auch jene auf dem Gelände östlich der Burg zum Bohlweg hin gemeint.

Obwohl Ludwig Winter im Frühjahr 1888 intensiv an der Ausarbeitung von Bauplänen gearbeitet hat, scheint die Herzogliche General-Hof-Intendantur als Auftraggeber der Studien noch immer keine konkreten Vorstellungen für die künftige Gestaltung oder gar Nutzung des zu errichtenden Gebäudes entwickelt zu haben. Trotz der Tatsache, daß das fragliche Grundstück (Ass. Nr. 50) am Ruhfäutchenplatz im Jahre 1887 in den Besitz der Stadt übergegangen war, reflektierte die General-Hof-Intendantur noch immer auf dieses Grundstück und erreichte, „zwecks Verhinderung der Bebauung desselben mit einem durch seine Höhe oder seinen Styl die architectonische Wirkung der Burg Dankwarderode schädigenden Gebäude“, den Abschluß eines Vertrages, demzufolge die Stadt das Gelände unter Abzug der für die Straßenverbreiterung an der Nordseite des Palas benötigten Fläche der General-Hof-Intendantur unentgeltlich überläßt.[491] Der Besitzwechsel sollte zum 1. Oktober 1890 erfolgen; am 4. September des Jahres genehmigte die Stadtverordnetenversammlung den Vertrag ohne Auflagen.[492]

Vergegenwärtigt man sich noch einmal den Grundplan Winters bezüglich der Fluchtlinien des Areals zwischen Marstall und Burgplatz von 1887, dann wird deutlich, daß die Übernahme des Grundstücks durch die Herzogliche Hofstatt nur Teil eines umfassenderen Planes war, dessen Durchsetzung und Durchführung auch den Erwerb der westlich benachbarten Grundstücke (Ass. Nr. 49-47) erforderte. Während der Ankauf des Grundstücks Burgplatz 3 (Ass. Nr. 49) nur auf dem Wege der Zwangsenteignung möglich war[493], weckte das zum Verkauf stehende Veltheimsche Haus am Burgplatz 2, das inzwischen durch Heirat in den Besitz des Rittergutsbesitzers von Krosigk übergegangen war (1889), Widerstand von ganz anderer und unerwarteter Seite. So äußerte das Braunschweiger Tageblatt den Wunsch, „daß die interessante Façade nebst der davorstehenden alten Linde möglichst unverändert bleibe. Denn jene Stelle bildet eine anmuthige Episode in den schönsten Partien des ehrwürdigen Burgplatzes, wovon fast jede seiner Darstellungen (...) Zeugniß ablegt.“[494] Zwei Interessenten machten sich das Objekt streitig, die Viewegsche Officin und die Herzogliche Hofstatt. Der Verkauf ging dennoch sehr schnell vonstatten, denn am 3. Februar 1891 meldeten die Braunschweigischen Anzeigen den Vollzug: „Das malerische mittelalterliche Holzarchitekturgebäude am Burgplatz Nr. 2 (...) ist in den letzten Tagen von der Herzoglichen Hofstatt gekauft und an die Viewegsche Officin mit der Bestimmung wieder verkauft, daß, wenn das Gebäude später abgebrochen werden sollte, der aufzuführende Neubau in seiner Façade und Höhe der Genehmigung der Hofstatt unterliegt und vor Ertheilung solcher der Bau nicht in Angriff genommen werden darf. Wie verlautet, ist diese Bedingung auf besonderen Befehl Seiner Königlichen Hoheit des Regenten an den Wiederverkauf geknüpft, um den Eindruck des schönen Burgplatzes nicht durch unschöne oder die Burg erdrückende Neubauten zu stören.“[495]

Die Meldung läßt zwischen den Zeilen durchscheinen, daß der Ankauf nur deshalb erfolgte, um eine ähnlich dominierende oder die Gegensätzlichkeit betonende Neubebauung, wie sie die Errichtung des Vieweghauses als Gegenüber des damaligen Mosthauses zu Beginn des 19. Jahrhunderts darstellte, mit Sicherheit zu verhindern. Der denkmalpflegerische oder auch nur geschichtsbewußte Aspekt, wie ihn das Tageblatt formuliert hat, spielte in diesen Überlegungen nur eine untergeordnete Rolle. Wie gering die staatlichen und höfischen Beamten sonst die Fachwerkbauten des 16. und 17. Jahrhunderts schätzten, erweist sich daran, daß das Eckhaus Ruhfäutchenplatz 1 (Ass. Nr. 50) zwar instandgesetzt werden sollte, aber nur zu dem Zweck, daß bis zur Errichtung eines Neubaus das unansehnliche Gebäude nicht die Gesamtwirkung des Burgplatzes beeinträchtigte. Am 12. Mai 1891 war in der Tagespresse zu lesen: „Das Gebäude hat äußerlich einen gelblich grauen Oelfarbenanstrich erhalten, aus dem die architektonischen Linien der Balkenlagen durch dunkelbraunen Anstrich (...) dem Auge wohlgefällig sich abheben. Einige fratzenhafte menschliche Köpfe in Holzschnitzerei, die an der Burgplatzseite die Köpfe der Balken oberhalb des Erdgeschosses bilden, treten jetzt durch ihre polychrome Vermalung hervor, während sie früher gar nicht zur Geltung gelangen konnten."[496]

Der betriebene Aufwand sollte nur einen vorübergehenden Nutzen haben, da an dieser Stelle ein größeres Gebäude nach Entwürfen Winters projektiert war. Hier nun überrascht eine Meldung vom 21. Mai 1891, mit der einem Gerücht entgegengetreten werden sollte, das auf einen Bericht der welfisch gesinnten ‚Brunonia' zurückgeht. Das Blatt der Welfenpartei hatte behauptet, „daß in nicht allzuferner Zeit mit dem Bau *eines Prinzen-Palais* begonnen werden würde und daß der Regent (...) *das Gebäude* der ehemaligen *Bildungs-Anstalt für weibliche Dienstboten auf seinen Namen im Grundbuch* wolle eintragen lassen"[497]. Winters Zeichnungen vom Frühjahr 1888 mögen zu diesem Zeitpunkt vielleicht in ihrer Form nicht mehr aktuell gewesen sein. Sie belegen aber, daß ein solcher Plan zumindest einmal diskutiert worden ist, wenn auch nur im engsten Umkreis des Regenten. Die Meldung des Tageblatts nun muß vor diesem Hintergrund überraschen: „*Wie wir zuverlässig erfahren*, ist von dem Baue eines Prinzen-Palais in dem Sinne, wie die Brunonia schreibt, bisher keine Rede gewesen und daher *überhaupt noch keine Projecte über einen solchen Bau ausgearbeitet worden.*" (Hervorh. UB.)[498]

Eine solche Behauptung läßt nun zwei Erklärungen zu: Entweder handelt es sich um eine bewußte Fehlinformation der Zeitung durch den Hof, um die von welfischer Seite gegen den Regenten gerichteten Angriffe zu entkräften und als Lüge bloßzustellen, oder das von Winter begonnene Projekt war in der Tat inzwischen fallengelassen worden. Es hat den Anschein, als habe der Hof vielleicht aufgrund dieser Polemik keine ernsthaften Schritte mehr zu einer Konkretisierung seiner Baupläne für dieses Areal unternommen. Im Mai 1895 wechselten Gebäude und Grundstück erneut den Besitzer. Der Kaufmann Robert Schrader beabsichtigte an dieser Stelle die Errichtung eines Hotels; laut Grundbucheintrag vom 9. Mai 1896 mußte er sich bei der Planung an folgende Bestimmungen, die die Herzogliche General-Hof-Intendantur festsetzte, halten: „Auf dem Grundstück (haftet) die dingliche Last, daß nach dem Burgplatze und Ruhfäutchenplatze nicht höher als drei Stockwerke mit Erkern gebaut werden darf und die Gestaltung der Frontseiten nach dem Burgplatze und Ruhfäutchenplatze zu von der Genehmigung der Herzoglichen General-Hof-Intendantur abhängig ist."[499] Der von den Architekten Rasche und Kratzsch entworfene Bau hielt sich an die Vorschriften. Die vornehme Innenausstattung und die zentrale Lage an historisch bedeutsamer Stätte machten ihn zu einem für alle Seiten annehmbaren Kompromiß, da er frei von jeglichem ideologischen Bezug war, der einem höfischen Repräsentationsgebäude notwendig angehangen hätte.

Mit der Errichtung des Hotels auf den Grundstücken Burgplatz 3 und Ruhfäutchenplatz 1 bietet die Randbebauung der Nordseite beinahe das dem heutigen Betrachter vertraute Bild: Eine Ausnahme bildet lediglich noch die schon im 18. Jahrhundert beklagte und umstrittene Baulücke auf dem Grundstück zwischen Veltheimschem Haus und Hotel. Es mag an dieser Stelle genügen, festzuhalten, daß die Lücke in den Jahren 1900/01 mit einem Neubau geschlossen wurde, dem die Fassade des am Sack 5 abgebrochenen sogenannten Huneborstelschen Hauses vorgeblendet wurde.[500]

Adlige und bürgerliche Fachwerkformen stehen nunmehr an einem Platz nebeneinander, der seit dem Bau des Vieweghauses seinen Charakter entscheidend gewandelt hat – rund 150 Jahre zuvor wäre ein solches Nebeneinander undenkbar und noch weniger realisierbar gewesen.

Vergleichbar mit der Situation um die Mitte des 18. Jahrhunderts ist, daß der Burgplatz wieder in eine Inselrolle zurückversetzt wurde, indem die Hauptverkehrsadern, anders als 1873 geplant, um den Platz herumgeführt wurden. Die Gestaltung des dominanten Burgpalas zieht den Blick des Betrachters auf sich und läßt den Platz zum Ort kontemplativer Versenkung in die in den Platzwänden Stein gewordene Geschichte werden.

Etwa von 1900 an durchbricht ein Bauwerk diese introvertierte Optik, dessen Baugeschichte genau aus diesem Grund noch kurz zu behandeln ist: das Rathaus, das östlich der Burg nach Plänen Ludwig Winters zwischen 1894 und 1900 errichtet wurde und sich mit seinem Turm an der südwestlichen Gebäudeecke in die Silhouette der Braunschweiger Pfarrkirchen gleichberechtigten Anspruch heischend einreiht. Die Bedeutung dieser optischen Konkurrenz wird im folgenden zu bestimmen sein.

4 Das Neue Rathaus. „Brennpunkt aller realen und idealen städtischen Interessen"[501]

Der Neubau eines Rathauses östlich der Burg Dankwarderode auf ehemals herzoglichem Grund und Boden brachte eine städtebauliche Entwicklung dieses Stadtbereichs zu einem vorläufigen Abschluß, die nach dem Brand des Mosthauses 1873 zunächst im Interesse einer zeitgemäßen Verkehrsplanung ihren Anfang genommen hatte, die sich dann aber, unter dem Eindruck der ausgreifenden staatlichen Neubebauung, zu einem umfassenderen Konzept ausweitete. In dem Zeitraum von rund fünfundzwanzig Jahren bis zur Einweihung des Sitzungssaales der Stadtverordneten im Südflügel des Rathauses am 27. Dezember 1900 liefen zwei einander tangierende Bauprojekte parallel, die zwar in bezug auf den Auftraggeber in verschiedenen Händen, in der Planung aber in einer Hand lagen: die Rekonstruktion der Burg Dankwarderode im Auftrag des

Regenten und die Einrichtung eines alle Stadtteile miteinander verknüpfenden Straßensystems unter städtischer Regie; in beiden Fällen zeichnete dafür der Leiter des Stadtbauamtes, Ludwig Winter, verantwortlich.

Im Rahmen des Straßenbaukonzepts ist auch der Rathausneubau angesiedelt; dabei wird bereits aus der Lage des Objekts im früheren Burgbereich erkennbar, daß für die Durchführung des Bauvorhabens nicht allein praktische Erwägungen ausschlaggebend waren. Um überhaupt bauen zu können, mußte die Stadt erst Grundstücke aus Staats- bzw. Hofbesitz erwerben.[502]

Die Realisierung des schon in den siebziger Jahren projektierten Nord-Süd-Straßendurchbruchs endete um 1881 noch mit der Einmündung der Münzstraße von Süden her in den Wilhelmplatz vor dem Dom. An dieser Straße entstanden in kürzester Zeit zwei staatliche Bauten, die den Anfang einer funktionalen Umwandlung dieses Stadtareals einleiteten: westlich das Landgericht, östlich die Polizeidirektion.[503] Im Zusammenspiel mit dem 1894 vollendeten Finanzbehördenhaus auf dem Gelände des ehemaligen Paulinerklosters und des Zeughauses an der Ostseite des Ruhfäutchenplatzes[504] und mit der als Repräsentationsgebäude wiederhergestellten Burg Dankwarderode entwickelte sich zwischen dem Burgplatz mit dem Burglöwen und dem Herzoglichen Schloß am Bohlweg ein staatliches Verwaltungszentrum, das den Unmut der bürgerlichen Stadtverordneten hervorrief: „(Man) besitze (...) in der ganzen Gegend nichts als Staatsgebäude und der ganze Stadttheil sei damit sowohl für den Geschäftsverkehr als für den freien Verkehr zwischen dem Osten und Westen der Stadt abgeschlossen."[505]

Zwar wurde diese Feststellung unter dem Eindruck des im Entstehen begriffenen Finanzbehördenhauses getroffen, doch trifft sie den Kern der Entwicklung, die von den früheren Intentionen der städtischen Verwaltung erheblich abweicht. Die Wahl des Standortes für ein neues Rathaus[506] erscheint vor diesem Hintergrund in einem neuen Licht.

Jürgen Paul hat 1982 in einem Aufsatz nach den Ursachen gefragt, die den Rathausbau in der zweiten Hälfte des 19. Jahrhunderts in Deutschland zu einer der wichtigsten kommunalen Bauaufgaben werden ließen. Dabei komme der symbolischen Bedeutung ein wesentlicher Stellenwert zu: „In der Besinnung und Berufung auf die eigene bürgerlich-städtische Tradition des späten Mittelalters und der reichsstädtischen Macht war dem Rathausbau ein symbolischer Rang, ein kultureller Anspruch und eine bestimmende Stellung im Stadtbild gegeben worden, die denen der fürstlichen und staatlichen Repräsentationsbauten der Residenz- und Hauptstädte ebenbürtig sein sollte."[507]

Der Verlauf der braunschweigischen Planungen bestätigt und variiert auf eigene Weise den festgestellten Sachverhalt, indem abweichend von der traditionellen Standortwahl hier bewußt die Nachbarschaft zur staatlichen Repräsentation gesucht wurde.[508] Daß ein solcher Plan nicht ursprünglich beabsichtigt war, sondern erst im Rahmen der fortschreitenden Veränderungen durch die staatlichen Baumaßnahmen im Burgbereich zur Reife gelangte, belegt die „Stadthaus"-Diskussion der Stadtverordneten zwischen 1885 und 1890.

Bereits im Anfangsstadium der umstrittenen Burgrestaurierung am Ende der 1870er Jahre begegnet der Gedanke, das freizulegende Gebiet mit einem repräsentativen städtischen Gebäude zu besetzen. So erregte ein Aquarell Ludwig Winters im Jahre 1880 Aufmerksamkeit über die Stadtgrenzen hinaus, das zu einem Zeitpunkt, als ein solcher Plan noch Utopie war, die Möglichkeit eines Rathausneubaus an exakt der später ausgewählten Stelle entwarf. Kritik an dieser Idee wurde damals sofort laut und richtete sich vor allem gegen die ‚gigantischen' Ausmaße, die aus zeitgenössischer Sicht als maßlos überzogen empfunden wurden.[509] Innerhalb von nur vier Jahren setzte ein Umdenken ein, das aus den beschränkten Räumlichkeiten im alten Stadthaus an der Straße Kleine Burg erwuchs. Der Ruf nach einem größeren Gebäude zur Unterbringung der verschiedenen Zweige der städtischen Selbstverwaltung wurde 1884 immer lauter. Der Stadtverordnete Nieß stellte den Antrag, „zeitig und vor gänzlicher Überfüllung des jetzigen Stadthauses auf Erwerbung eines geeigneten Bauplatzes und Erbauung eines neuen Stadthauses Bedacht zu nehmen"[510].

29

Das Protokoll der Stadtverordnetensitzung vom 30. April 1885 gibt schließlich genaue Auskunft über die Absichten der Bürgervertreter: „Was die Bauart und die Lage des Burgplatzes anlangt, so spricht sich der Magistrat dafür aus, daß das neue Stadthaus, *wenn auch nicht als monumentaler Prachtbau, so doch im Style eines architektonisch hervorragenden Gebäudes an einer Hauptstraße, thunlichst im Mittelpunkte der Stadt*, errichtet werde." (Hervorh. UB.)[511] Unausgesprochen bahnte sich mit dem Hinweis auf die zentrale Lage die spätere Standortwahl an, die aber erst, als die Wiederherstellung der Burg Dankwarderode gesichert schien, in konkrete Bahnen gelenkt wurde.

Die Vorlage eines Ortsbauplans für den Ruhfäutchenplatz in der Sitzung der Stadtverordneten vom 27. Januar 1887 leitete eine intensive Planungs- und Diskussionsphase ein.[512] Ein von Ludwig Winter signierter, aber nicht datierter „Situationsplan betreffend die Anlage einer Verbindungsstraße zwischen dem Burgplatze u. dem Hagenbruche", der um 1887 entstanden sein muß[513], könnte dem verschollenen Ortsbauplan in der Konzeption der neuen Fluchtlinien am Ruhfäutchenplatz sehr nahe kommen. Auf der Grundlage der Vorschläge des Städtischen Bauamtes stand als ein akzeptabler Bauplatz für das neue Rathaus das Grundstück zwischen dem Hagenscharrn und der neuen Verbindungsstraße zwischen Steinweg und Ruhfäutchenplatz, der späteren Dankwardstraße, nach Ansicht des Magistrats mit Vorrang zur Diskussion, „jedoch habe der Umstand, daß auf die dazu erforderliche Niederlegung der Pauliner-Kirche und der zu derselben gehörigen Kreuzgänge kaum zu rechnen sein dürfte, Anlaß zu Bedenken gegeben"[514]. Nähere Angaben, worauf die Bedenken gegründet waren, sind nicht protokolliert, doch ist anzunehmen, daß sie im Zusammenhang mit Verhandlungen über den Ankauf bislang staatlicher Grundstücke standen.

44

Da in dieser Sitzung keine anderen Standorte vorgeschlagen wurden, wurde eine Beratung über diesen Punkt vertagt. Dagegen kam es zur Annahme des Antrags, das Grundstück Ruhfäutchenplatz 1 anzukaufen, um so die Verbrei-

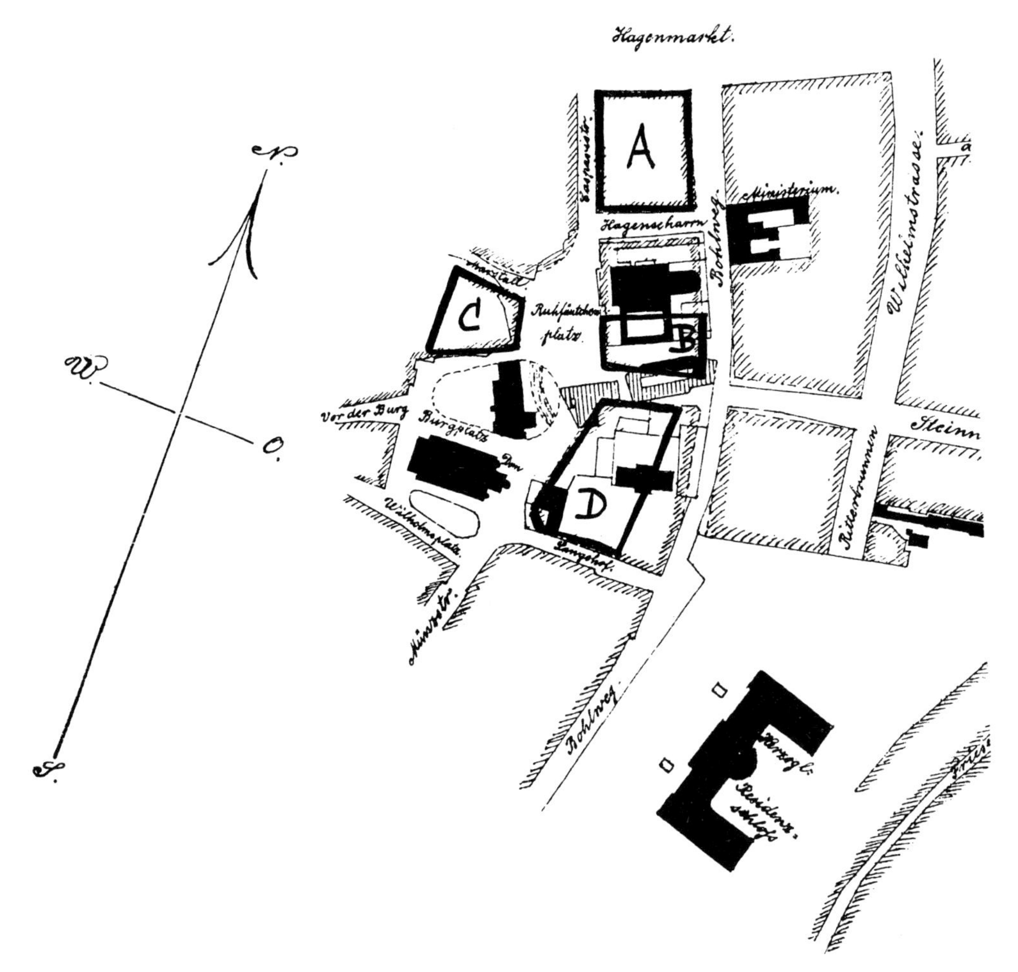

44 L. Winter: Situationsplan für eine Verbindungsstraße zwischen Burgplatz und Hagenbruch. Um 1887. Ausschnitt

terung der nördlichen Burgplatzpassage im Falle einer Neubebauung des Geländes sicherzustellen.

Der Ankauf des Grundstücks erfolgte im März 1887 zu einem Zeitpunkt, als die Herzogliche General-Hof-Intendantur hierfür ebenfalls die Errichtung eines größeren staatlichen Gebäudekomplexes erwog, von dem bereits an anderer Stelle die Rede war. Es entbehrt nicht eines pikanten Beigeschmacks, daß der Stadtbaurat Ludwig Winter für beide Seiten zugleich tätig war. Sein Gutachten für den Stadtmagistrat vom 25. Januar 1888 stand gerade in dem Augenblick auf der Tagesordnung der Stadtverordneten, als er die Pläne für die Kleinere Hofhaltung auszuarbeiten begonnen hattte.

44 Seine Vorgabe bestand in drei Grundstücken, die auf dem Situationsplan von 1887 mit den Buchstaben ABC gekennzeichnet sind. Winter erläuterte dazu: (A) „Grundfläche des vormaligen Collegium Carolinum, unter Hinzunahme der angrenzenden noch mit alten Gebäuden besetzten Grundstücke (Hagenscharrn 3–7, Bohlweg 40 u. 42, Hagenmarkt 1–3) 33 Ar 60qm. (B) Grundfläche, welche südlich von der Paulinerkirche sich bis zu der neuen Verbindungsstraße (...) hinzieht, östlich vom Bohlwege und westlich vom Ruhfäutchenplatze begrenzt wird, (einschließlich der Fläche, auf welcher jetzt der Kreuzgang und das Refectorium des Klosters steht) 35 Ar. (C) Grundfläche des am Burgplatz N° 3 belegenen Hauses, unter Hinzunahme der angrenzenden Grundstücke am Marstalle und am Ruhfäutchenplatze, sowie eines Theils des letzteren, 16 Ar 20 qm."[515]

Da Winter den Raumbedarf im neuen Rathaus auf 35 Ar errechnet hatte, schied das Areal C aus der Diskussion aus. Damit war auch ein vorhersehbarer Konflikt mit dem Hof um dieses Grundstück von vornherein ausgeschlossen. Auch die schon genannten Bedenken um Platz B räumte Winter dadurch aus dem Weg, daß er ihn wegen seiner Größe und Form als vergleichbar mit A bezeichnete und deshalb die Entwürfe nur für den erstgenannten Platz A ausarbeitete.

Über seinen Auftrag hinaus brachte Winter ein bisher ungenanntes Grundstück in das Gespräch ein, dem er mit Abstand den Vorzug zu geben geneigt war, (D) „nämlich (das)jenige, welche(s) südlich von der Durchbruchstraße zwischen Bohlweg und Ruhfäutchenplatz und südöstlich von letzterem, bezw. dem Wilhelmsplatze belegen und jetzt im wesentlichen von dem Herzoglichen Hofhaltungsgebäude, des ehemaligen Officier-Casino und des Meyer'schen Hauses am Langenhofe eingenommen wird."[516]

Winter gründete seine Präferenz auf ästhetisch-praktische Vorzüge der Grundrißgestalt und der damit verbundenen Möglichkeiten der Fassadendurchbildung. Er führte weiter aus: „Die vorstehenden Betrachtungen führen zu dem Ergebnisse, dass dem zweiten Projecte (...) bei welchem mit geringeren Mittel Größeres und Vollkommeneres erreicht wird, der Vorzug zu geben sei."[517]

Es soll vorläufig nur als Vermutung dahingestellt werden, ob Winter seine Empfehlung aus der Kenntnis hofinterner Planungsvorstellungen heraus geben konnte, zu denen er im Rahmen der Burgrestaurierung, bei der er eng mit dem Herzoglichen Baurat Wiehe zusammenarbeitete, Zugang gehabt haben könnte. Eine Kenntnis der Diskussion um den Standort des Finanzbehördenhauses ist wohl anzunehmen, so daß er den genannten Bauplatz D mit berechtigten Erwartungen einbringen konnte. Der nahezu reibungslose Ablauf der An- und Verkaufsverhandlungen zwischen den beiden Hauptbeteiligten, der Stadt und der Herzoglichen Hofstatt, die im wesentlichen im Jahre 1890 abgeschlossen waren, gibt Anlaß, nicht-öffentliche Absprachen zur Wahrung beiderseitiger Interessen zu vermuten.

Die Stadt überließ das gerade erst angekaufte Grundstück zwischen Burgplatz und Marstall ebenso wie die nach dem Straßendurchbruch der Dankwardstraße frei gewordene Fläche zwischen der neuen Straße und dem Paulinerkloster der Herzoglichen Hofstatt und tauschte dafür die von Winter gewünschten Grundstücke ein.

Daraufhin stimmten die Stadtverordneten dem nunmehr auch vom Magistrat befürworteten Rathausstandort im Sinne Winters am 3. Juli 1890 zu[518]; die Diskussion um das Bauprogramm und um die architektonische Gestaltung des Außenbaus, die sich nach dem Wunsche der Stadtverordneten an den jüngsten Rathaus- und Verwaltungsbauten des In- und Auslands orientieren sollte, wofür dem Stadtbaurat sogar eine Informationsreise nach Belgien und England bewilligt wurde, zog sich noch über mehrere Jahre hin und fand erst 1894 ihren Abschluß.[519] Aus diesen Beratungen soll nur ein Aspekt angerissen werden, der die historisch-politischen Bezüge des Rathausbaus zur Burg Dankwarderode einerseits und zum Residenzschloß andererseits verdeutlicht.

Die ersten Entwürfe für das neue Stadthaus gingen von der Annahme aus, daß nur die westliche Gebäudeseite an der Münzstraße wegen ihrer Länge und ihrer Lage der Ostfassade des Burgpalas gegenüber zur Hauptfassade und zur Aufnahme des Haupteingangs geeignet wäre. Ein Turm, von Winter neben den Eingang gestellt[520], sollte das städtische Verwaltungszentrum überragen. Während er im Vorentwurf vom 16. März 1891 noch an der Lage des Haupteingangs festhielt, wurde Winter die Stellung des Turmes an dieser Seite aus „architectonischen Rücksichten" fragwürdig.[521] Er rückte ihn deshalb an die südwestliche Gebäudeecke Münzstraße/Langer Hof und zog ihn „zur Vermeidung von Verkehrsstörungen" in die Bauflucht zurück.

In der Beratung des neuen Vorentwurfs am 1. Juli 1891 zeigte sich, daß die Verlegung des Turmes insofern den Vorstellungen des Magistrats und der Baukommission entgegenkam, als diese „die Lagerung der Hauptgebäudefronten besonders nach dem Wilhelms- und Ruhfäutchenplatze zu (wünschten) und zwar aus naturgemäßen und ästhetischen Gründen, weil dieses die einzigen beiden Plätze seien, von denen aus das Gebäude offen und frei übersehen werden könne, denn die neue Durchbruchstraße und der Langehof seien zu eng projectirt, um einen Ueberblick zu bieten. Die Fronten für die architectonische Entwickelung liegen also dem Dome und der Burg gegenüber."[522]

Die Stellung des Turmes forderte nun eine Überprüfung des Grundrisses besonders im Bereich des Langen Hofes, da hier die Baulinie zur Vermeidung eines unbrauchbaren spitzen Winkels bisher noch gebrochen verlief. Nach amtlicher Verfügung vom 11. August legte Winter am 26. Oktober 1891 einen weiteren Vorentwurf vor, in dem er dieses Problem anspricht: „Soll die gegen den Wilhelmplatz gerichtete Gebäudeseite zu einer ‚Hauptfront' werden, so muß sie auch eine gewisse Länge erhalten: ein Mittelbau, zu jeder Seite drei Fensterachsen und zwei begrenzende Eckpunkte, das dürften etwa die geringsten Forderungen sein, welche an die Frontentwicklung dieser Gebäudeseite zu stellen sind."[523] Diese Forderungen antizipieren eine spätere Entwicklung, die im heutigen Rathausbau präsent ist. Zu beiden Seiten des als Portalvorhalle ausgelegten dreiachsigen Mittelbaus befinden sich zwischen dem Hauptturm an der Südwestecke und einem einachsigen Eckrisalit als südöstlichem Pendant dreiachsige Seitenteile. Trotz der gewichtigen Funktion dieser Fassadenseite hielt Winter aber noch an der Lage des Haupteingangs an der dem Burgpalas gegenüberliegenden Seite fest.

Im nachfolgenden Entwurf, der am 10. März 1892 vorlag, zeichnete sich die Annäherung an die ausgeführte Baugestalt deutlicher ab.[524] Die Baukommission befürwortete in der Stadtverordnetensitzung am 28. April die vorgenommene Umorientierung der Hauptfassade an den Langen Hof.[525] Dem Stadtbaurat wurde daraufhin am 3. Mai der Auftrag zur Ausführung eines endgültigen Entwurfs erteilt. Winter nahm nun noch eine vom Auftrag erheblich abweichende Änderung vor, die er in einem Schreiben vom 13. Juni 1892 erläuterte: „Der Haupteingang des Gebäudes ist von dem Ruhfäutchenplatze nach der neu gebildeten, dem Wilhelmsplatze und dem Langenhofe gemeinschaftlich zugehörigen, Südfront verlegt.“[526] Winter steigerte sodann die Wirkung dieser Fassade, indem er nun auch den Sitzungssaal der Stadtverordneten in den ersten Stock dieses Gebäudeteils verlegt und ihn über dem Eingang in die Gebäudemitte setzt. Damit näherte Winter das Rathauskonzept dem traditionellen Bilde an, das über einer Markthalle oder Gerichtslaube den Ratssaal zeigt, oft mit einem vorgesetzten Balkon.[527]

Nachdem Winter am 4. Juli zu einem weiteren Entwurf aufgefordert worden war, stellte er im Anschluß an seine Englandreise den endgültigen Entwurf in einem Erläuterungsbericht vom 6. Januar 1893 vor: „Auch die Aufrißentwickelung (...) hat (...) eine weitere Abänderung und (...) Verbesserung dadurch erfahren, daß der nur für den Personenverkehr bestimmte Haupteingang in der am Langenhofe belegenen Südseite, im Verein mit der darüber befindlichen Fenstergruppe des Sitzungssaales der Stadtverordneten und dem krönenden Giebel, einheitlicher, großartiger und würdevoller gestaltet ist, und der Eckturm, auf geringerer quadratischer Grundfläche ausgeführt und in dem oberen Aufbau gegliedert, weniger plump, wie früher erscheint.“[528]

Der am 2. März 1893 genehmigte Ortsbauplan verdeutlicht die geschehenen Änderungen. Damit war diese Gebäudeseite definitiv zur Hauptfassade geworden; ihre symbolische Funktion wird noch gesteigert durch die allegorischen Figuren, die an den Pfeilern zwischen den Saalfenstern aufgestellt wurden, wofür Winter selbst das Programm entworfen hat: „Keinen besseren Gedanken wüßte ich für die Gestaltung der Figuren in Vorschlag zu bringen, als den, daß durch dieselben die Wissenschaft, die Kunst, der Gewerbefleiß und der Handel, als die hauptsächlichsten treibenden Kräfte zur Hebung, zum Gedeihen und Blühen des Gemeinwesens zur Anschauung gebracht werden.“[529] Die Herausstellung bürgerlicher Tugenden und Ideale knüpft bewußt an die Geschichte der Stadt an und demonstriert das Erreichen kommunaler Selbständigkeit. Standort und Gestalt des neuen Rathauses sind somit symbolisch befrachtet, wofür die Umstellung des Turmes von der westlichen Langseite an die Südwestecke bezeichnend ist. Die Transposition lenkt die Aufmerksamkeit auf eine Sichtbeziehung, in der sich das politische Zeitklima in Braunschweig spiegelt. Sie ist sowohl an zeitgenössischen Stadtplänen als auch aus der Vogelschau ablesbar und nachvollziehbar.

Der Turm an der südwestlichen Gebäudeecke liegt an einer gedachten geraden Verbindungslinie zwischen dem Löwenstandbild auf dem Burgplatz und der durch eine Kuppel und eine Quadriga bezeichneten Mitte des Residenzschlosses am Bohlweg. Der alles überragende Rathausturm verkörpert als optischer Mittelpunkt dieser Achse die „Idee des vertikalen Aufstiegs"[530] und demonstriert Selbständigkeit und „politische Geltung der bürgerlichen Kommune innerhalb des Staatswesens"[531], das hier in zahlreichen Staatsbauten präsent ist.

Der Rückgriff auf gotische Bauformen, die Jürgen Paul als unzeitgemäß kritisiert[532], bekommt dann seine Berechtigung, wenn man sich vergegenwärtigt, daß der Architekt damit an die Blütezeit der weitgehend autonomen Stadt Braunschweig im 13. und 14. Jahrhundert anknüpft. Zu jener Zeit entstand das Altstadtrathaus (Ende 13. Jahrhundert bis 1468) als bedeutendstes Profanbauwerk der Stadt, überragt nur von den Turmwerken der Stadtpfarrkirchen, die ebenfalls bürgerliche Ansprüche signalisieren. Der neue Rathausturm reiht sich in diese Phalanx machtvoll ein.

Die Wahl der gotisierenden Formen richtet sich aber auch gegen die romanisierend wiederhergestellte Burg Dankwarderode, die als Symbol der Feudalherrschaft an die Zeit der größten Abhängigkeit vom Landesherrn ebenso erinnert wie das Schloß als Sitz des Regenten.

Die Entscheidung für diesen Rathausstandort und die Konzentration der als Symbolträger tradierten Gebäudeteile am Langen Hof läßt sich auch noch von einer anderen Seite her beleuchten. Traditionell führte seit der Einführung der Eisenbahn und ihrer Benutzung durch Kaiser und Fürsten bei offiziellen Einzügen oder Empfängen der Weg der hohen Herrschaften vom Bahnhof kommend über den Altstadtmarkt, den Kohlmarkt und den Burgplatz zum herzoglichen Schloß am Bohlweg. Der Lange Hof als einzige Verbindung zwischen Burgplatz und Bohlweg war dabei unumgänglich. Nach dem Rathausbau an dieser Straße mußte der Weg also am bedeutendsten bürgerlichen Bauwerk der Stadt vorüberführen und erleichterte dem Magistrat und den Stadtverordneten die Begrüßung der Gäste vor der eigenen Tür – vor dem Einzug ins Schloß demonstrierte das städtische Bürgertum dem Fürsten Selbständigkeit und Selbstbewußtsein.

Wir haben es beim Braunschweiger Rathausbau also mit einem – optischen – Machtkampf zwischen städtischer und staatlicher Herrschaft zu tun; die Urkunde, die am 25. März 1898 zur Erinnerung an die Baugeschichte im Turmknopf eingeschlossen wurde, verbalisiert das Problem aus städtischer Sicht: „Die Stätte, auf der unfern des alten Hauptsitzes des Stadtregiments sich dies Rathaus erhebt, gehörte vormals der herzoglichen Burg an. In den Zeiten ihrer Selbstherrlichkeit und nie ruhenden Kämpfe mit der fürstlichen Landesherrschaft war der Stadt nicht beschieden, *dies fremde Gebiet in ihrer Mitte sich einzuverleiben*. Nun, nach zweihundert Jahren ihrer Unterthänigkeit, hat die friedliche Entwickelung der Dinge es gefügt, dass sie das Centrum und ragende Wahrzeichen ihres Eigenlebens in die Nachbarschaft der Reste des Burgpallas

Heinrichs des Löwen hat vorrücken dürfen. Sei und bleibe diese Fügung denn Omen und Gewähr unverbrüchlicher Eintracht zwischen ihr und der fürstlichen Obergewalt, zu ihrem und zum Heile des Landes."[533]

Zweifellos gab die Burgrestaurierung, die einen bewußten Rückgriff auf die feudale Historie und damit eine Legitimation der gegebenen Machtverhältnisse darstellte, den Ausschlag für eine derart massive bürgerliche Selbstdarstellung mit dem Ziel optischer Dominanz. Dem heutigen Betrachter mag der Zusammenhang nicht mehr unmittelbar einsichtig sein, fehlt ihm doch das Residenzschloß als optischer Bezugspunkt. Es war ein städtischer Beschluß, der das im Zweiten Weltkrieg teilweise beschädigte Schloß im Jahre 1960 abbrechen und an dessen Stelle eine Grünanlage entstehen ließ.[534]

TEIL 4
Der Burgplatz im 20. Jahrhundert. Vom Verkehrsplatz zum Burghof: Der Platz als Denkmal

1 Die Begrünung des Platzes um 1900

Erst gegen Ende des 19. Jahrhunderts, zum Abschluß der Arbeiten am Außenbau des Burgpalas, wandte sich Ludwig Winter auch der Gestaltung der Platzfläche als konkreter Aufgabe zu. Der unebene Platz war „nach Bremer Manier" gepflastert[535]; eine Ketteneinfassung grenzte das Löwenstandbild aus der sonst nicht eingeteilten Fläche aus.

Winter hatte bereits um 1880 erste Vorstellungen für eine Gestaltung entwickelt, als er in seinem Aquarell eine busch- und baumbestandene Umgebung der Burgruine anlegte, die annähernd eine Dreiecksform zeigte und die Fläche zwischen den Straßenzügen gliederte.

Im Rahmen der Wiederherstellungsentwürfe von 1887 legte er dann einen Situationsplan vor, der sowohl auf dem Burgplatz als auch vor der Ostfassade des Palas – als Fragment des ehemaligen östlichen Burggrabens konzipiert, dessen Verlauf gegenüber der ursprünglichen Linie allerdings aus verkehrstechnischen Gründen zu korrigieren war – Grünflächen vorsah, deren Ausführung aber in dieser Phase der Bauarbeiten zurückgestellt wurde. Es lag noch kein Ortsbauplan für diesen Bereich vor. Dem Protokoll der Stadtverordnetenversammlung vom 23. April 1896 ist erstmals zu entnehmen, „daß geplant wird, auf dem Burgplatze in der Umgebung des Burglöwen einen Rasenplatz anzulegen und den Platz mit Bäumen zu bepflanzen"[536].

Es handelte sich zunächst nur um eine Anregung, die etwa zwei Jahre später zu einer intensiven Debatte führte. Mit Ausnahme der gegen Ende des 19. Jahrhunderts noch nicht festgelegten Grundstücksgrenzen am restaurierten Burggebäude stand das fragliche Platzterrain den Planungen des Stadtbauamtes uneingeschränkt zur Verfügung. Bezüglich der Grenzen am Burgpalas erfahren wir aus einem Bericht des ehemaligen Oberlandesgerichts-Präsidenten Alfred Schmidt vom 22. Januar 1898, daß der Regent die Auffassung vertrat, „daß eine Verbreiterung des an der Westseite der Burg sich hinziehenden Zufuhrweges erwünscht sei und daß des Weiteren darauf Rücksicht zu nehmen sei, daß in unmittelbarer Nähe der Burg auf dem Burgplatze ein Zelt oder ein Bretterbau aufgeschlagen werden könne, das bezw. der zur Unterbringung von Garderobe der in die Burg Geladenen dienen könne. *Die Anlagen auf dem Burgplatze seien demnach zu gestalten*"[537]. Abweichend von der Praxis, konkrete Anweisungen für die innere und äußere Gestaltung des Palas zu geben[538], enthielt sich Prinz Albrecht in diesem Fall einer Einflußnahme. Demnach ist davon auszugehen, daß er mit der vorgeschlagenen Begrünung der Platzfläche einverstanden war.

Erst in der Sitzung des 5. Oktober 1899 stellte der Stadtverordnete Koch einen Antrag auf „Herrichtung gärtnerischer Anlagen auf verschiedenen Plätzen der Stadt"[539]. Mit der Absicht, die Plätze der Stadt, namentlich den Hagenmarkt und den Burgplatz, mit Rasenflächen und kleineren Anpflanzungen zu versehen, reihte sich Braunschweig ausdrücklich[540] in die Reihe der mittleren und größeren Städte des Deutschen Reiches ein, die etwa seit 1870 bestrebt waren, alle verfügbaren freien Platzflächen „zur Verschönerung der Stadt" gärtnerisch zu gestalten.[541] Daß der Gedanke in Braunschweig keineswegs unumstritten realisiert werden konnte, läßt sich im Protokoll der Stadtverordnetensitzung vom 11. Januar 1900 nachlesen. Die divergierenden Meinungen reichen von der Befürwortung der Umgestaltung aus verkehrstechnischen Gründen bis zu ihrer Ablehnung aus ästhetischen Gesichtspunkten.[542]

Der Sinn einer gärtnerischen Platzgestaltung innerhalb des Braunschweiger Stadtgebietes erschließt sich nicht auf den ersten Blick. Seit der Schleifung der Wälle ab 1800 verfügte Braunschweig über eine zur Erholung der Stadtbevölkerung ausreichende Grüngürtelanlage, die zudem noch durch ausgedehnte Parks nach und nach erweitert wurde. Die Entscheidung für eine Begrünung der Stadtplätze kann deshalb nur sekundär mit dem Bedürfnis nach öffentlichem Erholungsraum begründet werden.[543] Vielmehr scheint die Absicht durch, nicht provinziell wirken und Anschluß an die allgemeinen städtebaulichen Tendenzen halten zu wollen.

Am 15. November 1900 beschlossen die Stadtverordneten unter Berücksichtigung der bereits 1898 formulierten Wünsche der Herzoglichen General-Hof-Intendantur, mit der Instandsetzung des Burgplatzes zu beginnen.[544] In der Ausgabe vom 14. Mai 1901 teilten die Braunschweigischen Neuesten Nachrichten den Beginn der Bauarbeiten mit: „Der Burgplatz wird jetzt mit gärtnerischen Anlagen versehen werden. (...) Der Bürgersteig an der Nordseite wird um eine Plattenlage verlängert; auch an der Domseite werden die Platten verbreitert. (...) Das in der Mitte befindliche Dreieck erhält gärtnerische Anlagen. *Der Burgplatz wird so nach seiner Fertigstellung einen schönen Anblick gewähren.*" (Hervorh. UB.)[545] Nach Abschluß der Straßenbauarbeiten am 16. Juni 1901[546] wurde mit der Gestaltung des um den Löwen herum entstandenen Dreiecks begonnen, deren Durchführung dem städtischen Landschaftsgärtner Diedrichs übertragen wurde.[547] In diese Planungen schaltete sich am 18. Juli des gleichen Jahres das Städtische Bauamt mit einem Vorschlag Winters ein, der die alte Einfriedung des Löwendenkmals, die „aus 8 Steinpfosten mit dazwischen befindlichen Ketten" bestand und „in ihrer Grundform quadratisch" war, „durch eine kreisförmige Einfriedigung nach Art der für die Rasenplätze in Aussicht genommenen eisernen Einfriedigung" ersetzt sehen wollte.[548] Die Wege, die zu dem Denkmal hinführen, sollten unverändert mit Mosaikpflaster versehen bleiben. Am 13. Oktober vermeldeten die Braunschweigischen Anzeigen den Abschluß der Arbeiten, deren Ergebnis von Winters Vorschlag insofern abweicht, als die acht Steinpfeiler mit den eingehängten Ketten nur in eine Kreisform versetzt und nicht ganz beseitigt wurden.[549]

2 Vom Verkehrs- zum Versammlungsplatz: die Neupflasterung im Jahre 1937

Unter der Überschrift „Die Umgestaltung des Burgplatzes. Wie der Künstler über die Neuformung des Platzes denkt" stellte der 1928 zum Leiter der Städtischen Kunstgewerbeschule ernannte Rudolf Bosselt die nach seiner Meinung unruhige Aufteilung der Platzfläche in einem Zeitungsartikel des gleichen Jahres in Frage.[550] Er beruft sich dabei auf Planungen des Tiefbauamtes und anderer Stellen, die sich „seit längerem" damit befassen, „wie dem Burgplatz seine jetzt verschleierte oder besser *verunstaltete Schönheit zurückgewonnen* werden kann" (Hervorh. UB.).

Zentraler Begriff ist dem Verfasser die „Harmonie der Ruhe", die er in der gegebenen Raum- und Flächenaufteilung vermißt: „Was uns von der jüngsten Vergangenheit trennt ist, daß wir wieder ein Gefühl für die Schönheit der Fläche, der Weite, der ganz großen Gliederungen bekommen haben. Wir haben nicht nur gelernt, größere Zusammenhänge mit einem Blick zu umspannen, sondern auch Teile in Beziehung zueinander zu setzen, die dem Auge nicht gleichzeitig erfaßbar sind (...). Aus diesem Gefühl heraus (...) entspringt die Forderung, daß der Burgplatz *eine Fläche* werde, von der Domflanke bis zu den Stufen des Viewegschen Portales." (Hervorh. i. O.) Bosselts Konzept geht ganz von einem Betrachterstandpunkt aus, der auf eine kontemplative Begegnung mit der gebauten Umgebung und damit auf die in den Platzwänden sichtbar werdende Geschichte gerichtet ist. Er baut diese Vorstellung planvoll auf, indem er eine Reihe von notwendigen Veränderungen benennt, die erst die Voraussetzungen für eine neue Wahrnehmung schaffen: „Der Platz hat von der Mündung der Straße Vor der Burg bis zur Burg selbst *ein Gefälle von einem Meter*. Soll er eben werden? Dies könnte geschehen durch Abtragen der Höhe an der Straßenmündung, denn die Straße Vor der Burg fällt nachher wieder ab. Die Bürgersteige würde man wohl in ihrer Höhe lassen müssen, der Uebergang zur tieferen Fahrstraße wäre durch verlaufende Stufen zu schaffen, was sich in alten Städten oft findet und reizvoll ist." (Hervorh. i. O.) Er schließt sich dann dem Vorschlag des Tiefbauamtes an, den er kurz referiert: „Der Berg an der Straßenmündung bleibt unangetastet, die Abgrenzung gegen den tiefergelegten Platz geschieht durch *Mauer und Gitter*, den Zugang zum Platz vermitteln Stufen an der Stelle, wo die Domwand zurückspringt und gegenüber am Viewegschen Hause." (Hervorh. i. O.)

Das Projekt des Tiefbauamtes geht über Bosselts eigene Vorstellungen insofern hinaus, als es den Straßenverkehr vom Platz fernhält. Bosselt geht darauf ein und holt weit aus, um sein Plädoyer für die Fläche zu unterstreichen, indem er die „Schönheit des Platzes“ aus der Geschlossenheit seiner Platzwände ableitet. Damit gelangt er zugleich zum Kern seiner Überlegungen: „Als große Fläche kann er für besondere Anlässe *einen einzigartigen Versammlungsraum unter freiem Himmel abgeben*, und mit Rücksicht darauf könnte man an der Abgrenzung gegen die Straße Vor der Burg eine Rednertribüne vorschieben.“ (Hervorh. i. O.) Weniger der Gedanke, den Platz zu einem Forum zu machen, als vielmehr der gedachte Rednerstandort muß überraschen, denn alle bisherige Platzgestaltung war auf den Hauptbau des Platzes, auf den Palas in seinen wechselnden Ansichten, ausgerichtet. Bosselt nimmt den Balkon am Vorbau des Palas aus unerklärlichen Gründen nicht als idealen, gegebenen Rednerstandort an, obwohl der Balkon für entsprechende Anlässe konzipiert war.

Nachdem Bosselt sozusagen auf den Punkt gekommen ist, kann er den Verkehr, mit Ausnahme der Anliegerzufahrt zum Domportal und zu den Häusern an der Nordseite, ganz vom Platz verbannen: „Sicher wird der Burgplatz, wenn er nicht dem Verkehr geopfert wird, in seiner neuen alten Schönheit und wiedergewonnenen unregelmäßig-viereckigen Gestalt städtebaulich ein besonderes Merkmal Braunschweigs werden, *eine Stätte der Ruhe im Getriebe ringsum*, die würdige Umgebung eines Denkmals, das nicht nur Wahrzeichen der Stadt ist, sondern nach Alter und monumentaler Schönheit eines der herrlichsten Denkmale überhaupt.“ (Hervorh. i. O.) Die Ausgliederung des Verkehrs und seiner die konzentrierte Wahrnehmung störenden Geräusche und Bewegungen ermöglicht dem Benutzer eine veränderte optische Erfahrung der ästhetischen Werte des Platzes und seiner Randbebauung.

Eine öffentliche Diskussion der Vorschläge Bosselts fand nicht statt. Auch amtliche Stellungnahmen blieben aus.

In ähnlicher, nun aber ideologisch gewendeter Form treten Bosselts Anregungen sieben Jahre später, 1935, erneut in Erscheinung. Im Rahmen der 1932 in Braunschweig eingeleiteten Altstadtsanierung, die vordergründig der „Gesundung“ der in unmenschlicher Enge lebenden Altstadtbewohner dienen sollte[551], befaßte sich der Architektur-Professor und Sanierungsleiter Hermann Flesche zunächst in einem Hochschulseminar mit der Umgestaltung des Burgplatzes, dessen Ergebnisse er 1935 in der Zeitschrift ‚Deutsche Kunst und *45* Denkmalpflege‘ veröffentlichte. Unter Beilage zweier Zeichnungen erläuterte er das Projekt: „Der Burgplatz in Braunschweig bedarf in seinen Wandungen keiner Änderungen, wohl aber in seiner Bodengestaltung. Dieses eigentliche *Forum der Stadt Braunschweig*, geheiligt durch so viele geschichtliche Erinnerungen, ist heute durch zwei Straßenführungen (...) und durch Bretzelbeete, die ebenso lächerlich sind, wie das Denkmal erhaben, arg zerstückelt. (...) Eine würdige Raumwirkung ist nur zu erreichen, *wenn man den Durchgangsverkehr von diesem Platze fernhält*, also auf Straßenführung und alles Grün dieses Monumentalplatzes verzichtet, eine einheitliche Pflasterung verlegt, und sein gesondertes, *nur für festliche Stunden beabsichtigtes Eigendasein unter Braunschweigs übrigen profaneren Plätzen durch Stufenanordnung absondert.*“ (Hervorh. UB.)[552]

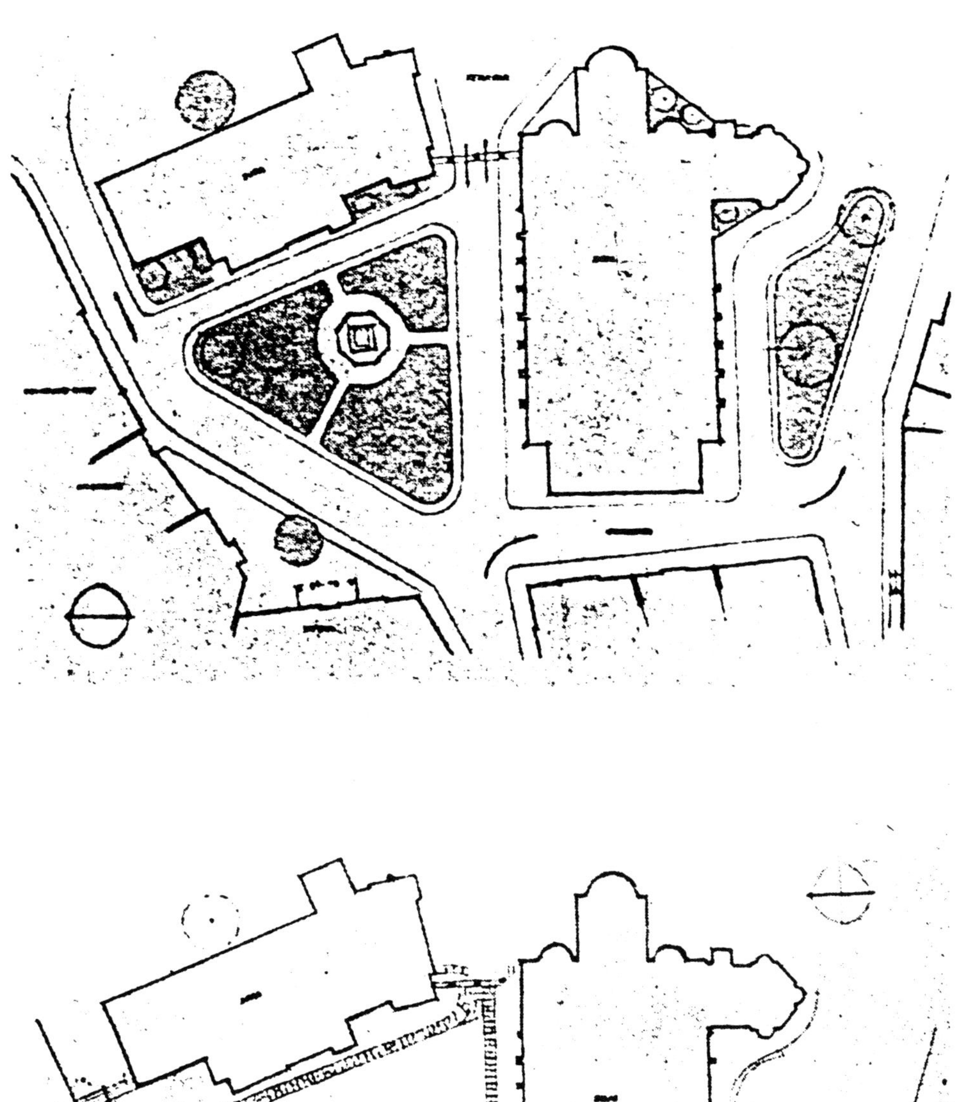

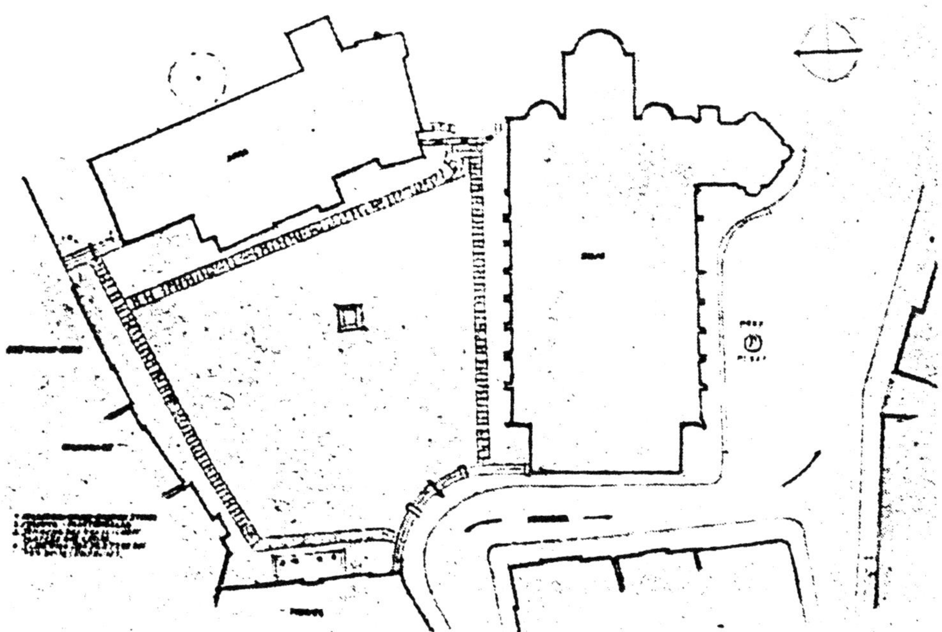

45 H. Flesche: Der Burgplatz wie er ist und wie er werden soll. 1935

Die ästhetische Argumentation Flesches dient nur der Verdeckung eines politisch-funktionalen Zusammenhangs. Nach lexikalischer Definition meint ‚Forum' zunächst im allgemeineren Sinn den römischen Marktplatz, in engerer Deutung dann das politische und religiöse Zentrum der Stadt. Eine Sonderform stellt das ‚Kaiserforum' dar, das ausschließlich dem Kaiserkult diente.[553] Da Flesche den Burgplatz als Forum aus den ‚profaneren' Plätzen der Stadt heraushebt und ihm ein gesondertes Dasein für ‚festliche' Stunden zuweist, können wir annehmen, daß er auch eine Sonderform in der Art des ‚Kaiserforums' anstrebt.

Dieser Gedanke wird in einem Zeitungsartikel vom 27. April 1937 bestätigt: „Eine Umgestaltung des Platzes nach künstlerischen Gesichtspunkten ist um so notwendiger, als ja der Dom, wenn erst die Gruft Heinrichs des Löwen der Allgemeinheit zugänglich gemacht worden ist, mehr noch als bisher im Mittelpunkte des Besuches durch Fremde stehen wird. Ihnen soll dann schon ehe sie die Gruft mit den sterblichen Resten des großen Deutschen betreten, die Umgebung des Burgplatzes von jener Zeit sprechen, da Heinrich noch gefürchtet und geliebt mit starker Hand auf der Burg seiner Väter herrschte und auf den Löwen herabblickte, der damals als Zeichen seiner Macht errichtet wurde."[554] Bevor wir den politisch-ideologischen Zusammenhang näher betrachten wollen, muß der gleiche Verfasser noch einmal zu Wort kommen: „So wird der Platz durch die neuen Maßnahmen ein Stück in die moderne Gegenwart hinübergerettetes Mittelalter darstellen. Er wird künftig auch häufiger als bisher Mittelpunkt politischer und kultureller Ereignisse werden."[555] Es kann nach diesen deutlichen Hinweisen kein Zweifel mehr daran bestehen, daß bereits der Vorschlag Flesches auf die Umorientierung des Platzes auf seine Aufgabe als Teil einer geplanten Weihestätte für Heinrich den Löwen zielte.

Zu dem Zeitpunkt, als Flesches Artikel in der Braunschweigischen Landeszeitung veröffentlicht wurde, waren die Arbeiten an der ideologischen Umdeutung des Domes zu einer Kultstätte für den vermeintlich ersten Ostkolonisator bereits im Gang.

Auf Anregung des Ministerpräsidenten des Braunschweigischen Staates, Klagges, hatte man am 24. Juni 1935 mit den Grabungen im Mittelschiff des Doms unter dem Grabmal Heinrichs und Mathildes begonnen, an der Stelle, an der ihre sterblichen Reste vermutet wurden. Da die Ausgräber sehr schnell fündig wurden und die sofort durchgeführten Untersuchungen zu dem erwarteten Ergebnis gelangten[556], entwickelte Klagges den Plan, Hitler, der dem braunschweigischen Parteigenossen die deutsche Staatsbürgerschaft verdankte, für die umfangreiche Neugestaltung der Gruft und dann auch des Doms zu gewinnen. Hitler ließ sich überzeugen und bewilligte bei seinem Besuch an der Grabungsstelle am 17. Juli 1935 auch die erforderlichen Gelder.

Die nationalsozialistische Ausstattung des „Staatsdoms", wie die Weihestätte auch genannt wurde, ist in letzter Zeit Gegenstand einer ausführlichen Untersuchung gewesen, so daß hier auf eine in Einzelheiten gehende Darstellung des Vorgangs verzichtet werden kann.[557] Es genügt festzustellen, daß der Dom bei seiner Wiedereröffnung im November 1940 „zu einem monumentalen Propagandainstrument der Nationalsozialisten geworden“[558] war.

Flesche hatte den Platz in die Nähe des antiken Kaiserforums gerückt und ihn für festliche Anlässe reservieren wollen. Dazu legte er sowohl am nordöstlichen Zugang zwischen dem Palas und dem Hotel als auch an der westlichen Seite zur Straße Vor der Burg hin Treppen an, die auf den Platz hinunterführen sollten. Der Autor der beiden Artikel vom 27. und 28. April 1937 konnte deutlicher die Notwendigkeit der Einebnung und Pflasterung des Platzes begrüßen, versprach doch der Ausbau der Heinrichsgruft und die damit angedeutete Ausstattung des Doms einen Zustrom von Besuchern an diesen „Wallfahrtsort“ des Dritten Reiches.[559]

Zwei Ereignisse aus den Jahren 1933 und 1934 sollen stellvertretend für eine Vielzahl von politisch-propagandistischen Veranstaltungen, die auf dem Burgplatz gerade wegen seiner ideologischen Befrachtung im Sinne des Nationalsozialismus stattfanden, vorgestellt werden, da sie die Notwendigkeit einer den neuen Funktionen angepaßten Platzgestalt sichtbar machen.

Die erste und für die Umgebung einmalige Veranstaltung war die Rekrutenvereidigung am 12. April 1933, die an der Nordseite des Platzes auf dem Fahrweg vor den Fachwerkhäusern stattfand.[560] Mit Recht darf man wohl davon ausgehen, daß dieser Ort nicht aus praktischen, sondern aus anderen Gründen zur Abnahme des Eides gewählt wurde. In den vor Ort gehaltenen Reden wurden sie beim Namen genannt: „Zu eurer Vereidigung (...) hat man euch heute an diese alte, ehrwürdige Stelle unserer Stadt geführt. Jahrhunderte alte Zeichen, Burg und Dom, Zeichen der Wehrhaftigkeit und der Frömmigkeit, schauen auf euch nieder.“[561] Was sich in den Worten des Pastors Jürgen, gesprochen vom Balkon der Burg Dankwarderode, im Begriff ‚Zeichen‘ noch historisch legitimierte, wurde in der Rede des Oberst Hoth, der nach der Vereidigung zu den Rekruten sprach, ideologisch gewendet: „Die Armee vermag diese hohen Aufgaben (u. a. die Verteidigung der Heimat, UB.) nur zu erfüllen, wenn sie sich täglich der *großen Tradition* erinnert, deren Träger sie ist. Ihr steht hier auf einem *Platz*, der umwittert ist von dem *Hauch deutscher Geschichte*. Von diesem Platz ist Herzog Heinrich der Löwe ausgezogen zum Kampf gegen das Slawentum, das, ein mahnendes Beispiel für unsere Zeit, eine Periode deutscher Schwäche benutzt hatte, um die Germanen weit nach Westen zurückzudrängen.“ (Hervorh. i. O.)[562]

An historisch über alle Maßen geeigneter Stelle postulierte und reklamierte die nationalsozialistische Ideologie Heinrich den Löwen als ihren Vorkämpfer einer Ostpolitik, die 1939 im militärischen Einmarsch in Polen ihre reale Umsetzung erfuhr. In ‚Mein Kampf‘ hatte Hitler eine „Bodenpolitik der Zukunft“ entworfen, die ausdrücklich auf die Eroberung der Sowjetunion zielte.[563] Die ideologische Marschroute hatte Alfred Rosenberg 1930 bereits festgelegt, indem er die deutschen Reichsinteressen nur im Osten verwirklichen zu können glaubte: „Als einer der größten Männer unserer Geschichte erscheint Heinrich der Löwe, der mit der ganzen Macht einer starken Persönlichkeit den

Eroberungsfahrten nach Italien Einhalt zu gebieten versuchte, die Siedlung des Ostens begann, *somit den ersten Grundstein legte für ein kommendes Deutsches Reich* (...)." (Hervorh. UB.)[564] Der Braunschweiger Ministerpräsident Klagges war sehr darum bemüht, das politisch-ideologische Bild, das die nationalsozialistische Führung vom Welfenherzog aufbaute, für sich[565] und für die Bedeutung Braunschweigs als historisches Zentrum der Ostkolonisation auszunutzen. Er zog die Ausrichtung überregionaler Veranstaltungen nach Braunschweig, um das Ansehen zu steigern. So fand die Abschlußfeier des Niedersachsentages im Juni 1934 auf dem Burgplatz statt, deren vorbestimmter Ablauf in einer braunschweigischen Tageszeitung mit folgenden Worten beschrieben wurde: „Am Sonntagabend auf dem Burgplatz aber wird das neue Deutschland stehen in Reih und Glied, die Sturmabteilungen des Führers, seine Schutzstaffeln und die politischen Organisationen, die Hitler-Jugend, der Bund Deutscher Mädel und die Frauenschaft. Tausende niedersächsischer Volksgenossen werden sich um Burg und Dom geschart haben, und dann wird es geschehen, daß Führer der deutschen Gegenwart dem Volk von der Kraft und dem Heldentum der Väter erzählen, von der Seelengröße der Ahnen und *von dem Ringen Heinrichs des Löwen*, jenes Niedersachsenherzogs, dessen Wahrzeichen aus Erz und Stein in großartiger Wucht Platz und Menschheit überragt." (Hervorh. i. O.)[566] Das Löwenstandbild wird zuerst, vor allen anderen am Burgplatz versammelten Bauten, zum Identifikationsobjekt, zum Kristallisationspunkt der ‚neuen' Ostpolitik, die an die Blickrichtung des Löwen anknüpft: „Der Löwe blickt gen Osten, mahnend an das große Werk der Rückgewinnung uralten deutschen Volksbodens. (...) noch nach sieben Jahrhunderten ruft uns der Braunschweiger Burglöwe zur Besinnung auf."[567]

Dem Burgplatz kommt unter der Voraussetzung einer über sein bloßes Dasein hinausweisenden Symbolik eine veränderte Funktion zu; er mußte seine Rolle als Verkehrsplatz mit Grünanlagen gegen die eines an das Mittelalter gemahnenden Burghofes eintauschen, wie es die in Aussicht genommene Umgestaltung des Doms nahelegte.

Für die Neueinrichtung des Doms spielt der Hinweis auf die ursprüngliche Funktion des sakralen Bauwerks, wie sie sich Heinrich der Löwe vorgestellt hatte, eine legitimierende Rolle. Klagges selbst hat in einer Besprechung mit dem Landesbischof Johnson 1935 darauf hingewiesen, „daß diese Kirche ursprünglich als Grabkirche Heinrichs des Löwen gedacht sei und dieser Grundcharakter in neuerer Zeit wieder stärker hervortrete. Wenn auch daneben die Domkirche Domkirche gewesen sei, so doch *nur neben ihrer eigentlichen Aufgabe als Grabkirche*." (Hervorh. UB.)[568] Aus dieser knappen Notiz wird bereits absehbar, daß es den Nationalsozialisten darum ging, den Kirchenbau dem Gottesdienst vollkommen zu entziehen und ihn anderen, politisch-ideologischen und propagandistischen Zwecken zuzuführen. Im Dezember 1938 teilte Klagges dem Evangelischen Kirchenamt mit: „Aus Gründen des Denkmalschutzes (sic!) ist es unmöglich, im erneuerten Dom Gestühl für kirchliche Zwecke aufzustellen. Auch die Anbringung sonstiger Gegenstände für den gottesdienstlichen Gebrauch wie Altar, Kanzel usw. *würde den wiedergewonnenen Charakter des Domes als altdeutsches Denkmal zerstören*, weil er als Grabkirche nicht für Zwecke der Gemeindekirche errichtet ist." (Hervorh. UB.)[569] Eine solche Wendung war zu erwarten – eine Profanisierung des Kirchenraumes für einen obskuren Heinrichs-Kult ließ letztlich eine andere Verwendung nicht mehr zu.

Vor der Fertigstellung der ‚Nationalen Weihestätte' im Dom mit der neugestalteten Gruft als Zentrum gelangten die Entwürfe für einen verkehrsfreien Burgplatz, die vom Stadtbauamt ausgearbeitet worden waren, zur Ausführung. Am 28. April 1937 stellten die Braunschweiger Neuesten Nachrichten das Projekt ausführlich vor. Die Rasenflächen und Einzäunungen innerhalb der Platzfläche sollen vollständig beseitigt werden. An ihre Stelle treten Fußwege, die dicht vor den Häusern verlaufen. Sie werden mit Velpker Hartsandsteinplatten aus der sonstigen Polygonalpflasterung herausgehoben, aber nur durch eine Flachgosse ohne Bordstein vom inneren Platzbereich abgegrenzt: „Der Platz, der nach der Burg zu ‚hängt', wird eingeebnet. Dadurch wird er nach dem Viewegschen Hause *tiefer* liegen. Man wird an dieser Stelle eine *halbkreisförmige Treppe*, die aus vier Stufen besteht, schaffen. (...) Die Fortlassung einer Bordsteinkante wird *das mittelalterliche Bild des Platzes* besonders unterstreichen." (Hervorh. i. O.)[570] Der Zweck der Ausgrenzung des Platzes aus dem Straßennetz liegt in seiner neuen Bestimmung als Burghof und Vorplatz der ‚Nationalen Weihestätte'. Der Platz schließt die historischen Gebäude, Burg und Dom, und das Löwendenkmal zu einem Ensemble zusammen, das die nationalsozialistische Politik der Expansion nach Osten mittels entsprechend interpretierter Geschichte legitimieren soll. In der Darstellung des Projekts heißt es analog dazu: „Unser Burgplatz wird somit eine Stätte werden, die Mittelpunkt und Ausgangspunkt *politischer und kultureller Ereignisse* zugleich ist." (Hervorh. i. O.)[571] Nebenher wird dem Platz auch eine Alltagsfunktion zugestanden: „Der Fremde und auch der Braunschweiger werden in Zukunft sich in *aller Ruhe* (...) an der Schönheit des Platzes mit seinen mittelalterlichen Bauten erfreuen können." (Hervorh. i. O.)[572] Auch dies ist ein Gedanke, der sich schon 1928 bei Bosselt findet, allerdings noch ohne den ideologischen Beigeschmack nationalsozialistischer Gesinnung. Die Möglichkeiten einer optischen Rezeption der Platzarchitektur und -geschichte werden erst durch die Treppenstufen an der Westseite geschaffen, die den Benutzer physisch darauf hinweisen, daß er sich an einem besonderen Ort befindet. Im Juni 1939 heißt es schließlich: „So bietet sich heute der Burgplatz dem Beschauer in einer (...) Geschlossenheit dar, die auch den flüchtig Vorübereilenden in ihren Bann zieht und unwillkürlich den Schritt hemmt und *ihn zwingt, dieses Bild ganz in sich aufzunehmen*." (Hervorh. UB.)[573] Die Umorientierung der Wahrnehmung wird durch die architektonische Gestaltung erreicht; der ideologische Überbau eines zweifelhaften Mythos um Heinrich den Löwen und seine Ostkolonisation erhält mit diesem Platzensemble eine instrumentalisierbare Grundlage.

Die Anlage eines Verbindungsganges zwischen dem Hotel und dem Burgpalas, der sich bis heute unverändert erhalten hat, steht in Zusammenhang mit den Veranstaltungen verschiedener nationalsozialistischer Organisationen an dieser historischen Stätte.[574] Mit dem stützenlosen, hängenden Fachwerkübergang erhielt der Platz an dieser Stelle ebenfalls einen optischen Abschluß, der sich ganz in den Gedanken vom Burgplatz als mittelalterlichem Burghof einpaßt, indem er etwa den Verlauf der alten Befestigungsmauer, die im Mauerwerk an der Nordseite des Palas durch einen von der übrigen Mauerung abweichenden Ziegelverband gekennzeichnet ist, angibt.

An dieser Stelle soll noch ein bisher meines Wissens nirgendwo erwähntes Projekt vorgestellt werden, das um 1941 ausschließlich in wenigen Aktenstücken ansatzweise faßbar ist. Im November 1941 stand der Ankauf des Hotels ‚Deutsches Haus' durch den Braunschweigischen Staat zur Diskussion, da man mit der vertraglich vereinbarten Dienstleistung des Hotelbesitzers nicht mehr zufrieden war.[575] Im Juni des folgenden Jahres kam dann auch das Vieweghaus ins Gespräch. In einem Schreiben des Wirtschaftsberaters Eilert aus Braunschweig an den Braunschweigischen Finanzminister wird auf die Möglichkeit einer anderweitigen Nutzung des Vieweg-Grundstücks ausdrücklich hingewiesen, ohne aber eine genaue Funktion anzugeben.[576] Deutlicher wird dann der anonyme Verfasser eines Briefes, der dem Ministerpräsidenten Klagges zur Kenntnisnahme vorlag: „Mit Rücksichtnahme auf den eventuellen Erwerb des Hotels ‚Deutsches Haus' und auf die für die Zukunft voraussichtlich gegebene *Notwendigkeit*, weitere Verwaltungsräume möglichst zentral bereitzustellen, erscheint die Anregung des Herrn Eilert prüfenswert. *Man könnte vielleicht erwägen, den ganzen Häuserblock zwischen Papenstieg, Marstall, Ruhfäutchenplatz und Burgplatz allmählich in staatlichen Besitz zu überführen.*" (Hervorh. UB.)[577] Ob damit auch Abbruch- und Neubaupläne verbunden gewesen wären, geht aus dem Aktenbestand nicht hervor. Die Hinweise auf eine staatliche Nutzung des Areals, in welcher Baugestalt dies auch immer geschehen sollte, legen die Annahme nahe, daß die Rückführung *aller* Gebäude am Platz in Staatsbesitz letztlich auf die Vollendung des pseudo-mittelalterlichen Bildes zielte: die Re-aktivierung der Herrschaftsfunktion der Burganlage.

Walter Hotz lieferte bereits 1938 die Legitimationsgrundlage für ein Wiederauflebenlassen der an die Burg Dankwarderode geknüpften Geschichte: „Sie diente politisch, wenn auch nicht reichsunmittelbar, wie die Kaiserpfalzen und vielen Ritterburgen, dem staufischen Reich."[578] Konnte gegen Ende der 30er Jahre auch die Person Heinrichs des Löwen in ihrem Zwiespalt von Kaisertreue und lokalem Machtstreben den ideologischen Anforderungen des Nationalsozialismus nicht mehr standhalten[579], so blieb davon der Symbolgehalt seines Herrschaftszentrums doch unberührt.

3 Der Burgplatz als museale ‚Traditionsinsel'

Die heutige Funktion des Burgplatzes als vom Verkehr abgegrenzte Fußgängerinsel stellt eine Hinterlassenschaft der nationalsozialistischen Herrschaft in Braunschweig dar, die aber als solche auch deshalb nicht rezipiert wird, weil sie einerseits keine ‚Erfindung' der Nationalsozialisten ist und andererseits den an die Nutzung der musealen Gebäude geknüpften Interessen auf ideale Weise entgegenkommt.[580]

Der zweite Punkt soll abschließend erläutert werden, denn in ihm kulminieren alle Tendenzen der Planung einer einheitlichen Platzgestaltung seit der Mitte des 18. Jahrhunderts – abgesehen von der in der zweiten Hälfte des 19. Jahrhunderts verfolgten Absicht, den Platz in die Stadtentwicklungsplanung einzubeziehen und seine Geschlossenheit den Bedürfnissen eines reibungslos funktionierenden Verkehrsablaufes zu opfern.

Ausgehend von der dem Platz im 18. Jahrhundert zugedachten Rolle eines Refugiums adligen Wohnens und herrschaftlicher Repräsentation inmitten einer bürgerlichen Stadtszenerie entwickelte sich nicht zuletzt auch wegen der zahlreichen Mißerfolge planerischer Tätigkeit bis in die zweite Hälfte des 19. Jahrhunderts hinein ein Platzbild, das geprägt ist von einer Mischung unterschiedlicher Baustile, konkurrierender Auftraggeberansprüche und Funktionen, wobei es jeweils erklärtes Ziel gewesen ist, mit dem entsprechenden Bauwerk zur Schönheit des Platzes beizutragen.

Die Errichtung des historisierend-rekonstruierten Neubaus des Palas der Burg Dankwarderode und die Wiederverwendung der Fassade des Huneborstelschen Hauses am Neubau Burgplatz 2a leiteten eine Entwicklung ein, die sich als ‚Musealisierung' des Platzensembles bezeichnen läßt.[581]

Daß es dann in den Jahren nach 1945 nicht zu einer die unmittelbare Vergangenheit verdrängenden Umgestaltung des Platzes gekommen ist, ist wohl darauf zurückzuführen, daß „die Innenstadt (...) durch Luftangriffe fast völlig vernichtet (wurde). Der Verlust an öffentlichen Gebäuden betrug 60 %, bei der Industrie 50 % und von der gesamten Innenstadt blieben nur 10 % übrig."[582]

Der im Wiederaufbau radikal gewandelte Charakter des Stadtbildes bedurfte zu seiner Rechtfertigung der Konservierung und der optimalen Präsentation des minimalen Restbestandes älterer Bausubstanz; ein zusätzlicher städtebaulich und politisch-ideologisch motivierter Eingriff in ein Ensemble, wie ihn etwa der Abbruch des Residenzschlosses 1960 darstellte, wäre durch nichts zu legitimieren gewesen.

Feststellbar sind Veränderungen nur auf einer nicht-optischen Ebene; einen ersten Anstoß zu einer neuen Wahrnehmung finden wir in einem Zeitungsartikel des braunschweigischen Stadtbaurats Göderitz, der im Rahmen der Überlegungen für einen planmäßigen Wiederaufbau der Stadt schreibt: „Andere erhaltene Baudenkmäler sollen – *in Gruppen zusammengefaßt* – zu schöner Wirkung gebracht werden, und die bedeutende Baumasse des instand zu setzenden Schlosses wird mit einer stattlichen Platzanlage die Stadtkrone bilden" (Hervorh. UB.)[583].

Beide Punkte des Programms verdienen Beachtung. Danach hätte die Verlagerung des Stadtzentrums zum Schloß hin auch eine Verschiebung der historischen Wahrnehmung bewirken sollen, denn während sich mit dem Burgplatz im Bewußtsein der Platzbenutzer noch immer die nach Osten gerichtete Politik Heinrichs des Löwen mit der faschistischen Interpretation verband, legte das Residenzschloß, nach den Plänen Ottmers erbaut, eine friedlichere Erinnerung an das erneute Aufblühen der städtischen Wirtschaft im 19. Jahrhundert unter der Regierung Herzog Wilhelms nahe.

Das Ziel der Ensemblebildung, das durch die Restaurierung und Wiederaufstellung architektonisch wertvoller Fachwerkbauten – oder auch nur der Verwendung alter Fassadenteile an Neubauten – erreicht werden sollte, wurde mit der Schaffung sogenannter ‚Traditionsinseln' bis 1960 weitgehend verwirklicht[584], doch scheinen solche Aktionen nur einen inzwischen wieder bedauerten allzu eiligen Neuaufbau in den zerstörten Stadtgebieten in architektonisch wenig ansehnlichen Lösungen zu legitimieren.[585]

Im Juli 1947 formulierte Göderitz in einem Artikel in der Bau-Rundschau, welche Vorstellungen hinter dem Begriff ‚Traditionsinsel' stecken: „Das Versetzen von Fachwerkhäusern (...) ist möglich, wenn die Zweckbestimmung es zuläßt, *wenn die Alten etwa den gleichen Bau auch an dieser Stelle errichtet hätten*. Somit kann man gelegentlich sogenannte ‚Traditionsinseln' in der zerstörten Altstadt schaffen." (Hervorh. UB.)[586] Weiteres Ziel dieser Art von Denkmalpflege war, „späteren Generationen ein Bild des alten Braunschweig zu vermitteln"[587]. Göderitz versteht hier Architektur als Hilfsmittel und Anschauungsbeispiel für Geschichtsunterricht; er propagiert ein Geschichtsbild, das frei sein soll von ideologischen Implikationen und nur aus der Betrachtung steinerner, aber nicht stummer Zeugen entwickelt wird.

Kurt Seeleke, Landeskonservator von 1943 bis 1955 und Mit-Initiator des Traditionsinsel-Projekts, verteidigte noch 1962 die Grundlagen dieser Idee: „Diese historischen Reservate liegen verstreut wie Rosinen in dem Architektur-brei einer zweiten wirtschafts-wunderlichen Gründerzeit, abgesetzt von Anonymität oder Belanglosigkeit des übrigen Wiederaufbaus; optische Stützpunkte der Erinnerung an die Individualität eines Stadtbildes, die trotz mancher denkmalpflegerischer Kunstgriffe bei der Auseinandersetzung mit der Vergänglichkeit wieder anheimelnd anziehend Zeugnis dafür ablegen, daß am Ende die Dinge nur das wert sind, was wir an wertschätzender Kraft ihnen entgegenbringen, – solange es dauern mag."[588] Die Kritik an den gestalterischen Mißgriffen der Wiederaufbauzeit ist unüberhörbar. Dagegen gewinnt ein Vertreter des städtebaulichen Fortschritts, Wilhelm Westecker, dieser Art der Erhaltung historischer Bausubstanz nur wenig Positives ab: „Im Burghof spiegeln sich die Geschichte der Frühzeit und die Baugeschichte von Jahrhunderten noch immer sehr eindrucksvoll. Nur wurde die Krone der alten Stadt 1945 gleichsam zum isolierten *Freiluftmuseum* degradiert." (Hervorh. UB.)[589]

Seit 1945 gibt der Platz zwar sowohl zu festlichen Ereignissen, etwa den Feiern zum 1. Mai oder später zum 17. Juni, als auch zu alltäglicheren Anlässen vom Wochenmarkt (bis 1954) bis hin zum traditionellen Topfmarkt oder dem Weihnachtsmarkt, eine ‚malerische' Kulisse ab, doch ist der Begriff ‚Freiluftmuseum' auf die Gebäude bezogen weitaus eher gerechtfertigt: War der Burgpalas schon in den fünfziger Jahren dieses Jahrhunderts zur musealen Stätte geworden[590], so gesellt sich ihm seit dem Sommer 1985 auch das zu diesem Zweck vollkommen neu eingerichtete Vieweghaus als Landesmuseum hinzu.[591]

Auch der Bronzelöwe, der 1981 aus konservatorischen Gründen seinen Sockel für immer verlassen mußte, ist nun nur noch ein Museumstück – ihn ersetzt eine neu gegossene Kopie –, doch ist sein endgültiger Standort aufgrund der Streitigkeiten zwischen der Stadt Braunschweig und dem Land Niedersachsen um seinen Besitz vorläufig noch unbestimmt.[592]

Anmerkungen

1 Die kunstgeschichtliche Forschung hat sich vielfach mit der Geschichte und Entwicklung von Plätzen seit dem Mittelalter befaßt, wobei fast ausschließlich die planmäßig angelegten Plätze im Mittelpunkt des Interesses standen. So etwa Brinckmann 1923; Ott 1966; Hoffmann-Axthelm 1975; Dehmel 1976; Paetel 1976. Eine methodisch grundlegende Arbeit hat Siebenhüner 1954 über den römischen Kapitolplatz vorgelegt. – Bei der vorliegenden Arbeit handelt es sich um die für den Druck veränderte und gekürzte Fassung meiner Dissertation von 1986. Die seit dem Abschluß des Manuskripts 1985 erschienene Literatur konnte aus technischen Gründen nicht mehr eingearbeitet werden.

2 Vgl. zur Entwicklung der anderen Plätze: Kaiber 1912, S. 102 ff.

3 In der kunstgeschichtlichen Literatur ist beiläufig auf das Burgplatzprojekt um die Mitte des 18. Jahrhunderts hingewiesen worden, ohne daß es bislang zu einer detaillierten Untersuchung gekommen ist. Vgl. z. B. Osterhausen 1978, S. 27.

4 Vgl. Warnke 1976, S. 20. Warnke hat hierfür den Begriff ‚Anspruchsniveau' eingeführt und definiert auf S. 13: „Als ein kunstgeschichtliches Anspruchsniveau sei der Umfang baulicher oder künstlerischer Leistungen bezeichnet, der es in einer geschichtlichen Epoche Individuen oder Gruppen ermöglicht, ihre soziale Stellung und Funktion sichtbar zu bestimmen oder zu erfahren." – Zum Problemfeld von Sprache und Zeichenhaftigkeit von Architektur vgl. Bandmann 1978; Gerhard 1975; Reinle 1977; Sipek 1979. In diesem Rahmen vgl. auch den Artikel ‚Platz' in: LDK Bd. III 1981, S. 886/887, sowie Mumford 1979, Bd. I, passim, besonders S. 175 ff.

5 Grabungen im Bereich des Wilhelmsplatzes haben das Vorhandensein einer Mauer bestätigt, vgl. Schultz 1954.

6 Vgl. Schiller 1852, S. 59.

7 Zur Geschichte der Burg, die erstmals 1134 urkundlich als ‚castrum Thanquarderoth' erwähnt ist, vgl. Winter 1883 und Braunschweigische Landesgeschichte 1979, S. 153. – Obwohl der Name Dankwarderode nie ganz in Vergessenheit geraten ist, wird seine Verwendung erst am Ende des 19. Jahrhunderts gebräuchlich; bis dahin bediente man sich der Begriffe Mosthaus (bis um 1808) oder Burgkaserne (seit 1808). Vgl. zur Namensherleitung: Allers 1953, S. 102–104 und Flechsig 1953, S. 104–106. – Im folgenden verwende ich die drei genannten Bezeichnungen entsprechend dem zeitgenössischen Gebrauch.

8 Heinrich der Löwe ließ 1172 eine kleine in der Burg stehende Kirche abbrechen und 1173 den Neubau als welfische Grablege errichten. Vgl. Bethmann 1861, S. 542. – Nach Dorn 1978, S. 215 erhielt der Neubau „wohl schon im 14. und 15. Jahrhundert den Beinamen Dom oder Thumb, womit nach mittelalterlicher Auffassung weniger die Kirche eines Bischofs als die eines Stiftes bezeichnet wurde. Die genaue Bezeichnung war aber bis ins 19. Jahrhundert stets Stiftskirche."

9 Das Aufstellungsdatum der Löwenstatue ist nur in nicht zeitgenössischen Chroniken überliefert; die früheste Quelle stellen die Annalen des Abtes Albert von Stade aus der Mitte des 13. Jahrhunderts dar. Siehe dazu: Jordan/Gosebruch 1967, S. 15 und S. 38/39. – Aus historischer und kunsthistorischer Sicht haben sich neben den Genannten noch Sack 1866; Meyer/Steinacker 1933; Römer 1982; Schildt 1984; Spies 1985 mit dem Denkmal befaßt. – In der Beurteilung der Funktion des Denkmals stimmen sie weitgehend überein: „So ist der Braunschweiger Löwe nicht nur symbolischer Ausdruck der Macht des Herzogs, sondern auch Wahrzeichen des Gerichts, das hier im Burg-

hof vom Herzog oder in seinem Namen gehalten wurde." So Jordan/Gosebruch 1967, S. 18.

10 Vgl. Zimmermann 1885, S. 9.

11 Vgl. Mertens 1978, S. 11: „Das Medium des Klapprisses ist für den Braunschweiger Raum bereits seit 1572 belegt. Allerdings fand es ausschließlich im Markscheidewesen (...) Anwendung, um eine Vorstellung der Dreidimensionalität zu ermöglichen." – Der Klappriß besteht aus einem Grundplan und mehreren in die Vertikale klappbaren Fassadenrissen der an den Platz grenzenden Gebäude.

12 Vgl. die bei Winter 1883 auf Tafeln dargestellten Bauetappen.

13 Vgl. Joseph König, Landesgeschichte einschließlich Recht, Verfassung und Verwaltung, in: Braunschweigische Landesgeschichte 1979, S. 61–109, hier S. 66/67: „Bei der Teilung vom 31. März 1267 wurde durch das Los entschieden, daß Herzog Albrecht (...) das gesamte Herzogtum in zwei Bereiche, und zwar in das braunschweigische und in das lüneburgische Gebiet teilen sollte und Johann dann die Wahl zwischen den beiden Teilfürstentümern treffen dürfe. (...) Die beiden Teile sind bis auf die Jahre 1400–1409 stets getrennt geblieben, doch galt die Stadt Braunschweig (...) bis 1671 als Gesamtbesitz." – Zur Stadtgeschichte vgl. ferner: Festschrift 1981, S. 1–57 (Moderhack).

14 Vgl. Mertens 1978, S. 8.

15 Ebd. S. 9.

16 Ebd. S. 7; vgl. auch den Vertrag zwischen Herzog Julius und der Stadt vom 10. August 1569, der einen älteren Vertrag erneuerte. Siehe dazu: Der Stad Braunschweig Verträge 1619 und Braunschweigische Geschichten 1836, S. 282/283.

17 Vgl. Mertens 1978, S. 17.

18 Vgl. Römer 1982, S. 15; auch Mertens 1978, S. 30, Anm. 58.

19 Vgl. Winter 1883, S. 60, Anm. 44; dazu auch: Irmisch 1890, S. 7/8: „Jakobus Lucius d. J. aus Helmstedt ward 1588 durch den Herzog Julius hierher berufen (...). Die Bürger meinten aber, der Herzog dürfe ohne ihre Erlaubnis in der Burg so etwas nicht beginnen, und sie trieben den Drucker ‚bei Sonnenschein' aus den Thoren." – Lucius publizierte verschiedene Streitschriften im Auftrag der Herzöge. – Ferner Römer 1982, S. 15.

20 Vgl. Römer 1982, S. 15.

21 Mertens 1978, S. 17.

22 Vgl. Mertens 1978, S. 8.

23 Querfurth 1953, S. 51.

24 Zur Geschichte der Unterwerfung vgl. Querfurth 1953. – Als Gegenleistung für die Abtretung des Alleinbesitzes gaben die Wolfenbütteler zahlreiche Kunstwerke, darunter den sogenannten ‚Welfenschatz', an Hannover ab.

25 Vgl. Dellingshausen 1979, S. 42.

26 Vermutlich ließ schon Herzog Rudolf August nach 1671 hier Umbauten vornehmen. Vgl. dazu: Rauterberg 1971, S. 66 und Katalog Herzog Anton Ulrich 1983, S. 249.

27 Joseph König, Landesgeschichte..., in: Braunschweigische Landesgeschichte 1979, S. 85. – Nach Schultz 1959, S. 15, wurde die Kammer im Mosthaus einquartiert.

28 Unter der Regierung Herzog Karls I. (1735–1780) sollten folgende Maßnahmen zur Anhebung des gesellschaftlich-kulturellen Niveaus der Stadt beitragen: 1745 – Einrichtung des Collegium Carolinum (Vorläufer der TU Braunschweig); im gleichen Jahr – Herausgabe der ‚Braunschweigischen Anzeigen'; 1746 – Einrichtung einer Generallandesvermessungs-Kommission (bis 1784); 1747 – Einrichtung des Collegium Medicum. Vgl. dazu: Joseph König, Landesgeschichte ..., in: Braunschweigische Landesgeschichte 1979, S. 82–85.

29 Nach Osterhausen 1978, S. 25/26 umfaßten die Aufgaben des Landbaumeisters „den gesamten Bereich des Bauens, also nicht nur Hochbauten jeglicher Art, sondern auch Tiefbau wie Straßen- und Wasserbau." – Zur Tätigkeit Peltiers in Braunschweig vgl. auch Thöne 1963, S. 219 f.

30 Rauterberg 1971, S. 16.

31 Eine Abschrift der Bestallungsurkunde in STA WF: 4 Alt 5, Nr. 719.

32 Begonnen wurde der Bau unter Herzog August Wilhelm nach Plänen von Hermann Korb (1656–1735) um 1715, doch wurde die Bautätigkeit 1730 eingestellt. 1752–

1754 wurde der äußere Nordflügel fertiggestellt. Unter Hofbaumeister C. G. Langwagen (1753 – um 1805) wurde der Bau in den Jahren 1789–1791 vorläufig abgeschlossen.

33 Aktenbestand in STA WF: 40 Alt.

34 Osterhausen 1978, S. 26. Er weist auf außenpolitische Spannungen als eine mögliche Ursache hin.

35 Vgl. Rauterberg 1971, S. 30. – Ein offizielles Ausscheiden Peltiers aus dem Amt ist nicht überliefert. Ebensowenig wie seine Herkunft bisher nachzuweisen ist, bleibt auch sein Leben nach seinem Verschwinden aus Braunschweig ungeklärt.

36 Hofbaumeister 1752–1763. Geboren 1698, gestorben 1763. Sohn des Architekturtheoretikers Leonhard Christoph Sturm (1669–1719).

37 Osterhausen 1978, S. 28.

38 STA WF: 242 N 3504; das Gutachten ist mit ‚Kamlah' unterzeichnet; es handelt sich wohl um den Amtmann Johann August Kamlah in Calvörde. Näheres ist nicht bekannt. – Ein technischer Hinweis am Rande: Die Originaltexte sind wortwörtlich übernommen, d. h. orthographische und grammatische Fehler der Vorlage wurden nicht korrigiert.

39 Ebd. – Die in Klammern angegebenen Buchstaben beziehen sich auf den Plan von 1740 (siehe Anm. 41).

40 STA WF: 242 N 3504.

41 Es existieren mehrere Exemplare dieses Plans: a) HAB WF: Kartenabt. 8.126. – b) STA WF: 242 N K150 (Depositum von Veltheim), mit späteren farbigen Einzeichnungen, wohl um 1805. – Außerdem abgebildet in Meier/Steinacker 1926, Abb. 62 (nach Zeichnung in der ehem. Landesbibliothek). – Weitere Exemplare im STA BS und im STM BS. – Der Plan diente als Grundlage für die Projektentwürfe Peltiers für die von Veltheims.

42 Das Projekt ist dokumentiert in STA WF: 242 N 3504; 75 Alt 22; 4 Alt 7, 396; 2 Alt 6441. – Das Gebiet im nördlichen Randbereich des Platzes wurde auch als Küchenhof bezeichnet und war Lehen der Welfenherzöge an verschiedene Mitglieder der Häuser von Veltheim, von Bartensleben-Wolfsburg und von der Schulenburg. – Die Entwurfspläne sind den Aktenbeständen entnommen und gesondert in der Planabteilung des STA WF aufbewahrt (Kopien). Die Originalpläne sollen sich auf Gut Harbke (DDR) befunden haben. Eine diesbezügliche Nachfrage im Staatsarchiv Magdeburg wurde negativ beantwortet.

43 Auf dem Plan von 1740 tragen die fraglichen Grundstücke die Buchstaben:

Q – trug angeblich auch den Namen „Roland", wie Winter 1883, S. 66, Anm. 118 mitteilt: „1622 waren die älteren Gebäude auf dem Rulandsplatze zusammengefallen. (...) Herzog Friedrich Ulrich (gab) jenen Besitzern (Achaz und Güntzel von Bartensleben, UB.) an die Hand, auf dem Platze ein neues Gebäude zu errichten (...)." – Zu der Bezeichnung siehe auch Meyer/Steinacker 1933, S. 139–163 (nicht unumstritten und in Teilen überholt!). – Das Grundstück gehörte den von Bartensleben und war um die Mitte des 18. Jahrhunderts mit einem kleinen Vorderhaus bebaut und lag zum Burggraben (P) hin brach.

R – Besitz des Josias von Veltheim; der schlechte Erhaltungszustand des Hauses bringt die Planungen in Gang.

S – das Hauptgebäude steht am Burggraben (P); es gibt nur einen schmalen Zugang zum Burgplatz. Abweichend von der Plan-Legende bis 1798 im Besitz der Familie Campen zu Isenbüttel.

T – Besitz der Familie von Veltheim zu Harbke; 1573 errichtet. Das einzige bis heute erhaltene Bauwerk des Ensembles.

U – Besitz der Familie von Veltheim zu Destedt; bereits zur Zeit der Anfertigung des Planes leerstehend (bis 1900!).

Y – Besitz der Familie von Veltheim zu Bartensleben, später von Glentorf.

Z – laut Plan-Legende Bodendorfscher Besitz. Mitte des 18. Jahrhunderts dem Grafen von der Schulenburg gehörig. Baudatum nicht bekannt, 17. Jh.?

Die Angaben sind sowohl dem Plan von

1740 entnommen als auch aus Grundbuch- bzw. Brandversicherungskataster-Angaben zusammengestellt.
44 STA WF: 242 N 3504, „Conditiones", No. 2.
45 STA WF: 242 N 3504, Bl. 13.
46 STA WF: 242 N 3504.
47 STA WF: 242 N K151.
48 Belege dafür sind verstreut enthalten in STA BS: H V 36; H V 95; H V 223; in STA WF: 1 Alt 25, Nr. 75; 4 Alt 7, Nr. 485; 40 Alt 180; 40 Alt 549; 40 Alt 551; 75 Alt vorl. 11333. – Über Entstehung und Zweck des Gebäudes ist viel geschrieben worden. Glaser 1861, S. 53: „Die Vorliebe für das Theater, vom Hofe ausgehend, griff so sehr um sich, daß Nicolini den Herzog bewog, noch ein zweites kleineres Schauspielhaus zu errichten, welches denn auch im Jahre 1749 auf dem Burgplatze (...) ausgeführt wurde. Dieses Theater nannte man das Pantomimentheater, weil anfänglich eine Gattung pantomimisch-dramatischer Productionen, welche Nicolini von Italien her kannte, hier dargestellt wurden." – Die Aufmerksamkeit, die den Darstellungen des Kindertheaters (vgl. Frenzel 1979, S. 242) geschenkt wurde, schlug sich sehr schnell in der Diskussion um das deutsche Theaterwesen des 18. Jahrhunderts nieder – vgl. Benzin 1751, der sich mit der pantomimischen Oper des Theaterdirektors Nicolini in einer Dissertation befaßte.
49 Ribbentrop 1789, S. 220. – Ribbentrop (1737–1797) wurde 1792 herzoglich-braunschweigischer Kammer- und Kommerzienrat. Sein Buch ist eine wichtige Quelle zur Braunschweiger Stadt- und Baugeschichte.
50 STA WF: 1 Alt 25, Nr. 75.
51 STA WF: 1 Alt 25, Nr. 75, auch in STA WF: 4 Alt 7, Nr. 396.
52 STA WF: 242 N 3504, 25.1.1746, Nr. 8.
53 STA WF: 4 Alt 7, Nr. 396, auch in STA WF: 242 N 3504. In französischer Sprache, wohl für Peltier bestimmt, in STA WF: 75 Alt 22.
54 STA WF: 4 Alt 7, Nr. 396.
55 STA WF: K 533. – Bei Liess 1980, S. 29 erwähnt. – Der Plan gehört vermutlich zu STA WF: 4 Alt 7, Nr. 396. Auf der Rückseite beschriftet: „Situations-Riß des Burgplatzes der Stadt Brg. mit unmittelbar darum herumliegenden Gebäuden. Unter No 14 mittelst Ministerial-Rescript vom 6. Oktober 1842 No 5 der Herzoglichen Plan-Cammer zugegangen No 18a." – Format der Zeichnung: 43 x 54 cm.
56 Protokoll des Bremer Rates vom 30. November 1737 (Staatsarchiv Bremen, R. 10.f.3.e.), zitiert nach Osterhausen 1978, S. 25.
57 Vgl. Osterhausen 1978, S. 24 und S. 26.
58 De Cordemoy 1714, S. 125. – Zum ‚Ideal der Kolonnade' vgl. Germann 1980, S. 190 und neuerdings auch die Arbeit von Winnekes 1984. – Die folgenden Zitate aus De Cordemoy 1714, S. 125 und S. 126.
59 STA WF: 4 Alt 7, Nr. 396, „Projet ...".
60 Bauverordnung von 1750, §§ 1 und 2, enthalten in STA WF: 4 Alt 7, Nr. 516. – „Baudouceur" = Finanzielle Beihilfe, auch Steuervergünstigungen.
61 STA WF: 4 Alt 7, Nr. 396, „Pro Memoria", auch in STA WF: 242 N 3504, Bl. 32.
62 STA WF: 242 N 3504, „Pro Memoria".
63 STA WF: 242 N 3504, Bl. 36.
64 STA WF: 242 N 3504, Bl. 41, datiert: 21. Dezember 1750. (Hervorh. UB.).
65 STA WF: 242 N 3504, Bl. 42, undatiert.
66 STA WF: 242 N 3504, Bl. 54, „Pro Memoria" F. A. v. Veltheims an den Hofrat Schrader vom 17. August 1751, auch in STA WF: 4 Alt 7, Nr. 396.
67 Osterhausen 1978, S. 27, erwähnt einen Vertrag vom 15. August 1751 zwischen Peltier und dem Grafen von Veltheim-Destedt, in dem der Landbaumeister die Aufsicht über sämtliche Bauvorhaben des Grafen übernimmt (STA WF: 242 N 1449). – Die Wiederaufnahme des Projekts in STA WF: 75 Alt 22, „Memoire pour Servir d'instruction sur le plan général à construire sur la place du Bourg par M. de Veltheim de Harbcke et Aderstedt", 7. Februar 1754. – Der Plan im STA WF: K 540. Im Format entspricht er den Plänen STA WF: 242 N K 151 (Abb. 4) und K 533 (Abb. 5).

68 STA WF: 75 Alt 22, „Memoire ...". Peltier schreibt: „J'ai consideré que la place du Bourg pouvoit deveir (!) regulière dans une forme triangulaire en suivant la Figure marquée lit: a. Les raisons, qui m'ont portées à donner cette figure, c'est que de 3 lignes principales qu'elle contient 2 sont dejà faites, et la 3me à faire, doit naturellement suivre les 2 autres. Par cette ligne, je cache le frontispice de la maison des Pantomimes, qui n'est fort beau en soi même, et j'y forme un Peristyle, qui laisse le comme peuple à couvert." – Zur möglichen Bedeutung von ‚Peristyle' vgl. De Cordemoy 1714, S. 255: „Ordinairement en France on donne ce nom ou celuy de Portique à tout édifice porté sur un ou sur plusieurs rangs de Colonnes."

69 STA WF: 75 Alt 22, „Memoire ...", daraus auch das folgende Zitat.

70 Nach Kneschke 1859, S. 367, erhielt das Rittergeschlecht von Veltheim 1313 das Erbkämmerer- und 1514 das Erbküchenmeisteramt des Herzogtums Braunschweig. – Vgl. auch Winter 1883, S. 63, Anm. 82, wonach bereits 1312 Ludolf von Veltheim als Besitzer des Küchenhofes genannt sei.

71 STA WF: 242 N 3504.

72 Vgl. STA WF: 3 Alt 649, 8. April 1751, Weitergewährung der Akzisefreiheit für von Veltheim.

73 Einen Überblick über die Interaktion von Fürst und Unternehmer gibt Treue 1957, S. 28–56.

74 Vgl. Kofler 1974, S. 416 ff., und S. 535 ff.

75 STA WF: 242 N 3504, Schreiben des „Fürstl. Brg. Lünebg. Vice-Kanzlers und Raths H. Koch" an den Landrat von Veltheim (auf Klein Santersleben), 15. März 1757: „Ihr habet daher als Senior des Veltheimschen Geschlechtes binnen solcher preejudicial Frist mit euren Lehnsvettern das Nöthige dieserhalb auszumachen."

76 STA WF: 75 Alt 22.

77 Siehe auch den Hinweis, den Peltier in seinem ‚Memoire' vom 7. Februar 1754 auf eine Mitbebauung gerade dieses Grundstücks gibt: „Lorsque les Messieurs Veltheim de Bartensleben et les Chulenbourg, auront pris la resolution de bâtir, ils tiendront la même ligne."

78 Zitiert nach Osterhausen 1978, S. 27.

79 Peltier führte seine Korrespondenz ausschließlich in französischer Sprache, so daß gelegentlich Übersetzungen oder Zweitschriften in deutscher Sprache für den internen Amtsgebrauch angefertigt wurden. – Das Original in STA WF: 75 Alt 21, „Détail de la reparation à faire à la face du Bâtiment nomé le Mosthaus", die deutsche Übersetzung in STA WF: 75 Alt 22.

80 Vgl. Alvensleben 1937, S. 62.

81 STA WF: 4 Alt 7, Nr. 397, 17 Bde.: „Ausbesserungen und Bauten auf dem Fürstlichen Mosthofe"; darin allein 10 Bde. für den Zeitraum bis 1765. Neben dem Großen oder Fürstl. Mosthaus gehörten zum ‚Moßthoff': das kleine Mosthaus (4), Neben- und Hintergebäude (6) sowie Pförtnerhaus, Stallungen usw. (7–12); die Ziffern beziehen sich auf den Plan XII bei Winter 1883.

82 STA WF: 242 N 3504.

83 Zur Geschichte des Naturalienkabinetts vgl. Boettger 1954, S. 10.

84 In den Jahren 1964/65 wurde der Südflügel des Dominikanerklosters zur Aufnahme des Naturalienkabinetts umgebaut (ab 1772 Zeughaus). Vgl. Rauterberg 1971, S. 194 und seine Anm. 54.

85 Vgl. Alvensleben 1937, S. 62.

86 Sturm 1719, S. 13.

87 STA WF: 4 Alt 7, Nr. 397, Vol. I. – Über die Anlage der Galerie berichtet Winter 1883, S. 30: „Herzog Anton Ulrich führte 1685 einen Umbau des großen ‚Mosthauses' aus; in den Jahren 1690–1700 erweiterte er dasselbe nach Osten und ließ vor der Westfront einen Balcon mit anschließenden Colonnaden errichten."

88 In den entsprechenden Akten, STA WF: 4 Alt 7, Nr. 397, Vol. X, ist nur vom Bau des Fürstlichen Mosthauses die Rede; die Bezeichnung ‚Ferdinandspalais' stammt erst aus der jüngeren rezipierenden Literatur.

89 Mauvillon 1794, S. 386/387.

90 Ribbentrop 1789, S. 218. Ebenso Schröder/Assmann 1841, S. 200.

91 Schillers Aufzeichnungen in STA BS: H III 1, Nr. 22, Vol. 1. – Schultz 1980, S. 166.

92 Schiller 1852, S. 61.
93 Sack'sche Sammlung in STA BS: H V 95, Bl. 211; Schillers Aufzeichnungen in STA BS: H III 1, Nr. 22, Vol. 1; die Notiz Karls I. in STA WF: 4 Alt 7, Nr. 397, Vol. X; Schultz 1980, S. 166.
94 STA WF: 4 Alt 7, Nr. 397, Vol. X.
95 STA WF: 4 Alt 7, Nr. 4.
96 STA WF: 4 Alt 7, Nr. 4.
97 Winter 1883, S. 52: „Ohne Zweifel war eine Verbindung des Gebäudes mit dem Dome beabsichtigt gewesen (...): nur so läßt sich erklären, daß die Fassadenausbildung der Westfront nicht bis zum südlichen Ende fortgesetzt wurde (...)."
98 Winter 1883, S. 52.
99 Ebd.
100 Vgl. Sack 1847, S. 223: „Der Ausbau des ganzen Gebäudes unterblieb (...)."
101 Winter 1883, S. 51.
102 Ribbentrop 1789, S. 218.
103 Winter 1883, S. 52.
104 Mit Ausnahme der in Anm. 100 zitierten Stelle gibt keiner der Autoren, die im Verlauf des 19. Jahrhunderts eine Beschreibung des Ferdinandspalais gegeben haben, Zweifel an der Eigenständigkeit des Baukörpers zu erkennen; der Neubau wird auch sprachlich immer vom Mosthaus getrennt als Ferdinandspalais bezeichnet.
105 Stieglitz 1805, S. 7: „Es wird aber die Form der Werke der Baukunst durch ihren Zweck bestimmt, dem sie angemessen seyn muss, weil sonst diese Werke nicht den geringsten Nutzen gewähren würden."
106 Schütte 1979, S. 20.
107 Vgl. Luisa Hager, Commodité. In: RDK Bd. III, 1954, Sp. 826/827: „ Die C. (= Bequemlichkeit im Wohnen) spielt als architekturtheoretischer Begriff eine große Rolle im Schloß- und Hôtelbau des Régence und Rokoko. Man verstand darunter eine möglichst sinnvolle und zweckmäßige Anordnung der Wohn- und Festräume (...). Die C. wird also erreicht durch den Grundriß, den der Architekt dem betreffenden Bau gibt. Sie setzt eine genaue Kenntnis der repräsentativen, gesellschaftlichen und intimen Gepflogenheiten voraus und fordert die Konzeption der Distribution (Raumeinteilung) nach den Forderungen der C."
108 Schütte 1979, S. 118.
109 Vgl. Vitruv 1981, 4. Buch, S. 167 ff.
110 Ebd. S. 171.
111 Georg Andreas Böckler: Architectura Civilis Nova & Antiqua, Frankfurt/M. 1663, S. 5 der Vorrede, zitiert nach Schütte 1979, S. 113.
112 Schütte 1979, S. 113.
113 Philibert Delorme: Le Premier tome de l'Architecture. Paris 1567, S. 156, zitiert nach Forssmann 1961, S. 76.
114 Schmidt 1790, Bd. 1, S. 269.
115 Schütte 1979, S. 114 und S. 306/307, Anm. 366.
116 Vgl. Stern 1921, S. 27.
117 1766 unternahm Carl Wilhelm Ferdinand nach der Geburt des ersten Sohnes von London aus eine ‚Tour d'Europe', deren Hauptziele Italien und Frankreich waren; in Rom war Winckelmann sein kundiger, aber nicht übermäßig begeisterter Führer. Vgl. Rauterberg 1971, S. 13. – Der Abbruch der Bauarbeiten könnte auf die Kostenfrage zurückzuführen sein, an der auch andere Projekte wie etwa das der von Veltheims scheiterten.
118 Daneben hatte Herzog Ferdinand seit 1767 seinen Sommersitz in Vechelde, vgl. Niedersachsen 1969, S. 461.
119 Auch die entsprechenden Akten geben darüber keinen Aufschluß; aus STA WF: 2 Alt 4116, ist nur zu entnehmen, daß Prinz Georg Wilhelm Christian, der Zweitgeborene, zwischen 1790 und 1800 das sogenannte Kleine Mosthaus (siehe Winter 1883, Taf. XII, Nr. 4) bewohnte. – Im 19. Jahrhundert war man der Ansicht, daß Prinz Georg die Obergeschosse des Ferdinandspalais zur Wohnung gewählt hatte, so Winter 1883, S. 7. – Eine Verwechslung liegt vielleicht bei Wiswe 1979, S. 15 vor: „Im Jahre 1792 hatte hier Prinz Karl Georg August (1766–1806), der zweite (sic!) Sohn des Herzogs Karl Wilhelm Ferdinand, seine Stadtresidenz."
120 Über die Ausschmückung des Ferdinandspalais zu diesem Anlaß schreibt Campe 1790: „Sowol das Palais Sr. Hochfürstl. Durchl. als auch die damit verbundene alte Burg, waren dergestalt erleuchtet, daß die hohen Fenster mit schimmernden Pyramiden, Seulen und andern architecto-

nischen Zierrathen besetzt, die Bogen des Portals hingegen mit Lämpchen behängt waren. In der Mitte der Antlitzseite des Palais zeigte sich folgende sinnreiche Vorstellung: Ein Tempel, in dessen Mitte, statt des Altars, die Bildsäule der Hofnung befindlich war (...). Sie hielt (...) in der linken Hand ein Steuerruder auf eine Kugel gestützt; in der rechten eine aufbrechende Rosenknospe. Oben am Gesimse des Tempels stand folgende deutsche Inschrift: Der Hofnung des Landes."

121 Rauterberg 1971, S. 85–87.

122 STA WF: 242 N K 153.

123 Rauterberg 1971, S. 85.

124 STA WF: K 521; vgl. dazu die Handakten des mit der Vermessung beauftragten Hauptmanns Andreas Haacke in STA WF: 4 Alt 7, Nr. 217 und die Repertorien zu den Rissen in STA WF: 2 Alt 13747. – Zur Distrikteinteilung siehe STA WF: 44 Slg 54, Bekanntmachung vom 24. Nov. 1758.

125 Rauterberg 1971, S. 85: „Der 1785 datierte Entwurf I muß mit einer Straßenbreite von nur 43 1/2′ bei 161′ (Fuß) Grundstückstiefe auskommen." Der Brandversicherungskataster von 1754 (STA BS: C I 12, Nr. 1) weist das Vorderhaus des Grundstücks am Damm dagegen mit 58 Fuß aus, was ebenfalls gegen Rauterbergs Annahme spricht.

126 STA BS: D IV 567, Vol. 2, „Grundplan die Grenzregulierung zwischen den von Veltheim'schen und Schrader'schen Grundstücken am Burgplatz betreffend. Angefertigt im October 1899 von Stadtgeometer Fr. Knoll."

127 Rauterberg 1971, S. 86.

128 Vgl. Rauterberg 1971, S. 86: „Inzwischen bemühte sich v. Veltheim weiter um die Vergrößerung seines Grundstücks, und es gelang ihm 1786, das westlich angrenzende Begische Haus ass. 218 dem Schneider Heinking abzukaufen und die Länge der Straßenseite auf 122′ zu vergrößern."

129 Scheither 1672, Taf. 45.

130 Zur Geschichte der Braunschweiger Stadtbefestigung vgl. Gerloff 1896, S. 89–96, 105–109, 113–118, 121–124 und 132–135; Banse 1940, S. 5–28; Wolff 1935; Dorn 1971, S. 85 ff.

131 Vgl. die Akten zu den ab 1764 erfolgten Torabbrüchen in STA WF: 4 Alt 7, Nr. 221, Nr. 224–226, Nr. 232, Nr. 233, Nr. 236.

132 Wolff 1935, S. 52.

133 Vgl. die Akte STA WF: 2 Alt 6665; darin ein Gutachten Peltiers zu einer denkbaren Stadterweiterung.

134 Wolff 1935, S. 52; auch Rauterberg 1971, S. 14/15. – Herzog Carl Wilhelm Ferdinand verfolgte seit seinem Regierungsantritt eine rigorose Sparpolitik, um die finanzielle Schwäche des Landes, die auf die verschwenderische Finanzpolitik seines Vaters Karls I. zurückzuführen war, in den Griff zu bekommen.

135 Dorn 1971, S. 85 ff.

136 Ribbentrop 1789, S. 101. Vgl. auch meine Anm. 16.

137 Zuletzt wurde das Haus von einem Gelbgießer bewohnt. Vgl. Anm. 150.

138 Mertens 1978, S. 19.

139 Die gotisierenden Formen im Giebel der Laube sind Zutaten einer 1868 durchgeführten Restaurierung.

140 Vgl. Hagen 1963, S. 8; siehe auch Edel 1928, S. 129/130.

141 Ein unbrauchbar gewordener Zaun wurde zu Beginn der 80er Jahre des 18. Jahrhunderts durch eine Mauer ersetzt, vgl. STA WF: 242 N 3535 (1782/1783).

142 Mertens 1978, S. 20.

143 Im Zusammenhang mit einem geplanten Grundstückstausch ist in STA WF: 242 N 3504, Actum vom 31. Januar 1743, von einem ‚leere(n) Hauß Platz' die Rede.

144 Die Verflachung der Motive, die Zurücknahme der Vorkragung der Obergeschosse, die Verwendung der Konsolen deuten auf das Ende des 16. Jahrhunderts als Bauzeit, vgl. Edel 1928, S. 126 ff., und Fricke 1975, passim.

145 Mertens 1978, S. 20.

146 STA WF: 2 Alt 10453, „Der Okerkanal am Papenstiege und seine Ausbringung (1755–1784)".

147 STA WF: 2 Alt 10484 und 4 Alt 7, Nr. 273; am 27. November 1793 ergingen die Aufforderungen an die Herzogliche Kammer und an das Stift.

148 STA WF: 4 Alt 7, Nr. 273, „Unterthänigstes Pro Memoria vom 5. Dezem-

ber 1795, erstellt von dem Kammerrat von Gebhardi und dem Kriegsrat von Blücher".
149 Meibeyer 1966, S. 125–157, Abb. 1.
150 STA WF: 2 Alt 9177; siehe dazu den Kupferstich von Beck, A. A.: Der Burgplatz mit Dom und Dompredigerhaus. Um 1765. Abb. bei Wiswe 1979, S. 15.
151 STA WF: 2 Alt 9177.
152 STA WF: Ebd.
153 STA WF: 2 Alt 9177, das Schreiben Wolffs datiert vom 15. Januar 1798.
154 STA WF: 2 Alt 9177.
155 STA WF: 2 Alt 9177.
156 STA WF: 2 Alt 9177; siehe auch STA WF: 4 Alt 7, Nr. 485.
157 Rauterberg 1971, S. 97 und seine Abb. 68 und 73.
158 STA WF: 2 Alt 3918; 2 Alt 9166; 2 Alt 12399; 4 Alt 7, Nr. 529; 71 Alt 74.
159 Weder das STA BS noch das STA WF besitzen in ihren Plansammlungen irgendwelche Zeichnungen, die sich auf den Bau des Vieweghauses beziehen.
160 Liess 1980, S. 29.
161 Vgl. Hamberger/Meusel 1810, Bd. 14, S. 50–52.
162 Hassel 1809, S. 280.
163 Führer BS 1842, S. 18/19.
164 Das Vieweghaus gilt in der Fachliteratur als Werk David Gillys (Lammert 1964, S. 134–146; Oncken 1935, S. 23; Liess 1979); gelegentlich werden auch Heinrich Gentz (so Karl Schiller in seinen Aufzeichnungen in STA BS: H III 1, Nr. 22, Vol. 1) und Peter Joseph Krahe genannt, wobei letzterer, der erst 1803 in braunschweigische Dienste trat, bei dem zu diesem Zeitpunkt erreichten Bauzustand wohl nicht mehr als Entwurfsarchitekt in Frage kommen kann. – Gentz wird übrigens von Doebber 1916 aus stilkritischen Überlegungen als Urheber abgelehnt. – Für eine enge Beziehung zwischen Vieweg und David Gilly spricht eine wenig beachtete Tatsache: Vieweg betont im Zusammenhang mit der Planung einer hauseigenen Ziegelei (1799), daß ihm der Geheime Oberbaurat Gilly in Berlin Zeichnungen einer Ziegelei in Bromberg zukommen lassen wolle, nach denen der braunschweigische Kammerbaukondukteur Liebau die endgültigen Pläne erstellen solle. Vgl. STA WF: 2 Alt 12399, 2. Dezember 1799. – Das Zitat in STA WF: 2 Alt 9166.
165 STA WF: 2 Alt 9166, 15. August 1798.
166 Liess 1980, S. 29.
167 Fischer 1969, S. 95–135.
168 STA WF: 2 Alt 9166, 15. August 1798.
169 Der Schulrat Joachim Heinrich Campe stand bei Herzog Carl Wilhelm Ferdinand in hohem Ansehen. Zur Biographie siehe Leyser 1877.
170 STA WF: 2 Alt 9166, 14. August 1798.
171 STA WF: 2 Alt 9166, 15. August 1798.
172 STA WF: 2 Alt 12399.
173 Ebd.
174 Schiller 1845, S. 268.
175 Verlagskatalog 1911, S. XVI. Ebenso in Komet 1911, S. XI/XII. Ferner Hase 1887, S. 9: „Alle Sonderbestrebungen der Reichsbuchhändler, in Braunschweig (...) Gegen- und Nachdrucksmessen gegen die Einheitsmesse des Buchhandels aufzustellen, missglückten (...)."
176 Thomälen 1891, S. 4.
177 STA BS: H III 1, Nr. 22, Vol. 1.
178 Im Juni 1787 bestand die Gefahr, daß die Galerien den Belastungen nicht standhalten würden, wenn nicht umgehend Reparaturen ausgeführt würden. Dazu STA WF: 4 Alt 7, Nr. 485.
179 Schreiben Rothermundts vom 21. April 1798 in STA WF: 4 Alt 7, Nr. 395.
180 STA WF: 2 Alt 9166, 15. August 1798.
181 Ebd.
182 STA WF: 2 Alt 9166.
183 STA WF: 4 Alt 7, Nr. 485.
184 STA WF: 2 Alt 9166.
185 STA WF: 2 Alt 12399.
186 Ebd.
187 STA BS: C I 9, Vol. 26, Grundbucheintrag.
188 STA WF: 2 Alt 12399, 26. August 1798, an den Geheimrat v. Bötticher.
189 STA WF: 2 Alt 12399, 4. September 1798.
190 Ebd.
191 STA WF: 2 Alt 12399, 10. September 1798.

192 STA WF: 71 Alt 74, Anweisung an das Finanz-Kollegium, 18. Oktober 1798.
193 STA WF: 2 Alt 12399, 26. August 1798.
194 STA WF: 242 N 1567.
195 STA WF: 2 Alt 12399, 10. Sept. 1798.
196 STA WF: 242 N 1567, Kaufvertrag vom 21. August 1799.
197 STA WF: 11 Alt Blas. 1230, 11. Dezember 1799, an den Stadtmagistrat.
198 Lammert 1964, S. 137.
199 STA WF: 4 Alt 7, Nr. 485.
200 STA WF: 2 Alt 12399; die Einrichtungsgegenstände wurden dem Hofmarschallamt überlassen.
201 STA WF: 2 Alt 12399, 23. August 1798.
202 STA WF: 4 Alt 7, Nr. 529.
203 STA WF: 2 Alt 12399.
204 STA WF: 71 Alt 74.
205 STA WF: 4 Alt 7, Nr. 529.
206 STA WF: 4 Alt 7, Nr. 529. Durch die Zahl der Bauarbeiten in Braunschweig standen dem Braunschweiger Amt keine Pflicht-Spanndienste der Bauern mehr zu; bezahlte Dienste sollten aber nicht durchgeführt werden.
207 Siehe Rothermundts ‚Specificatio' vom 3. Oktober 1799 in STA WF: 2 Alt 12399. Der Baugrund im Grabenbereich am Papenstieg war sehr weich. Dazu Gilly 1797, S. 178/179: „Bei den Pfahlrosten oder Pilotagen müssen die Pfähle bis zu einer fast absoluten Festigkeit eingerammt werden. (...) Man wird leicht einsehen, daß die Pfahlroste (...) bei dem Häuserbau nur im höchsten Nothfall zu wählen (sind), wenn nemlich schlechterdings auf einem solchen Grunde gebauet werden muß, der aus ganz weichem Schlamm oder schwimmendem Morast besteht."
208 STA WF: 2 Alt 12399.
209 STA WF: 2 Alt 12399, 2. Dezember 1799.
210 STA WF: 4 Alt 7, Nr. 529.
211 STA WF: 2 Alt 12399, 5. Oktober 1802.
212 STA WF: 4 Alt 7, Nr. 529.
213 Rauterberg 1971: 1804; Lammert 1964: 1805.
214 STA WF: 2 Alt 12399, 6. Juni 1807, ‚Pro Memoria' der Polizei-Direktion.
215 Liess 1979, S. 4.
216 STA WF: 76 Neu 2, vorl. Nr. 159.
217 Vgl. Schmidt 1821, S. 50.
218 STA WF: 76 Neu 2, vorl. Nr. 159, 11. Juli 1863.
219 Liess 1979, S. 9.
220 Vgl. Lammert 1964, S. 144.
221 Oncken 1935, S. 10.
222 Über die Festigkeit eines Bauwerks äußert sich Stieglitz 1792–1798, Tl. 2, S. 138: „Festigkeit, ist das erste und wesentlichste Erforderniß eines jeden Gebäudes, ohne welches ein noch so gut eingerichtetes, ein noch so schönes Gebäude nicht bestehen kann."
223 Vgl. Knabe 1972, passim. – Siehe auch meine Anm. 107.
224 Kemp 1975, S. 119.
225 Zitiert nach Doebber 1916, S. 45.
226 Lammert 1964, S. 146.
227 Hamann 1937, S. 753.
228 Vgl. Schütte 1979, S. 77.
229 Rothermundt wird in einer Anweisung an die Kammer vom 20. März als mit dem Bau betraut erwähnt. Siehe STA WF: 2 Alt 6763. – Siehe auch ein ‚Pro Memoria' Hennebergs vom 1. März 1800. Ebd.
230 STA WF: 2 Alt 6763, 20. März 1800 an Henneberg.
231 Ebd.
232 STA WF: 2 Alt 6763.
233 Vgl. die Aktenunterlagen in STA WF: 2 Alt 6763, Schreiben vom 22. April, 15. und 21. November sowie vom 1. Dez. 1800.
234 STA WF: 71 Alt 74.
235 STA WF: 2 Alt 6763. – Rothermundt war inzwischen am 26. April 1800 zum Kammerbaumeister befördert worden, vgl. Rauterberg 1971, S. 153, Anm. 154.
236 Rauterberg 1971, S. 187/188.
237 STA BS: H V 93, Bll. 269 und 271.
238 Vgl. Rauterberg 1971, S. 90/91.
239 Rauterberg 1971, S. 97.
240 Knauf 1974, S. 129
241 Knauf 1974, S. 130.
242 Ebd. S. 130.
243 Vgl. Gerhard 1975, S. 118: „Den Gegenpol zum Markt als wirtschaftlichem Mittelpunkt der Städte bildet die stadtherrliche Burg als politischer Mittelpunkt; in der räumlichen Separierung der Interessen,

in Stadt und Burg, kündet sich bereits der Gegensatz zwischen bürgerlichen und stadtherrlichen Herrschaftsbereichen an, der in der Folgezeit für die gesamte städtische Entwicklung von entscheidender Bedeutung ist."

244 Vgl. Richard Moderhack, Geschichte der Städte, in: Braunschweigische Landesgeschichte 1979, S. 161. – Der Vertrag in GVS 1858, S. 253 ff.

245 Pockels 1809, S. 150/151: „Ferner liebte der Herzog die Baukunst (...). Er pries daher den Churfürsten von Hessenkassel mehrmals glücklich, daß dieser, bey seinen Schätzen, so viel auf Verschönerung seiner Residenz und der fürstlichen Gebäude verwenden könne. Der Herzog befand sich viele Jahre hindurch in einer ganz entgegengesetzten Lage (...). Indeß wurden doch denen, welche auf ihre Kosten regelmäßigere und schönere Häuser aufbauen wollten, Unterstützungen an freyem Holz und Steinen gegeben, und so bekam Braunschweig zwar keine Palläste, aber mehrere große und geschmackvolle Wohnhäuser."

246 Vgl. Rauterberg 1971, S. 74–80.

247 Dorn 1971, S. 33.

248 Dorn 1971, S. 107–110, Abb. 138 und 142.

249 Das Testament in STA WF: 242 N 630, 13. Dezember 1800.

250 STA WF: 242 N 1571, 16, Februar 1805.

251 Der Bauherr und erste Besitzer, Johann Friedrich von Veltheim, war Oberkammerherr und Schatzrat gewesen, also nicht minder anspruchsvoll als der Sohn.

252 Der Kaufvertrag in STA WF: 242 N 1573.

253 STA WF: 242 N 1571, ebenso in STA WF: 2 Alt 5209.

254 STA WF: 242 N 1571, 17. Februar 1805.

255 Ebd. sowie in der Reinschrift des Pro Memoria vom 17. Februar 1805 in STA WF: 2 Alt 5209.

256 STA WF: 242 N 1571, 17. Februar 1805.

257 Ebd.

258 STA WF: 242 N 1572.

259 Dorn 1971, S. 107.

260 Siehe meine Anm. 70.

261 STA WF: 242 N 1571, Bl. 17.

262 In STA WF: 242 N 1571, Bl. 26; die Skizze ist zu flüchtig entworfen, um hier eine genauere Bestimmung der Säulenordnung geben zu können.

263 Dorn 1971, S. 108, Abb. 138.

264 Ebd. S. 108/109.

265 Ebd. S. 109.

266 Ebd. S. 247, Kat. Nr. 495.

267 STA WF: 242 N 1571, Schreiben vom 1. Juli 1805. – In STA WF: 4 Alt 7, Nr. 515, Bd. 32 findet sich eine von Rothermundt unterzeichnete Abrechnung über Bauholzlieferungen vom 27. April 1805.

268 Nach dem Tod Carl Wilhelm Ferdinands (1806) besetzten französische Truppen das Herzogtum, das von 1807–1813 dem Königreich Westfalen unter Jérôme Bonaparte zugehörte. Braunschweig wurde Hauptstadt des Departements Oker. Nach dem Sturz Napoleons fiel das Herzogtum an Herzog Friedrich Wilhelm zurück. Nach seinem Tod (1815) mußte das Herzogtum vormundschaftlich für den noch minderjährigen Thronfolger Karl bis 1823 regiert werden. Vgl. zu diesem Thema Joseph König, Landesgeschichte... , in: Braunschweigische Landesgeschichte 1979, S. 87–91. – Zur Funktion des Mosthauses und des Ferdinandspalais als Kaserne usw. siehe Dellingshausen 1979, S. 30/31 sowie Knoll 1877, passim. – Es ergeben sich folgende Daten: 1808–1813 französische Kaserne, 1814–1843 Infanteriekaserne, 1826–1830 Hauptwache, 1843–1849 Standort des Leibbataillons, 1849–1873 Garnisonverwaltung, Militärmagazin und Arrestlokal.

269 Vgl. Winter 1883, S. 7.

270 Vgl. dazu Ilse 1863; Treitschke 1889, S. 315–345; Huber 1960, S. 46–60; J. König, Landesgeschichte... , in: Braunschweigische Landesgeschichte 1979; S. 92–161; Husung 1983. – Inwieweit sich auch die revolutionären Ereignisse in Belgien, Polen und Frankreich auf die Braunschweiger Entwicklung auswirkten, kann hier nicht untersucht werden.

271 Herzog Wilhelm von Braunschweig-Oels diente zu dieser Zeit in Berlin bei den Garde-Dragonern und war auf die ihm zugedachte Aufgabe nicht vorbereitet.

272 Ilse 1863, S. 416/417.
273 Die Selbstüberschätzung dieses Herzogs kommt in seinem Testament vom 5. März 1871, abgedruckt in BT Nr. 199, 24. August 1873, in Punkt 4 klar zum Ausdruck: „Wir wollen, daß unser Leichnam in einem Mausoleum über der Erde (...) beigesetzt werde. Auf dem Monument wird unsere Reiter-Statue (...) nach der dem Testament beigefügten Zeichnung und *in Nachahmung des der Scaglieri zu Verona* (...) in Bronze oder Marmor, *ad libitum der Millionen unserer Nachlassenschaft*, durch die berühmtesten Künstler aufgestellt werden.“ (!)
274 Vgl. Lange 1949, S. 81–107. – Herzog Wilhelm starb 1884.
275 Das Lustschloß Richmond liegt südlich der Stadt an der Wolfenbütteler Straße. Es wurde 1769 nach Plänen Fleischers für die Gemahlin Carl Wilhelm Ferdinands, Herzogin Auguste, erbaut. – Das Bevern'sche Schloß (1707–1709 nach Plänen Korbs) wurde 1880 abgebrochen. – Beide Gebäude hatten bis dahin nie zu Regierungszwecken gedient.
276 Nur Theobald 1976, S. 373, Anm. 115 weist auf einen möglicherweise bestehenden Zusammenhang hin.
277 Krahe begann nach seiner Ernennung zum ‚Chef de première classe‘ 1809 mit dem Ausbau des alten Schlosses für König Jérôme. Vgl. Flesche 1957, S. 53/54.
278 Die Schloßbauakten in STA WF: 3 Neu 588–612, besonders 593 und 595, sowie STA WF: 12 A Neu 5, Nr. 5654–5656. – Obwohl Ottmer bereits seit 1823 in braunschweigischen Diensten stand, sind von ihm vor 1830 keine Bauwerke in der Stadt ausgeführt worden.
279 So Hans Pfeifer, Braunschweigs Weg zur Großstadt, in: BNN 9. April 1933, S. 2. – Die Vergabe an Ottmer wird in einem Schreiben des Herzoglichen Oberhofmarschall-Amtes vom 3. Juni 1831 bestätigt. In STA WF: 12 A Neu 5, Nr. 6554.
280 Vgl. Theobald 1976, S. 17. – Das Original des Plans befindet sich im STM BS; eine Abbildung davon gibt Flesche 1957, S. 64, Abb. 15. – Die Umzeichnung stammt von Claussen 1919.
281 Claussen 1919, S. 110.
282 Vgl. Claussen 1919, S. 112. – Für einen möglichen Aufstellungsort vgl. etwa das Reiterstandbild Ludwigs XIV. vor dem Versailler Schloß, 1835 errichtet, oder das Reiterstandbild Marc Aurels auf dem Kapitol in Rom.
283 So bei Kohl 1960, S. 2.
284 STA WF: 12 A Neu 5, Nr. 5654, Bd. I.
285 Ebd.
286 Vgl. dazu die Angaben zur Bevölkerungsdichte und zur Funktionsgliederung des Stadtgebiets für 1758 bei Meibeyer 1966, Abb. 2 und 7.
287 Krahe-Biographie 1848, Sp. 33.
288 Mehlhorn 1979, S. 328.
289 Huber 1960, S. 59.
290 Vgl. Claussen 1919, S. 110.
291 Vgl. Huber 1960, S. 58: „Um den Ständen diese demokratische Initiative zu versperren, riet Preußen dem Herzog, (...) die volle Herrschergewalt an Stelle des für regierungsunfähig erklärten Landesherrn unmittelbar kraft seines Erbrechts zu ergreifen. Demgemäß trat Herzog Wilhelm durch das Patent vom 20. April 1831 die Herrschaft *definitiv aus eigenem Recht* an. Die Armee leistete den Fahneneid schon am gleichen Tag; die Beamten und die Stände leisteten den Huldigungseid am 25. April 1831.“ (Hervorh. UB.).
292 Vgl. Huber 1960, S. 56.
293 Vgl. Mehlhorn 1979, S. 327.
294 Die von Herzog Wilhelm eingesetzte Schloßbaukommission befaßte sich ausschließlich mit dem Ottmerschen Entwurf.
295 So Schiller 1852, passim.
296 Vgl. die Akten in STA WF: 3 Neu 479–481 und 76 Neu 1, Nr. 130 und Nr. 131; darin sind für den Zeitraum von 1814 bis zur Jahrhundertmitte fast ausschließlich Reparaturen und Umbauten im Gebäudeinnern dokumentiert.
297 STA WF: 76 Neu 1, Nr. 130.
298 Schröder/Assmann 1841, S. 84/85.
299 Die mit F. M. Krahe unterzeichneten Entwürfe sind mit dem Datum vom 20. November 1855 versehen; die Herzogliche Baudirektion reichte die Pläne am 17. Dezember 1855 an das Herzogl. Staatsministerium zur Begutachtung weiter. In STA WF: 76 Neu 1, Nr. 130. – Friedrich

Maria Krahe wurde 1804 als Sohn Peter Joseph Krahes in Braunschweig geboren und war seit 1843 Kreisbaumeister. Er starb 1888.
300 So das Schreiben der Herzogl. Baudirektion vom 17. Dezember 1855. Zur Baugestalt vgl. auch das Zeughaus in Wolfenbüttel (1619 erbaut, heute Herzog August Bibliothek). Der Plan in STA WF: K 10831.
301 Schiller 1852, S. 61.
302 STA WF: 76 Neu 1, Nr. 130, Krahes Schreiben an die Herzogl. Baudirektion vom 5. November 1855 mit der Bitte um vier bis sechs Wochen Aufschub für die Anfertigung der Reinzeichnungen.
303 STA WF: 76 Neu 1, Nr. 130; dem Begleitschreiben Krahes zu seinem Entwurf sind keine Hinweise auf die Pfeiler zu entnehmen.
304 STA WF: 76 Neu 1, Nr. 130.
305 STA WF: 76 Neu 1, Nr. 130.
306 Ebd. 13. November 1857.
307 STA WF: 76 Neu 1, Nr. 130, Plan STA WF: K 10833.
308 STA WF: 76 Neu 1, Nr. 130, Plan STA WF: K (unbezeichnet).
309 BT Nr. 167, 23. Juni 1869.
310 BT Nr. 159, 15. Juni 1870.
311 Die folgenden Daten aus Spiess 1948, S. 19, 26 u. 30: Zwischen 1861 und 1885 wuchs die Einwohnerzahl Braunschweigs von 44209 auf 85174; vgl. Spiess 1948, S. 29 u. 41. – 1890 sind die 100000 überschritten.
312 Der Plan in STA WF: K 10804.
313 Vgl. zum folgenden die ausführliche Untersuchung von Kaiser 1972.
314 Vgl. den Abdruck des Reichsgesetzes Nr. 927 vom 25. Mai 1873 im Reichsgesetzblatt unter diesem Datum. – Vgl. zur Besitzfrage auch Zimmermann 1885, S. 14. Er bedauert, daß man in diesem Zusammenhang „die Frage, ob das betreffende Grundstück wirklich Staatseigenthum oder nicht vielmehr Zubehör des herzoglichen Kammergutes sei, (...) damals nicht erörtert zu haben (scheint).“ – Diesem Problem kann hier nicht nachgegangen werden.
315 STA WF: 12 A Neu 5, Nr. 5167, vom 26. Juli 1873.
316 BT 22. Juli 1873.
317 BT 29. Juli 1873.
318 STA BS: D IV 522. – Die Garnisonverwaltung schlägt der Stadt am 13. August des Jahres einen Grundstückstausch vor, wobei der Stadt auch die Errichtung neuer Militärgebäude als Gegenleistung aufgetragen werden sollte. Die Stadt erklärt sich am 17. August nur mit dem Tausch einverstanden.
319 STA WF: 12 A Neu 13, Nr. 37378, auch in STA BS: D IV 522.
320 In einem abschriftlich auch dem Stadtmagistrat zugeleiteten Schreiben der Intendantur des X. Armeekorps (Hannover) an die Garnisonverwaltung heißt es, „daß die Stadt außer dem Taxwerth der alten Gebäulichkeiten der Reichs-Casse auch den Mehr-Werth vergütet, welchen nach der durch Sachverständige zu bewirkenden Abschätzung der derselben abzutretende fiscalische Grund und Boden gegen den offerirten Bauplatz am Giersberge hat.“ In STA BS: D IV 522, 17. September 1873.
321 STA BS: D IV 522, 1.
322 Ebd.
323 BN 19. November 1874. – Der Kaufpreis sollte 36000 Taler betragen.
324 BT Nr. 34, 10. Februar 1876.
325 Am 22. Februar 1876 meldete das BT, daß das Kriegsministerium mit dem Verkauf einverstanden sei. – Vertragsentwurf in STA BS: D IV 522, 1.
326 STA BS: D IV 522.
327 STA BS: D IV 522. – Das Stadtbauamt erklärte dazu: „Wir haben durch den Stadtbaurath Tappe die in der Anlage erfolgenden drei skizzierten Projecte zu dem Theile des Ortsbauplans unserer Stadt, welcher sich auf die Herstellung einer Straßenverbindung zwischen der Münzstraße (...) und dem Hagenmarkte bezieht, ausarbeiten lassen (...).“
328 STA BS: D IV 522.
329 STA BS: D IV 522. – Das Staatsministerium hatte die Beihilfe inzwischen auf 30000 Mark erhöht, da der Kaufpreis auf 105000 Mark angestiegen war.
330 STA BS: D IV 522.
331 Abgedruckt in STA WF: Q 2090, S. 21/22, Verhandlungen StV 26. Februar 1880.

332 STA BS: D IV 522.
333 So noch die Meinung eines Stadtverordneten im Jahre 1883, siehe Verhandlungen StV 19. Februar 1883, in STA WF: Q 881, 1883, N° 3, S. 45. – Zur Debatte vgl. Heinemann 1880; Zimmermann 1885; Verhandlungen StV 26. Februar 1880 in STA WF: Q 2090, S. 20–37.
334 Hier sind besonders zu erwähnen: H. Riegel, Museumsdirektor; L. Hänselmann, Stadtarchivar; P. Zimmermann, Herzogl. Archivar; Prof. O. von Heinemann, Herzogl. Bibliothekar in Wolfenbüttel.
335 Vgl. dazu unten Teil 3, 1.2.
336 STA WF: 12 A Neu 5, Nr. 5167, zu Aktenzeichen Nr. 6555, Ende Juli 1873, Bl. 16: „Aber die Erinnerungen der größten Zeiten des herzoglichen Hauses knüpfen sich an die Stätte der Burg. Mögten jetzt, bei der über das Gebäude zu treffenden Bestimmung, diese Erinnerungen geachtet u. der Nachwelt durch Ausführung eines würdigen Neubaus erhalten werden."
337 Das Original des Berichts scheint verschollen. Einen Hinweis darauf gibt Zimmermann 1885, S. 16; demnach muß das Schreiben vom 18. Dezember 1875 datieren.
338 Dieser Brief Riegels enthält den Vorschlag, die Pfeilerreihe zu erhalten und sie mit Grünanlagen zu umgeben, „so würde sie gewiß eine Zierde der Stadt bleiben." Zitiert nach BA Nr. 284, 5. Dezember 1879, S. 2209, Bericht über die Ortsvereinssitzung am 1. Dezember des Jahres.
339 Abgedruckt in Verhandlungen StV 26. Februar 1880, in STA WF: Q 2090, S. 24/25, handschriftliche Fassung in STA BS: D IV 522, 1.
340 Ebd. S. 25–28.
341 Ebd. S. 26/27.
342 Das gleichzeitig vorliegende Schreiben des Ortsvereins für Geschichte vom 2. Februar geht ebenfalls auf diesen Aspekt ein: „Denn mag an die Stelle des alten Palastes ein moderner Bau gesetzt, oder mag der Raum leer gelassen werden: das harmonische Bild des Platzes, in welchem die Burgkirche angemessen dominirt und der Löwe seinen Platz trefflich ausfüllt, wird unter allen Umständen verderben." Zitiert nach Verhandlungen StV 26. Februar 1880, in STA WF: Q 2090, S. 24.
343 Die Pläne konnten nicht ermittelt werden.
344 Dieses und die vorhergehenden Zitate aus Verhandlungen StV 26. Februar 1880, in STA WF: W 2090, S. 26/27.
345 Ebd. S. 36. – Diese Meinung ist identisch mit dem Antrag der Statutenkommission, ebd. S. 30: „Die Versammlung möge sich dafür aussprechen, (...) daß die historisch und bautechnisch interessanten Theile des Gebäudes (...) ermittelt und für sich zur Anschauung gebracht, auch in photographischen oder anderen Nachbildungen dargestellt werden."
346 Ebd. S. 32. – Das Schreiben mit dem Hinweis auf das staatliche Widerspruchsrecht (laut Reskript vom 19. März 1878 N°. 1783 Abs. 3) ist enthalten in STA WF: 12 A Neu 13, Nr. 37378, unter dem Zeichen N° 1666.
347 An dieser Untersuchung waren beteiligt: Baurat E. Wiehe und die Baumeister H. Pfeifer und Gittermann von der Herzoglichen Baudirektion sowie Stadtbaumeister L. Winter.
348 STA WF: VI Hs 15, Nr. 34, Bll. 12/13.
349 Heinemann 1880.
350 Magdeburgische Zeitung Nr. 129, 17. März 1880; Zeitschrift des Architekten- und Ingenieur-Vereins zu Hannover, 26. Jg. (1880), S. 317; Hannoverscher Courier Nr. 10238, 18. März 1880, 2. Bl.; Augsburger Allgemeine Zeitung Nr. 83, 23. März 1880 (Beilage); Deutsche Bauzeitung 14. Jg. (1880) Nr. 25, 27. März, S. 130/131; Kessler 1880. – Die Kölnische Zeitung schreibt am 22. März: „Profanbauten aus der romanischen Zeit haben wir bekanntlich nur in sehr geringer Anzahl. Jetzt bietet sich die seltene Gelegenheit, diese geringe Zahl um ein herrliches Kleinod zu vermehren." – Am 17. März informiert die Herzogliche Baudirektion das Staatsministerium über die Entdeckungen. Vgl. STA WF: 12 A Neu 13, Nr. 37378. – Einem Kurzbericht des BT vom 25. März (Nr. 72) zufolge ist der Herzog ebenfalls von einem Mitglied der Baudirektion persönlich informiert worden.
351 Pfeifer 1880, S. 123–125.
353 Ebd. S. 124.

353 Sylvester 1880, S. 153.
354 Vgl. Heinemann 1880, S. 8–10; Deutsche Bauzeitung 11. Jg. (1877) Nr. 90, S. 448/449 und 12. Jg. (1878) Nr. 66, S. 337/338; Unger 1877, S. 312–314 u. 322–324; Deutsche Bauzeitung 14. Jg. (1880) Nr. 25, S. 130/131; Wessely 1880, S. 271 u. 274; Zeitschrift für Bauwesen 29. Jg. (1879), S. 554 u. 30. Jg. (1880), S. 550. – Auch in der jüngeren Literatur, die beide Gebäude vergleichen konnte, wird diese Verbindung immer wieder hergestellt.
355 Beide Zitate Pfeifer 1880, S. 124; vgl. Hölscher 1927, Taf. 23.
356 Wessely 1880, S. 274. – Schulze hat sich wohl am 21. März 1880 in Braunschweig aufgehalten, wie einem Schreiben des Vorsitzenden des Architektenvereins, A. Menadier (Eisenbahn-Baumeister) zu entnehmen ist. In STA WF: VI Hs 15, Nr. 34.
357 Heinemann 1880, S. 9/10, vgl. dazu meine Anm. 409.
358 Archiv für kirchliche Baukunst und Kirchenschmuck 4. Jg. (1880) Nr. 10, S. 75, anonym. – Vgl. Wessely 1880, S. 274.
359 BA Nr. 98, 27. April 1880, „Eingesandt". – Der Plan ist nicht auffindbar.
360 Ebd.
361 Hase 1880, S. 197. – Hase hatte bereits als einer der ersten nach Bekanntwerden der Entdeckungen an der Burgkaserne die Gelegenheit genutzt, die Fragmente selbst vor Ort in Augenschein zu nehmen. Wie die Kölnische Zeitung vom 22. März 1880 berichtet, hat er „mit einer großen Zahl seiner Schüler" Braunschweig am 14. März 1880 besucht. Vgl. auch ein Telegramm in STA WF: VI Hs 15, Nr. 34, das darauf Bezug nimmt (Culeman).
362 Hase 1880, S. 197.
363 BA Nr. 230, 1. Oktober 1880, S. 1766/1767, „(Eingesandt) K.: Die Burg Dankwarderode"; in die gleiche Richtung zielt ein weiteres „(Eingesandt)" des gleichen Verfassers K. unter dem Titel „Burg Dankwarderode und Herzog-Wilhelms-Spende" in BA Nr. 252, 27. Oktober 1880, S. 1946. Der Verfasser ist nicht mehr zu ermitteln, es könnte sich um Friedrich Maria Krahe handeln, der in dieser Angelegenheit sonst nicht in Erscheinung tritt.
364 Riegel 1881, S. 2: „Freilich ist das Gebäude im vorigen Jahrhundert arg entstellt und mißhandelt worden, aber nicht so, daß es nicht, nach Entfernung der fachwerkenen Vorbauten, treu und schön wieder hergestellt werden könnte. (...) Ich meine, man solle (...) das Gebäude im Aeußern nach seiner Gestalt vom Anfang des 17. Jahrhunderts sorgsam herstellen, mit Ausnahme natürlich der mittelalterlichen Theile der östlichen Umfassungsmauer."
365 BT Nr. 277, 25. November 1880. – Auch das Antwortschreiben des Stadtmagistrats vom 11. Mai 1880 auf eine Beschwerde Wiehes an das Herzogliche Staatsministerium bestätigt den Alleingang des Stadtbaumeisters. In STA WF: 12 A Neu 13, Nr. 37378.
366 Begleitschreiben Winters zur Überreichung in STA BS: G XII 1, Nr. 4.
367 BT Nr. 277, 25. November 1880 und Nr. 279, 27. November 1880. Es handelt sich dabei wohl um die als Frontispiz in Winter 1883 verwendete Zeichnung.
368 Handschriftlich mit unleserlicher Unterschrift in STA WF: VI Hs 15, Nr. 34, Bll. 48–53.
369 Ebd. Bl. 53.
370 Riegel 1881, Nr. 148, S. 1–2, hier S. 1 und Nr. 149, S. 1.
371 Riegel 1881, Nr. 149, S. 1. – Der hier zum Vergleich herangezogene „Situationsplan der ehemaligen Burgkaserne u. Umgebung zu Braunschweig" ist sowohl undatiert als auch unsigniert (STA WF: K 814). Er könnte um 1881/82 entstanden sein, wofür einige Details sprechen: Die Grundrißform der Burgkaserne zeigt am Südende einen rechteckigen Anbau, der Riegels ‚Treppenhaus' aufnehmen könnte, während das übrige Gebäude auf seine ursprüngliche Rechteckform reduziert ist; die an der Münzstraße eingezeichneten Gebäude der Polizei und Justiz wurden in den Jahren 1880 bzw. 1881 errichtet.
372 BA Nr. 203, 1. September 1881.
373 Dehn-Rotfelser Brief 1881, S. 1924.
374 An diesem Aquarell ist besonders auffällig, daß, wie bereits auf dem Ruinenaquarell von 1880, das Grundstück zwischen dem Langenhof und der Straße Am

Museum als „Bauterrain für das neue Stadthaus" ausgewiesen ist. Ein solcher Plan wurde erst 1885 aktuell und war in den Jahren zuvor noch ohne Standortbestimmung angeregt worden. – Der Grundrißplan in STA BS: H XI 74d: I 73.

375 Vgl. Winter 1883, das Vorwort und S. 54 sowie sein Begleitschreiben, unter Anm. 378.

376 Die Originalzeichnungen in STA BS: H XI 74d: XI.

377 Zu den Abbrucharbeiten, die im August 1882 begannen, vgl. BT Nr. 433, 15. September 1882 und BA Nr. 222, 21. September 1882.

378 Winters Begleitschreiben in STA BS: G XII 1, Nr. 4.

379 STA WF: 12 A Neu 13, Nr. 37378. – Um welche Querelen zwischen den beiden Architekten es sich handeln könnte, habe ich nicht feststellen können.

380 Wiehe hat zahlreiche Dorfkirchen im Herzogtum restauriert und sich damit auch zur Leitung der Arbeiten am Dom qualifiziert. Vgl. ADB 44(1898), S. 492–495.

381 STA WF: VI Hs 15, Nr. 34.

382 STA WF: VI Hs 15, Nr. 34.

383 Winter 1883, der erste Satz des Zitats S. 15, das Folgende S. 14.

384 Winter 1883, S. 22.

385 Ebd. S. 14.

386 Ebd. S. 21 und Fig. 22.

387 Ebd. S. 21.

388 Der Überlieferung nach brannte der Palas während der Hochzeitsfeierlichkeiten der Tochter Herzog Ottos des Kindes, Elisabeth, mit Wilhelm von Holland ab. Vgl. Heinemann 1880, S. 12 „1251"; Winter 1883, S. 5 „25.1.1252"; Mertens 1978, S. 7 „1248".

389 Zweifel an einem Vorbau dieser Art meldete Habicht 1930, S. 47 an: „Die jetzige Vorhalle ist neu, und es ist zweifelhaft, ob eine ähnliche, mit einer Treppenanlage versehene Erweiterung ursprünglich vorhanden war."

390 Mertens 1978, S. 22/23.

391 Solche Fenster könnten die Ansicht von Arens 1970, S. 11 stützen, wonach die im Erdgeschoß liegenden Säle der Pfalzen durchaus zu höheren Zwecken als nur zu Lagerräumen oder als Dienerunterkünfte gedient hätten. Er deutet sie als heizbare Wintersäle.

392 Die Kritik an Winters eiligem Vorgehen bei der Bauuntersuchung findet hier noch einmal Nahrung, da ein genaueres ‚Abklopfen' dieser Fassade und eine sorgfältige Analyse des verwendeten Gesteins vielleicht doch noch präzise Anhaltspunkte für eine ursprüngliche Wandgliederung ergeben hätten.

393 Mertens 1978, S. 31 und seine Anm. 38.

394 Hölscher 1927, S. 110, Anm. 4: „Was die Anlage betrifft, so besteht der Unterschied der Braunschweiger Palastkapelle gegen die Goslarer Liebfrauenkirche darin, daß dort der Grundriß oblong gebildet ist und somit Innenraum und Außenerscheinung in Übereinstimmung gebracht sind."

395 Winter 1883, S. 43.

396 Winter 1883, S. 42/43.

397 Vgl. meine Anm. 7–9.

398 Vgl. dazu Berndt 1971, S. 2–4, auch Dorn 1978, S. 215.

399 Berndt 1971, S. 2.

400 Ebd.

401 Quast 1973, S. 3. – Vgl. auch die Mitteilung Maders aus einer „Copia einer alten auff Pergamen (!) geschriebenen Taffel/so in dem Duhm (!) zu Braunschweig gegen Hertzog Heinrich des Lewen Begräbniß öffentlich hanget" in Antiquitates 1678, S. 173: „Anno 1172. Hefft Hertoge Hinrick de Lawe de olden Kerken up Danckqvarderoda (...) laten affbrechen/un einen eignen Dohm (...) laten uprichten."

402 Vgl. Dorn 1978, S. 249; auch Winter 1883, S. 18–20.

403 Vgl. Winter 1883, S. 39/40; Winter hat keine älteren Fundamente als jene aus der Mitte des 12. Jahrhunderts nachgewiesen.

404 Vgl. Kerssen 1975, S. 78 und S. 107/108; auch Arndt 1976.

405 Bethmann 1861, S. 544.

406 Mithoff (1860), 3. Abt., Taf XII.

407 Blumenbach 1846, Tab. 1.

408 Unger 1871, S. 261, Hölscher 1927, Taf. 6 unten.

409 Heinemann 1880, S. 9/10.

410 So hielt sich Heinrich der Löwe 1154 aus Anlaß eines Reichstages in Goslar auf.

Vgl. das Itinerar bei Heydel 1929, S. 119 ff.
411 Mithoff (1860), S. 16.
412 Simon 1904, S. 189/190.
413 Fritz Arens, Die staufischen Königspfalzen, in: Katalog Staufer 1977, Bd. III, S. 130.
414 Hölscher 1927.
415 Arens, Die staufischen Königspfalzen, in: Katalog Staufer 1977, Bd. III, S. 133.
416 Hotz 1965, S. 85.
417 Vgl. Hölscher 1927, S. 133/134.
418 Vgl. Mayer 1951, S. 14. – Arens hat das Abhängigkeitsverhältnis zwischen Goslar und Bamberg offen gelassen. Siehe den schon genannten Aufsatz in Katalog Staufer 1977, Bd. III, S. 139: „Der Palas in seiner langgestreckten Form mit dem Saal in der Mitte und zwei Wohngebäuden an beiden Enden, an die wieder zwei Kapellen angeschlossen sind, ist in ähnlicher Form bei der Bamberger Bischofspfalz vorhanden. (...) Welcher Bau von beiden das Vorbild war, ist vorerst unklar."
419 Das Zitat und die vorhergehende Beschreibung nach Hölscher 1927, S. 39/40.
420 Vgl. Fritz Arens, Staufische Pfalz- und Burgkapellen, in: Burgen 1976, Bd. I, S. 200, Anm. 10: „Das Obergeschoß der Doppelkapellen war auch immer nur vom Obergeschoß des Palas zugänglich, so daß der Fürst vom Saal oder seiner Wohnung auf die Empore der Kapelle gehen konnte, ohne Treppen steigen zu müssen. Das Erdgeschoß ist vom Hof der Pfalz her durch eine Tür in der Seitenwand für das Volk von draußen her zu erreichen."
421 Vgl. Inge-Maren Peters, Heinrich der Löwe als Landesherr, in: Heinrich der Löwe 1980, S. 125/126.
422 Asche o.J., S. 97. Er erwähnt auch, daß von 1168 an wieder ein kaiserlicher Vogt in Goslar nachgewiesen ist.
423 Niese 1914, S. 353 und Rothe 1940, S. 34.
424 Karl Jordan, Der Harzraum in der Geschichte der deutschen Kaiserzeit. Eine Forschungsbilanz. In: Festschrift Beumann 1977, S. 180. Vgl. auch Inge-Maren Peters, a.a.O. in: Heinrich der Löwe 1980, S. 125 (mit falscher Jahreszahl).
425 Karl Jordan, Der Harzraum ... in: Festschrift Beumann 1977, S. 180.
426 Vgl. Bernheimer 1931, S. 125/126.
427 Fritz Arens, Staufische Pfalz- und Burgkapellen, in: Burgen 1976, S. 197 und S. 200.
428 Von Winter 1883 abgesehen, der die Anfänge schon um 1150 ansetzt, datieren die meisten Autoren den Beginn ‚um 1175': Habicht 1930, S. 39; Dehio 1930, S. 308; Tillmann 1957, S. 114; Schultz 1959, S. 8; Fricke 1975, S. 15; Hotz 1981, S. 253; Abweichend davon nur Lüdecke 1925, S. 45: ab 1173, sowie Hotz 1938, S. 293: um 1170!
429 Schreiben des Stadtmagistrats vom 19. März 1886 an die Herzogliche General-Hof-Intendantur, in STA WF: 2 Neu 317, Bl. 20.
430 Vgl. Verhandlungen 18. Landtag, Sitzungsbericht 47 vom 2. März 1886, S. 450 in STA WF: Q 881. – Das Staatsministerium wurde mit einem Schreiben vom 4. März 1886 von dieser Entscheidung in Kenntnis gesetzt. Siehe in STA WF: Q 2090, Nr. 16, Anlage 158 zu Protokoll 49.
431 Vgl. Verhandlungen StV 1. Februar 1886, S. 22–36, in STA WF: Q 881, 1886, Nr. 2.
432 Ebd. S. 24.
433 BT Nr. 16, 11. Januar 1886: „Der Regent soll in bestimmtester Weise erklärt haben, daß man ihm nicht zumuthen könne, das Stammhaus der braunschweigischen Herrscherfamilie der Erde gleich machen zu lassen."
434 BLZ Nr. 60, 2. März 1886.
435 Vgl. Philippi 1960, S. 261–371; Philippi 1966; Lange 1979, S. 109–141.
436 Vgl. J. König, Landesgeschichte ..., in: Braunschweigische Landesgeschichte 1979, S. 96: „Der Bundesrat erklärte diesen (den Herzog von Cumberland, UB.) am 2. Juni 1885 wegen seines ‚dem Frieden unter Bundesgliedern widerstreitenden Verhältnisses zum Bundesstaat Preußen' für behindert, die Regierung zu übernehmen."
437 Ebd. S. 95; vgl. auch Trieps 1910 und Römer 1981, S. 19.
438 Vgl. Römer 1981, S. 21.

439 Vgl. J. König, Landesgeschichte ..., in: Braunschweigische Landesgeschichte 1979, S. 96.
440 Vgl. BA Nr. 70, 24. März 1886, S. 619.
441 Vgl. ebd. S. 619, auch Kaiser 1972, S. 135.
442 STA WF: 2 Neu 317, Bl. 8; darin der Hinweis auf das Interesse des Regenten. – Vgl. auch BA Nr. 59, 11. März 1886, S. 516.
443 STA WF: 2 Neu 317, Bl. 20.
444 Lange 1979, S. 118. – Vgl. auch die unter Anm. 435 genannte Literatur.
445 Ebd. Anm. 44.
446 STA WF: 2 Neu 317, Bl. 7, mit Datum vom 29. März.
447 Vgl. das Schreiben des Stadtmagistrats vom 19. März in STA WF: 2 Neu 317, Bl. 20: „Der Stadt (solle) eine nachträgliche Entschädigung von 50000 M. alsdann zu zahlen (sein), wenn und sobald das Gebäude seiner Zweckbestimmung als Hofstatt-Gebäude einmal wieder entzogen werden sollte."
448 Schreiben an die Redaction der Kreuz-Zeitung zu Berlin ..., 31. März 1886, in STA WF: 2 Neu 317, Bl. 7.
449 Kulemann 1898, S. 240/241.
450 Vgl. dazu STA WF: 23 Neu 1, Nr. 35, darin Verhandlungen 23. Landtag, Sitzungsbericht 2, 25. Januar 1896, S. 6–8; auch STA WF: 12 A Neu 5, Nr. 6744, Bd. 1–2, darin „Eingabe betreffend Herzog Wilhelm-Denkmal bezw. Heinrichs des Löwen. Denkschrift zur Erinnerung für alle Bürger und Einwohner des Herzogtums. Braunschweig 1903/04"; ferner STA WF: 3 Neu 586. Und BLZ Nr. 218, 11. Mai 1897.
451 BT Nr. 147, 28. März 1886.
452 Der Wortlaut der Schreiben in einer Abschrift erhalten in STA WF: 2 Neu 317, Bl. 24r/v.
453 Beide Zitate aus BA Nr. 94, 21. April 1886.
454 Alle Pläne in STA BS: H XI 74d: I–XI.
455 Die an der TU BS im Entstehen begriffene monographische Dissertation zum Werk Ludwig Winters wird dieser Seite des Restaurierungsprojekts breiteren Raum geben (M. Lemke).
456 Die Serie umfaßt die Blätter STA BS: H XI 74d: I 1, I 38–41, I 43–45.
457 STA BS: H XI 74d: I 44.
458 STA BS: H XI 74d: I 1.
459 BT Nr. 297, 29. Juni 1886; ähnlich BA Nr. 150, 30. Juni 1886.
460 Winter bat eilig um die Genehmigung der Übernahme außerhalb seiner Kompetenzen liegender Tätigkeiten (1. Juli 1886), vgl. STA BS: D V 1a, Nr. 4. – Der Stadtmagistrat erteilte die Genehmigung am 22. September des Jahres, vgl. ebd.
461 Hase/Winter/Wiehe 1886, S. 283.
462 Ebd. S. 283.
463 STA WF: 12 A Neu 13, Nr. 37378.
464 Ebd.
465 Vgl. Zentralblatt der Bauverwaltung (1886), Nr. 27, S. 268; Kunstchronik, 21. Jg. (1886), Nr. 39, S. 659/660. – BT Nr. 297, 29. Juni 1886; BA Nr. 150, 30. Juni 1886.
466 Vgl. BA Nr. 207, 4. September 1886, ebenso BT Nr. 241, 3. September 1886.
467 BA Nr. 301, 24. Dezember 1886.
468 Die Aufnahmen stammen wohl von dem Fotografen Graßhoff und sind vor dem 1. Mai 1887 angefertigt, vgl. BA Nr. 101, 1. Mai 1887.
469 Schreiben Wiehes an Winter vom 23. August 1886, in STA BS: G XII 1, Nr. 6.
470 Schreiben der General-Hof-Intendantur an Winter vom 21. April 1887, in STA BS: G XII 1, Nr. 6.
471 Vgl. Winter 1883, S. 40.
472 Die Serie umfaßt die Blätter STA BS: H XI 74d: I 16/17, I 60–63. Sie sind vermutlich vor dem 31. Juli 1887 entstanden. Für diese Datierung spricht die im Grundriß des Obergeschosses (I 17) eingetragene Öffnung für einen Übergang an der Nordwand, der erstmals in einem Bericht Winters vom 31. Juli 1887 erwähnt ist. STA WF: 2 Neu 317, Bl. 55.
473 Besprechung der Kommission am 24. April 1887. Erwähnt in Winters Bericht vom 31. Juli.
474 Vgl. BA Nr. 101, 1. Mai 1887. Über den Fortgang der Arbeiten berichtet das BT Nr. 279, 18. Juni 1887, daß die Mauern emporwachsen.
475 STA BS: G XII 1, Nr. 6
476 Ebd.

477 STA BS: G XII 1, Nr. 6.
478 STA BS: G XII 1, Nr. 6.
479 Schreiben vom 31. Mai 1888 in STA BS: G XII 1, Nr. 6.
480 Kerssen 1975, S. 105.
481 Nach Winters Rekonstruktion zu schließen, hätte sich der Thron zwischen den beiden großen Öffnungen der Ostwand befinden müssen, dem aber das dort eingesetzte Drillingsfenster entgegensteht.
482 Vgl. Königfeld 1978, S. 77.
483 Abschrift der Urkunde in STA WF: 30 Slg 14, K 72. – Abgedruckt in BT Nr. 433, 15. September 1889.
484 Vgl. Verhandlungen StV 10. März 1887 in STA WF: Q 881, S. 45.
485 STA WF: 2 Neu 317, Bl. 54v.
486 STA BS: H XI 74d: I 48 und I 49.
487 Vgl. Winter 1883, S. 68–74 sowie die Abrechnung Winters vom 1. März 1887 in STA WF: 2 Neu 317, Bl. 37. Danach besuchte er unter anderen die Burgen und Pfalzen in Gelnhausen, Münzenberg, Seligenstadt, Wimpfen, Nürnberg, Eger und die Wartburg. Seine Kollegen Wiehe und Hase begleiteten ihn dabei vom 27. Juli bis 7. August 1886.
488 Vgl. Binding 1965; Einsingbach 1975, S. 33 und Binding 1980, S. 199.
489 BA Nr. 159, 8. Juli 1888. – Foto des Modells beim IFDN Hannover: 360/12 KB.
490 Berliner Börsenzeitung Nr. 571, 6. Dezember 1889.
491 Verhandlungen StV 4. September 1890, in STA WF: Q 881, S. 198–200.
492 Ebd. S. 200. – Es wird zu zeigen sein, daß der Grundstückstausch deshalb leicht die Zustimmung der Stadtverordneten erhielt, weil zu diesem Zeitpunkt bereits geklärt war, daß das Grundstück für städtische Interessen zu klein war.
493 Wegen des Ankaufs dieses Grundstücks, das als Fideikommißbesitz auf den Namen des Jägermeisters Georg von Veltheim-Bartensleben im Grundbuch eingetragen war, mußte bezüglich der Kaufsumme ein Zwangsenteignungsverfahren eingeleitet werden, vgl. STA WF: 126 Neu 2205.
494 BT Nr. 22, 14. Januar 1891.
495 Otto Könnecke, in BA Nr. 28, 3. Februar 1891.
496 BT Nr. 109, 12. Mai 1891.
497 Zitiert nach BT 21. Mai 1891.
498 Ebd.
499 Grundbuch Bd. 259A, Bl. 6275, Eintrag vom 9. Mai 1896.
500 Das Haus wurde der Handwerkskammer vermietet und trägt seitdem auch den Namen ‚Gildehaus'. Zur Geschichte des Huneborstelschen Hauses vgl. Führer Gildehaus 1903 und Spies 1983. – Zum Wiederaufbau vgl. STA WF: 242 N 1584; 242 N 1585; 126 Neu 103. – STA BS: D IV 562,2; D V 1a, Nr. 66. Ferner Verhandlungen StV 1898–1902 in STA WF: Q 881. Auch STA BS: D IV 567, Nr. 1–3.
501 So charakterisierte der Vorsitzende des Braunschweiger Architektenvereins, Häseler, das Rathaus als städtische Bauaufgabe in einem Schreiben an den Stadtmagistrat vom 11. November 1890, in dem er sich für die Aufnahme von Repräsentationsräumen in das Bauprogramm aussprach. STA BS: D IV 546.
502 Das Rathaus am Altstadtmarkt (vgl. Anm. 244), 1858 auf der Basis des sog. Caspari-Vertrages in den Besitz der Stadt zurückgelangt, stand bei den Verhandlungen um ein neues Rathaus nie zur Diskussion. Alle vorgeschlagenen Bauplätze dagegen lagen im Zentrum der Stadt, in Arealen, die Schwierigkeiten bei den Ankaufsverhandlungen erwarten ließen.
503 Landgericht, 1881, Pläne von Baurat Friedrich Lilly; Polizeidirektion, 1880, Pläne von Gustav Bohnsack. – „Mit ihrer Verlegung an diese Stelle", so heißt es in der Deutschen Bauzeitung Nr. 18 vom 1. März 1884, S. 103, „ist in bewusster Weise der Anfang gemacht worden, das um den Dom liegende Quartier, das *in wirklichem wie idealem Sinne als Mittelpunkt der Stadt zu betrachten ist*, (...) zu einem entsprechenden Range empor zu heben." (Hervorh. UB.).
504 Finanzbehördenhaus, 1894, Pläne von Ernst Wiehe. – Der Ruhfäutchenplatz war ursprünglich auf den Bereich zwischen Burggraben im Osten, Burgumflut (Marstall) im Nordwesten und Burgplatz im Südwesten begrenzt. Im Zuge der Kanalisierung und Überbrückung wurde das Gelände im Osten bis an das Paulinerkloster erweitert.

505 Verhandlungen StV 27. März 1890 in STA WF: Q 881, 1890/1891, N° 4, S. 88, der Abgeordnete Halle in einem Diskussionsbeitrag.
506 In den Protokollen der Stadtverordnetenversammlung heißt es offiziell ‚Stadthaus', daneben wird auch der Begriff ‚Rathaus' verwendet.
507 Jürgen Paul, Das „Neue Rathaus" – eine Bauaufgabe des 19. Jahrhunderts, in: Rathaus 1982, S. 29.
508 In anderen Städten wählte man entweder den Standort des gegebenen Gebäudes für einen Erweiterungs- oder Neubau oder suchte einen ebenso zentral gelegenen Platz in der Nähe des alten. – In Duisburg wurde gegen Ende der 1890er Jahre auf dem Burgplatz das neue Rathaus genau an der Stelle erbaut, an der früher die Pfalzgebäude standen (vgl. Streich 1984, Bd. II, Abb. 242, S. 615). Im Unterschied zu Braunschweig gab es hier aber keinen Konflikt zwischen Staat und Stadt als Hintergrund für die selbstbewußte Indienstnahme ehemals landesherrlichen Territoriums.
509 Vgl. das Hase-Zitat von Anm. 362.
510 Verhandlungen StV 29. Dezember 1884, in STA WF: Q 881, 1884, N° 14, S. 190.
511 Verhandlungen StV 30. April 1885 in STA WF: Q 881, 1885, N° 5, S. 56.
512 Verhandlungen StV 27. Januar 1887 in STA WF: Q 881, 1887, N° 2, S. 11–14. – Der Plan konnte nicht ermittelt werden.
513 Die Datierung ergibt sich aus dem eingezeichneten Grundriß des Burgpalas. Vgl. Abb. 37.
514 Siehe Anm. 512, a.a.O. S. 11.
515 Gutachten vom 25. Januar 1888 in STA BS: D IV 546.
516 Ebd.
517 Ebd.
518 Der Magistrats-Antrag wurde nicht widerspruchslos angenommen; namentlich der Abgeordnete Wilke äußerte mehrmals sein Bedauern darüber, daß man sich nicht für den geeigneteren Platz auf dem Gelände des ehemaligen Collegium Carolinum entschieden habe. Vgl. Verhandlungen StV 3. Juli 1890 in STA WF: Q 881, 1890, N° 8, S. 163.
519 In der Sitzung am 30. Juni 1892 wurde ein früherer Vorschlag, den Stadtbaurat auf eine Informationsreise zu schicken, erneuert. Vgl. Verhandlungen 30. Juni 1892, STA WF: Q 881, 1892, N° 7, S. 182. – Winter reichte am 23. September ein entsprechendes Gesuch ein und trat am 27. September 1892 die Reise an. Nach seiner Rückkehr am 15. Oktober legte er einen detaillierten Rechenschaftsbericht ab, der das Datum des 27. Oktober trägt. Siehe dazu STA BS: D IV 546.
520 Begleitschreiben zu den Vorentwürfen vom 16. März 1891, in STA BS: D IV 546.
521 Ebd.
522 Verhandlungen StV 1. Juli 1891 in STA WF: Q 881, 1891, N° 11, S. 286.
523 STA BS: D IV 546, 1.
524 STA BS: D IV 546, 1.
525 Verhandlungen StV 28. April 1892 in STA WF: Q 881, 1892, N° 4, S. 111/112.
526 STA BS: D IV 546, 1.
527 Vgl. Kranz-Michaelis 1976, S. 14/15. – Allgemein auch J. Paul, Das ‚Neue Rathaus' ..., in: Rathaus 1982, S. 29 ff.
528 STA BS: D IV 546, 2.
529 STA BS: D IV 546, Nr. 2, Schreiben Winters vom 15. Juni 1898 an den Stadtmagistrat. – Die Aufstellung wird am 4. Mai 1899 von den Stadtverordneten genehmigt, vgl. Verhandlungen StV, STA WF: Q 881, 1899/1900, N° 3, S. 50–52. Die Ausführung wird dem Bildhauer Franz Krüger in Frankfurt übertragen. – Vgl. auch J. Paul, Das ‚Neue Rathaus' ..., in: Rathaus 1982, S. 29 u. 32.
530 Révész-Alexander 1953, S. 18.
531 J. Paul, Das ‚Neue Rathaus' ..., in: Rathaus 1982, S. 29. – Siehe auch Kranz-Michaelis 1976, S. 14: „Für die Bürger des Kaiserreichs gebührte dem Rathaus der erste Platz unter den kommunalen Profanbauten (...). Augenscheinlich stellte es in dem Bewußtsein der Bürgerschichten (...) weit mehr dar als nur ein umfangreiches Verwaltungsgebäude: Es erfüllte eine hohe repräsentative Funktion."
532 J. Paul, Das ‚Neue Rathaus' ..., in: Rathaus 1982, S. 44: „Die eher sakrale Strenge der hier verwendeten Hochgotik zeigt den akademischen Stil, wie er zwar

im Kirchenbau bis um die Jahrhundertwende vorherrschend blieb, für ein Rathaus aber inzwischen unzeitgemäß geworden war."

533 Krampe Kalender 1904, Beilage: Verkleinerter Abdruck der Urkunde.

534 Mit dem Schloßabbruch befaßte sich neuerdings Wedemeyer 1986.

535 Die Pflasterung des Platzes gab schon längere Zeit Anlaß zu Beschwerden. So heißt es z. B. in einem Artikel des BT vom 26. Mai 1867: „Schon vor einiger Zeit wollten wir darauf hinweisen, daß das Wachsen des Grases zwischen den Steinen (...) durch das Regenwetter sehr begünstigt werde." – Vgl. auch Spies 1985, S. 22.

536 Verhandlungen StV 23. April 1896 in STA WF: Q 881, 1896/97, N°1, S. 7/8.

537 „Bemerkungen zu der demnächstigen Gestaltung des Burgplatzes", aus einer Randnotiz dazu geht hervor, daß die Bauräte Winter und Lieff (?) erst am 14. April 1898 davon in Kenntnis gesetzt wurden. STA WF: 2 Neu 319, Bl. 7.

538 Vgl. Königfeld 1978, S. 75 ff.

539 Verhandlungen StV 5. Oktober 1899 in STA WF: Q 881, 1899/1900, N° 7, S. 160.

540 Nach einer Meldung in den BA Nr. 113 vom 15. Mai 1901 hat der Stadtverordnete Koch seinen Antrag „nach Besichtigung öffentlicher Plätze in anderen Großstädten" gestellt.

541 Vgl. zu diesem Problemkreis die Dissertation Paetel 1976, besonders S. 111 ff. Folgt man seiner Typeneinteilung, so wäre der Burgplatz nach der Umgestaltung als ‚regelmäßiger Rasenschmuckplatz' zu bezeichnen.

542 Der Stadtverordnete Bültemann ist der Ansicht, daß die „alten ehrwürdigen Plätze durch gärtnerische Anlagen verunziert würden", der Stadtverordnete Blasius möchte einige Plätze als Kinderspielplätze erhalten sehen, wogegen der Abgeordnete Lord argumentiert, „wenn das auch vor 50 oder 100 Jahren zutreffend gewesen sein möge, so passe es doch heute nicht mehr, *denn heute sollen sie dem öffentlichen Verkehr dienen und der werde durch die Kinder nur gehemmt.*" (!) In: Verhandlungen StV 11. Januar 1900 in STA WF: Q 881, 1899/1900, N° 10, S. 207/208 (Hervorh. UB.).

543 Als solchen betrachtete Baumeister 1876, S. 185 den bepflanzten Stadtplatz: „Schon innerhalb der Stadt (...) wird Vegetation wesentlich dazu beitragen, die Nerven in dem aufreizenden Lärm und Verkehr zu beruhigen, den Geist nach anstrengender Arbeit zu erholen, das Gemüth zu erquicken."

544 Verhandlungen StV 15. November 1900 in STA WF: Q 881, N° 7, S. 171.

545 BNN 14. Mai 1901, ähnlich BA Nr. 112, 14. Mai 1901.

546 BA Nr. 139, 16. Juni 1901.

547 Meldung in BA Nr. 167, 19. Juli 1901.

548 Schreiben Winters vom 18. Juli 1901 an die Herzogliche Baudirektion; dazu die befürwortende Antwort des Amtes vom 27. Juli 1901, in STA WF: 76 Neu 2, Nr. 2688.

549 BA Nr. 241, 13. Oktober 1901: „Die Umgestaltung des Burgplatzes ist jetzt völlig beendet, nachdem die alten Stachelketten zwischen den umgesetzten Steinpfeilern wieder in früherer Weise befestigt worden sind."

550 BNN 15. Dezember 1928. Die folgenden Zitate sind diesem Artikel entnommen, wenn nicht anders angegeben.

551 Dazu Flesche 1934, S. 78, bezüglich der Wohnverhältnisse in den Altstadtquartieren: „Daß auch die Obrigkeit hierzu schwieg, daß sie glaubte, Polizei und Armee seien genügende Schutzmittel gegen die politische und kulturelle Gefahr, die hier hinter bewunderten schön gefärbten Kulissen groß wurde, kann heute kaum noch verstanden werden. Die Revolution von 1918 kroch aus diesen Schlupfwinkeln." Die Sanierung zielte also auf die Beseitigung der antifaschistischen Opposition, indem die Bewohner in andere Stadtteile umgesiedelt wurden und der Widerstand dadurch ‚entkernt' wurde.

552 Flesche 1935, S. 170. Vgl. auch den Artikel Flesches in BLZ Nr. 297, 26. Oktober 1935, S. 12.

553 Vgl. den Artikel ‚Forum' in: Lexikon der Weltarchitektur. Hrsg. v. Nikolaus Pevsner u. a. München 1971, S. 171.

554 -u-: Wichtige Verschönerungen durchgeführt: Der Burgplatz erhält ein anderes Gesicht. In: BAA Nr. 97, 27. April 1937, S. 2.
555 -u-: Das neue Gesicht des Burgplatzes. Der Löwe frei von Ketten. In: BAA Nr. 98, 28. April 1937, S. 6.
556 Vgl. dazu: Abschrift des Tagebuchs der Grabung von dem damaligen Landesarchäologen Hermann Hofmeister, 24. Juni – 26. Juli 1935, in STA BS: H III 1, Nr. 43. Ferner Hofmeisters Bericht von 1936 in: Hofmeister 1978. – Ferner Arndt 1981, S. 215 ff.
557 Vgl. Arndt 1981 und Arndt 1982. – Bereits 1970 war der Dom Gegenstand einer Untersuchung, deren Schwerpunkt auf der Propaganda lag, die mit dem Dom als ‚Weihestätte' getrieben wurde: Ulrich Schade, Der Braunschweiger Dom als ‚Nationale Weihestätte'. Braunschweig 1970 (= Examensarbeit an der PH Braunschweig), ungedruckt. Ein Exemplar in STA WF: 2° Zg. 211/77.
558 Arndt 1981, S. 214.
559 Hitler erteilte bei seinem einzigen Besuch an der Grabstätte am 17. Juli 1935 den Auftrag, „die Gruft Heinrichs des Löwen zur Wallfahrtsstätte der Nation" auszubauen. So festgehalten im Verwaltungsbericht der Stadt Braunschweig 1935, S. 71. – Im Dresdner Anzeiger vom 1. September 1935 heißt es: „Es soll eine monumentale, als Heiligtum und Wallfahrtsort der Niedersachsen geeignete Gedenkstätte geschaffen werden (...)."
560 Ein Foto, das anläßlich der Rekrutenvereidigung am 12. April 1933 aufgenommen worden ist (liegt beim IFDN Hannover o. Nr.), widerlegt eindeutig die Behauptung von Spies 1985, S. 26, daß „bereits 1927 der ganze Platz gepflastert" worden sei.
561 Zitiert nach BNN Nr. 89, 14. April 1933, Bericht über „Die Vereidigung der Rekruten auf dem Burgplatze".
562 Ebd. – Dieser Bericht belegt die frühzeitige Stilisierung des Welfenherzogs zum Ostkolonisator, die in der Gleichsetzung der Ziele der welfischen Politik im Osten und der expansiven und hegemonialen Kriegspolitik der Nationalsozialisten gipfelt.
563 Vgl. Hitler 1937, 2. Bd., 14. Kap., S. 742 ff.
564 Rosenberg 1935, II. Buch, Kap. 1.3, S. 479.
565 Vgl. Arndt 1981, S. 232: „Seit der Machtübernahme Hitlers scheint Klagges sehr entschieden das Ziel verfolgt zu haben, sein ‚Territorium' und damit zugleich seine Person in der Hierarchie des Nationalsozialismus möglichst hoch rangieren zu lassen."
566 BLZ Nr. 172, 24. Juni 1934.
567 Hotz 1938, S. 296.
568 Vermerk Dr. Johnsons über eine Besprechung mit Klagges, in der es um die Frage der zukünftigen Nutzung des Doms ging. Niedergelegt in LKA BS: Dom Nr. 103, Bl. 95.
569 Schreiben von Klagges an das Landeskirchenamt vom 7. Dezember 1938. LKA BS: Dom Nr. 64, Bl. 14.
570 mdt: Braunschweigs Burgplatz wird jetzt umgestaltet. Kein Fahrverkehr mehr um den Löwen. In: BNN 28. April 1937.
571 Ebd.
572 Ebd. – Der Platz ist nach einer Meldung des BAA Nr. 128, 5. Juni 1937, S. 9, am gleichen Tag in neuer Gestalt wieder freigegeben worden. – Zur Vollendung des mittelalterlichen Bildes erhält der Palas noch eine neue Ziegeldeckung anstelle der Bleiplatten des 19. Jahrhunderts. Vgl. BNN/BLZ Nr. 102, 9. Mai 1939.
573 BNN/BLZ Nr. 134, 12. Juni 1939.
574 Die Einrichtung dieses Übergangs im Jahre 1938 ist in einem Vertragsentwurf zwischen dem Braunschweigischen Staat und dem Hotelbesitzer festgehalten. In: STA WF: 12 A Neu 13, Nr. 45472. – Unter anderem fand 1940 die „Kulturpolitische Tagung des Deutschen Gemeindetages" in Braunschweig ihren Abschluß. Sie sollte jährlich dort stattfinden. BNN/BLZ Nr. 277, 25. November 1940, S. 5.
575 Der Vertragsentwurf in STA WF: 12 A Neu 13, Nr. 45472.
576 Schreibem vom 5. Juni 1942 in STA WF: 12 A Neu 13, Nr. 45476.
577 Schreiben vom 10. Juni 1942, ebd.
578 Hotz 1938, S. 293.
579 Vgl. Arndt 1982, S. 208 ff.
580 Der Platz wurde neuerdings (1982)

vom Tiefbauamt als Fußgängerzone mit eingeschränkter Zufahrtserlaubnis für Anlieger ausgewiesen. Vgl. BZ 25.6.1982.

581 Es sei an die Teilnutzung des Mosthauses als Naturalienkabinett erinnert. Im Vieweghaus fand 1832 die erste Ausstellung des Kunstvereins statt.

582 Fritz Timme, Braunschweigs Wiederaufbau. Ein Teilbild aus den Jahren 1945–1953. Denkschrift für den Oberstadtdirektor. Ungedruckt. In STA BS: H III 1, Nr. 44.

583 Das neue Gesicht unserer Stadt. In: BNP 23. November 1945, S. 2.

584 Seeleke 1962, S. 115: „Diese Reservate, sämtlich im Umkreis um einen dominierenden Sakralbau gelegen, bilden (...) ein architektonisch-historisches Ensemble."

585 Ebd. S. 115: „Nach einem besonders ausgeklügelten Programm (!) seitens der Denkmalpflege (wurde) ein Gürtel modernster und hochqualifizierter Architektur propagiert, der wie ein zu überwindendes Proszenium die historische Szenerie umschließen will."

586 Göderitz 1947, S. 353.

587 Göderitz 1949, S. 33.

588 Seeleke 1962, S. 117.

589 Westecker 1962, S. 364.

590 Seit 1957 wurde im unteren Burgsaal der Welfenschatz (HAUM BS) ausgestellt.

591 Das Vieweghaus wurde 1973 vom Braunschweigischen Vereinigten Kloster- und Studienfonds – Stiftung des öffentlichen Rechts –, der von dem Präsidenten des Niedersächsischen Verwaltungsbezirks Braunschweig verwaltet wird, angekauft. Vgl. BZ vom 12. Dezember 1973, S. 4.

592 Vgl. Römer 1982; Schildt 1984; Spies 1985.

Anhang

Abkürzungen

HAB WF	=	Herzog August Bibliothek Wolfenbüttel
HAUM BS	=	Herzog-Anton-Ulrich-Museum Braunschweig
IFDN	=	Institut für Denkmalpflege beim Niedersächsischen Landesverwaltungsamt Hannover
LKA BS	=	Landeskirchliches Archiv Braunschweig
LM BS	=	Braunschweigisches Landesmuseum
PH BS	=	Pädagogische Hochschule Braunschweig
STA BS	=	Stadtarchiv Braunschweig
STA WF	=	Niedersächsisches Staatsarchiv Wolfenbüttel
STB BS	=	Stadtbibliothek Braunschweig
STM BS	=	Städtisches Museum Braunschweig
TH/TU BS	=	Technische Universität Braunschweig
BA	=	Braunschweigische Anzeigen. Braunschweig 1745–1934
BAA	=	Braunschweiger Allgemeiner Anzeiger. Braunschweig 1890–1941
BLZ	=	Braunschweigische Landeszeitung. Braunschweig 1890–1944
BNN	=	Braunschweiger Neueste Nachrichten. Braunschweig 1897–1941
BNP	=	Braunschweiger Neue Presse. Braunschweig 1945–1946
BT	=	Braunschweiger Tageblatt. Braunschweig 1865–1897
BZ	=	Braunschweiger Zeitung. Braunschweig 1946 ff.

Verzeichnis der abgekürzt zitierten Literatur

Weitere Literatur findet sich in den Anmerkungen oder ist in der einschlägigen Literatur zur Braunschweiger Landesgeschichte und zur Stadt Braunschweig verzeichnet.

ADB = Allgemeine Deutsche Biographie. Leipzig. 1. 1875 ff.

Allers 1953 = Allers, Rudolf: Der Ludolfinger Tankmar und die Braunschweiger Burg Dankwarderode. In: Braunschweigische Heimat. 39. Jg. (1953), S. 102–104

Alvensleben 1937 = Alvensleben, Udo von: Die braunschweigischen Schlösser der Barockzeit u. ihr Baumiester Hermann Korb. Berlin 1937 (= Kunstwissenschaftliche Studien. Bd. XXI)

Antiquitates 1678 = Antiquitates Brunsvicenses, hoc est Illustrium monumentorum, serenissimae augustissimaeque domus Brunsvigo Luneburgicae vetustatem ... Hrsg. von J. J. Mader, Helmstedt 1678

Arens 1970 = Arens, Fritz: Der Palas der Wimpfener Königspfalz. In: Zeitschrift des Deutschen Vereins für Kunstwissenschaft. 24 (1970), S. 1–12

Arndt 1981 = Arndt, Karl: Mißbrauchte Geschichte: Der Braunschweiger Dom als politisches Denkmal (1934/35). In: Niederdeutsche Beiträge zur Kunstgeschichte. Bd. 20 (1981), S. 213–244

Arndt 1982 = Arndt, Karl: Mißbrauchte Geschichte: Der Braunschweiger Dom als politisches Denkmal 1935–45 (Forts.). In: Niederdeutsche Beiträge zur Kunstgeschichte. Bd. 21 (1982), S. 189–223

Arndt 1976 = Arndt, Monika: Die Goslarer Kaiserpfalz als Nationaldenkmal. Eine ikonographische Untersuchung. Hildesheim 1976

Asche o. J. = Asche, Theodor: Die Kaiserpfalz zu Goslar im Spiegel der Geschichte und die erste Blütezeit der Stadt. Goslar 2. verb. Aufl. o. J. (1892)

Bandmann 1978 = Bandmann, Günter: Mittelalterliche Architektur als Bedeutungsträger. Berlin 5. Aufl. 1978 (= Gebr.-Mann-Studio-Reihe)

Banse 1940 = Banse, Ewald: Die Entwicklung der Wallanlagen der Stadt Braunschweig aus der alten Befestigung. In: Braunschweigisches Jahrbuch. 3. Folge Bd. 1 (1940), S. 5–28

Baumeister 1876 = Baumeister, Reinhard: Stadt-Erweiterungen in technischer, baupolizeilicher und wirthschaftlicher Beziehung. Berlin 1876

Benzin 1751 = Benzin, Johann Gottlieb: Versuch einer Beurtheilung der pantomimischen Oper des Herrn Nicolini. Erfurt 1751

Berndt 1971 = Berndt, Friedrich: Der St.-Blasius-Dom zu Braunschweig. München/Berlin 2. Aufl. 1971 (= Große Baudenkmäler, H. 242)

Bernheimer 1931 = Bernheimer, Richard: Romanische Tierplastik und die Ursprünge ihrer Motive. München 1931

Bethmann 1861 = Bethmann, L. C.: Die Gründung Braunschweigs und der Dom Heinrichs des Löwen. In: Westermanns Jahrbuch der illustrirten Deutschen Monatshefte. Bd. 10 (1861), S. 525–559

Binding 1965 = Binding, Günther: Pfalz Gelnhausen. Eine Bauuntersuchung. Bonn 1965 (= Abhandlungen zur Kunst-, Musik- und Literaturwissenschaft, Bd. 30)

Binding 1980 = Binding, Günther: Architektonische Formenlehre. Darmstadt 1980

Blumenbach 1846 = Blumenbach: Beschreibung des alten Kaiserpalastes zu Goslar. In: Archiv des Historischen Vereins für Niedersachsen. NF. Jg. 1846, S. 1–27

Boettger 1954 = Boettger, Caesar Rudolf: Entstehung und Werdegang des 200jährigen Staatl. Naturhistorischen Museums zu Braunschweig. Braunschweig 1954 (= Schriften des Staatl. Naturhistorischen Museums zu Braunschweig)

Braunschweigische Geschichten 1836 = Braunschweigische Geschichten. Hrsg. von Carl Friedrich von Vechelde. T. 1. Braunschweig 1836

Braunschweigische Landesgeschichte 1979 = Braunschweigische Landesgeschichte im Überblick. Hrsg. von Richard Moderhack. Braunschweig 3. Aufl. 1979 (= Quellen und Forschungen zur Braunschweigischen Geschichte, Bd. 23)

Brinckmann 1923 = Brinckmann, A. E.: Platz und Monument als künstlerisches Formproblem. Berlin 3. neubearb. Aufl. 1923

Burgen 1976 = Die Burgen im deutschen Sprachraum. Hrsg. von H. Patze. 2 Bde. (bes. Bd. 1) Sigmaringen 1976 (= Vorträge und Forschungen. 19)

Campe 1790 = Campe, Joachim Heinrich: Denkmal der Liebe eines guten Volkes zu seinen guten Fürsten oder Beschreibung des allgemeinen Volksfestes, welches die Ankunft d. Herrn Erbprinzen u. d. Frau Erbprinzessin Hochfürstl. Durchl. zu Braunschweig veranlaßte. Braunschweig 1790

Claussen 1919 = Claussen, Carl: Peter Joseph Krahe, ein Künstler des Stadtbaus um 1800. Diss. Braunschweig 1919

De Cordemoy 1714 = De Cordemoy, J.-L.: Nouveau traité de toute l'architecture ou L'Art de bastir; utile aux entrepreneurs et aux ouvriers ... Avec un Dictionnaire des termes d'Architecture. Paris 1714 (Reprint: Farnborough 1966)

Dehio 1930 = Dehio, Georg: Geschichte der Deutschen Kunst. Der Abbildungen erster Band. Das frühe und hohe Mittelalter bis zum Ausgang der Staufer. Die Kunst des romanischen Stils. Berlin/Leipzig 4. Aufl. 1930

Dehmel 1976 = Dehmel, Wilhelm: Platzwandel und Verkehr. Zur Platzgestaltung im 19. und 20. Jahrhundert in Berlin unter Einfluß wachsenden und sich verändernden Verkehrs. Diss. Berlin 1976

Dehn-Rotfelser Brief 1881 = Dehn-Rotfelser, Heinrich von: Brief an Hermann Riegel. Abgedruckt bei Hermann Riegel, Was soll aus der Heinrichsburg werden? In: Braunschweigische Anzeigen, Nr. 218, 18.9.1881, S. 1924/1925

Dellingshausen 1979 = Dellingshausen, Christoph Freiherr von: Geschichte der Truppenunterkünfte in der Garnison Baunschweig seit 1671. In: Drei Jahrhunderte Garnison Braunschweig. Chronik der Panzerbrigade 2. Hrsg. aus Anlaß des 20jährigen Bestehens der Panzergrenadierbrigade 2. Braunschweig 1979, S. 27–51

Der Stad Braunschweig Verträge 1619 = Der Stad Braunschweig Verträge: Welche sie mit den hochlöblichen Hertzogen zu Braunschweig und Lüneburg etc successive in annis 1535, 1553, 1569 und endlich 1615 nach der letzten Belagerung/zu Stetterburg/der subjection halben und sonsten auffgerichtet (...). o.O. 1619 (STA BS: A I 1634)

Doebber 1916 = Doebber, Adolph: Heinrich Gentz, ein Berliner Baumeister um 1800. Berlin 1916

Dorn 1971 = Dorn, Reinhard: Peter Joseph Krahe. Bd. 2: Bauten und Projekte Peter Joseph Krahes in Düsseldorf, Koblenz, Hannover und Braunschweig 1787–1806. Braunschweig 1971

Dorn 1978 = Dorn, Reinhard: Mittelalterliche Kirchen in Braunschweig. Hameln 1978

Edel 1928 = Edel, Heinrich: Die Fachwerkhäuser der Stadt Braunschweig. Ein kunst- und kulturgeschichtliches Bild. Braunschweig 1928

Einsingbach 1975 = Einsingbach, Wolfgang: Gelnhausen. Kaiserpfalz. Amtlicher Führer. Bad Homburg vor der Höhe 1975 (= Verwaltung der Staatlichen Schlösser und Gärten Hessen)

Festschrift Beumann 1977 = Festschrift für Helmut Beumann zum 65. Geburtstag. Hrsg. von Kurt-Ulrich Jäschke und Reinhard Wenskus. Sigmaringen 1977

Festschrift 1981 = Brunswiek 1031 – Braunschweig 1981. Die Stadt Heinrichs des Löwen von den Anfängen bis zur Gegenwart. Hrsg. von Gerd Spies. Festschrift zur Ausstellung 1981. Braunschweig 1981

Fischer 1969 = Fischer, Manfred F.: Studien zur Planungs- und Baugeschichte des Palazzo Braschi in Rom. In: Römisches Jahrbuch für Kunstgeschichte. 12 (1969), S. 95–135

Flechsig 1953 = Flechsig, Werner: Der Name Dankwarderode. In: Braunschweigische Heimat. 39. Jg. (1953), S. 104–106

Flesche 1934 = Flesche, F. Hermann: Sanierung der Altstadt in Braunschweig. In: Deutsche Kunst und Denkmalpflege. (1934), S. 78–80

Flesche 1935 = Flesche, F. Hermann: Die Umgestaltung der Stadt Braunschweig. In: Deutsche Kunst und Denkmalpflege. (1935), S. 169/170

Flesche 1957 = Flesche, Hermann: Der Baumeister Peter Joseph Krahe 1758–1840. In: Abhandlungen der Braunschweiger Wissenschaftlichen Gesellschaft. Bd. 9 (1957), S. 48–65

Forssman 1961 = Forssman, Erik: Dorisch. Jonisch. Korinthisch. Studien über den Gebrauch der Säulenordnungen in der Architektur des 16.–18. Jahrhunderts. Stockholm 1961 (= Stockholm Studies in History of Art, 5)

Frenzel 1979 = Frenzel, Herbert Alfred: Geschichte des Theaters. Daten und Dokumente 1470–1840. München 1979 (= dtv wiss. 4301)

Fricke 1975 = Fricke, Rudolf: Das Bürgerhaus in Braunschweig. Tübingen 1975 (= Das deutsche Bürgerhaus, XX)

Führer BS 1842 = Führer durch Braunschweig und Wolfenbüttel für Fremde. Braunschweig 1842

Führer Gildehaus 1903 = Führer durch das Gildehaus zu Braunschweig. Hrsg. von der Handelskammer für das Herzogtum Braunschweig. Braunschweig 1903

Gerhard 1975 = Gerhard, Rolf: Die Stadt als Herrschaftsmedium. Zur kommunikativen Qualität des Städtebaus. Diss. Münster 1975

Gerloff 1896 = Gerloff, Carl: Braunschweigs letzte Befestigungen. In: Braunschweigisches Magazin. Bd. 2 (1896), S. 89–96, 105–109, 113–118, 121–124, 132–135

Germann 1980 = Germann, Georg: Einführung in die Geschichte der Architekturtheorie. Darmstadt 1980 (= Die Kunstwissenschaft)

Gilly 1797 = Gilly, David: Handbuch der Land-Bau-Kunst, vorzüglich in Rücksicht auf die Construction der Wohn- und Wirthschafts-Gebäude für angehende Cameral-Baumeister und Oeconomen. Erster Theil, Berlin 1797

Glaser 1861 = Glaser, Adolf: Geschichte des Theaters zu Braunschweig. Eine kunstgeschichtliche Studie. Braunschweig 1861

Göderitz 1947 = Göderitz, Johannes: Gestaltungsfragen beim Wiederaufbau zerstörter Altstadtgebiete. In: Bau-Rundschau. 37 (1947), S. 351–353

Göderitz 1949 = Göderitz, Johannes: Braunschweig, Zerstörung und Aufbau. Braunschweig 1949 (= Kommunalpolitische Schriften der Stadt Braunschweig, H. 4)

GVS 1858 = Gesetz- und Verordnungsammlung für die Herzoglich-Braunschweigischen Lande. 45. Jg., 1858

Habicht 1930 = Habicht, V. C.: Der niedersächsische Kunstkreis. Hannover 1930

Hagen 1963 = Hagen, Rolf: Daten und Motive. In: Braunschweig. (1963), Nr. 1, S. 6–11

Hamann 1937 = Hamann, Richard: Geschichte der Kunst von der altchristlichen Zeit bis zur Gegenwart. Berlin, neue durchges. Aufl. 1937

Hamberger/Meusel = Das gelehrte Teutschland oder Lexikon der jetzt lebenden deutschen Schriftsteller. Angef. von Georg Christoph Hamberger, fortges. von Johannes Georg Meusel. Lemgo, 5. Ausg. 1796–1834

Hase 1880 = Hase, Carl Wilhelm: Die Burg Dankwarderode zu Braunschweig. In: Deutsche Bauzeitung. 14. Jg. (1880), S. 197

Hase 1887 = Hase, Oskar von: Die Entwicklung des Buchgewerbes in Leipzig. Vortrag gehalten in der 28. Hauptversammlung des Vereins deutscher Ingenieure zu Leipzig am 15. August 1887. Leipzig 1887

Hase/Winter/Wiehe 1886 = Hase, Carl Wilhelm, Ludwig Winter und (Ernst) Wiehe: Über die Wiederherstellung der Burg Dankwarderode in Braunschweig. In: Centralblatt der Bauverwaltung. 6 (1886), S. 283

Hassel 1809 = Hassel, Georg: Geographisch-statistischer Abriß des Königreichs Westphalen. Weimar 1809

Heinemann 1880 = Heinemann, Otto von: Die Burg Dankwarderode. Vortrag gehalten in der Versammlung des Architekten- und Ingenieur-Vereins. Braunschweig 1880 (= Separatdruck aus den Braunschweigischen Anzeigen)

Heinrich der Löwe 1980 = Heinrich der Löwe. Hrsg. von Wolf-Dieter Mohrmann. Göttingen 1980 (= Veröffentlichungen der Niedersächsischen Archivverwaltung, H. 39)

Heydel 1929 = Heydel, Johannes: Das Itinerar Heinrichs des Löwen. In: Niedersächsisches Jahrbuch für Landesgeschichte. 6 (1929), S. 1–166

Hitler 1937 = Hitler, Adolf: Mein Kampf. 2 Bde. in 1 Bd. München 248.–251. Aufl. 1937

Hölscher 1927 = Hölscher, Uvo: Die Kaiserpfalz Goslar. Berlin 1927 (= Denkmäler Deutscher Kunst; Die deutschen Kaiserpfalzen, Bd. 1)

Hoffmann-Axthelm 1975 = Hoffmann-Axthelm, Dieter: Das abreißbare Klassenbewußtsein. Gießen 1975

Hofmeister 1978 = Hofmeister, Hermann: Bericht über die Aufdeckung der Gruft Heinrichs des Löwen im Dom zu Braunschweig im Sommer 1935. In gekürzter Fassung hrsg. in Zusammenarbeit zwischen dem Archiv-Verlag und dem Ev. Dompfarramt Braunschweig. Mit einem Nachwort von Paul Barz. Braunschweig 1978

Hotz 1938 = Hotz, Walter: Dankwarderode. In: Das Bild. (1938), S. 293–296

Hotz 1965 = Hotz, Walter: Kleine Kunstgeschichte der deutschen Burg. Darmstadt 1965

Hotz 1981 = Hotz, Walter: Pfalzen und Burgen der Stauferzeit. Darmstadt 1981

Huber 1960 = Huber, Ernst Rudolf: Deutsche Verfassungsgeschichte seit 1789. Bd. 2: Der Kampf um Einheit und Freiheit 1830 bis 1850. Stuttgart 1960

Husung 1983 = Husung, Hans-Gerhard: Protest und Repression im Vormärz. Norddeutschland zwischen Restauration und Revolution. Göttingen 1983. (= Kritische Studien zur Geschichtswissenschaft, 54)

Ilse 1863 = Ilse, Leopold Friedrich: Die braunschweigisch-hannoverschen Angelegenheiten und Zwistigkeiten vor dem Forum der deutschen Großmächte und der Bundesversammlung. Berlin 1863

Irmisch 1890 = Irmisch, Linus: Kurze Geschichte der Buchdruckereien im Herzogtume Braunschweig. Zur 450jährigen Feier der Erfindung der Buchdruckerkunst. Braunschweig 1890

Jordan/Gosebruch 1967 = Jordan, Karl und Martin Gosebruch: 800 Jahre Braunschweiger Burglöwe 1166–1966. Braunschweig 1967 (= Braunschweiger Werkstücke. Bd. 38, Reihe A Bd. 1)

Kaiber 1912 = Kaiber, Chr.: Braunschweigs Plätze und Denkmäler in ihren planmäßig überlegten Beziehungen. In: Der Städtebau. 9 (1912), S. 102/103

Kaiser 1972 = Kaiser, Klaus-Dieter: Die Eingliederung der ehemals selbständigen norddeutschen Truppenkörper in die preußische Armee in den Jahren nach 1866. Eine Untersuchung zum Verhältnis von Verfassungsnorm und militärischer Wirklichkeit. Diss. Berlin 1972

Katalog Herzog Anton Ulrich 1983 = Katalog: Herzog Anton Ulrich von Braunschweig. Leben und Regieren mit der Kunst. Zum 350. Geburtstag am 4. Oktober 1983. Braunschweig 1983

Katalog Staufer 1977 = Katalog: Die Zeit der Staufer. Geschichte – Kunst – Kultur. Bd. III: Aufsätze. Stuttgart 1977

Kemp 1975 = Kemp, Wolfgang: Die Beredsamkeit des Leibes. Körpersprache als künstlerisches und gesellschaftliches Problem der bürgerlichen Emanzipation. In: Städel-Jahrbuch. NF. 5 (1975), S. 111–134

Kerssen 1975 = Kerssen, Ludger: Das Interesse am Mittelalter im deutschen Nationaldenkmal. Berlin/New York 1975 (= Arbeiten zur Frühmittelalterforschung, Bd. 8)

Kessler 1880 = Kessler, W.: Die Burg Dankwarderode zu Braunschweig. In: Zeitschrift für technische Hochschulen. 5. Jg. (1880), H. 11

Knabe 1972 = Knabe, Peter-Eckhard: Schlüsselbegriffe des kunsttheoretischen Denkens in Frankreich von der Spätklassik bis zum Ende der Aufklärung. Diss. Düsseldorf 1972

Knauf 1974 = Knauf, Tassilo: Die Architektur der Braunschweiger Stadtpfarrkirchen in der ersten Hälfte des 13. Jahrhunderts. Braunschweig 1974 (= Quellen und Forschungen zur Braunschweigischen Geschichte, Bd. 21)

Kneschke 1859 = Kneschke, Ernst Heinrich: Neues allgemeines Deutsches Adels-Lexicon. Leipzig. Bd. 9, 1859 (Nachdruck 1973)

Knoll 1877 = Knoll, F.: Braunschweig und Umgebung. Historisch-topographisches Handbuch mit einem Plane der Stadt Braunschweig. Braunschweig 2. Aufl. 1877

Königfeld 1978 = Königfeld, Peter: Burg Dankwarderode in Braunschweig und Stiftskirche zu Königslutter. Raumgestaltungen des 19. Jahrhunderts in Niedersachsen und ihre Restaurierung. In: Deutsche Kunst und Denkmalpflege. 36. Jg. (1978), S. 69–86 + Taf. XXII–XXIV

Kofler 1974 = Kofler, Leo: Zur Geschichte der bürgerlichen Gesellschaft. Versuch einer verstehenden Deutung der Neuzeit. Darmstadt 5. Aufl. 1974 (= Soziologische Texte, Bd. 38)

Kohl 1960 = Kohl, Friedrich Theodor: Das Residenzschloß in Braunschweig und sein Baumeister C. Th. Ottmer (1800–1843). In: Bauwelt (1960), S. 232–234

Komet 1911 = Komet. Illustrierte Jubiläums-Zeitung. Zur Feier des 125jährigen Bestehens der Verlagsbuchhandlung Vieweg & Sohn im April 1911. Braunschweig 1911

Krahe Biographie 1848 = Peter Joseph Krahe. Biographie. In: Zeitschrift für praktische Baukunst. 8 (1848), Sp. 27–34

Krampe Kalender 1904 = Krampe Kalender für das neue Jahr 1904. Braunschweig (1903). (Darin: Anonym: Das neue Rathaus zu Braunschweig)

Kranz-Michaelis 1976 = Kranz-Michaelis, Charlotte: Rathäuser im deutschen Kaiserreich 1871–1918. München 1976 (= Materialien zur Kunst des 19. Jahrhunderts, Bd. 23)

Kulemann 1898 = Kulemann, Wilhelm: Braunschweig (betr. die welfische Bewegung). In: Die Zukunft. 7. Jg., Bd. 25 (1898), S. 233–244

Lammert 1964 = Lammert, Marlies: David Gilly. Ein Baumeister des deutschen Klassizismus. Berlin 1964

Lange 1949 = Lange, Karl: Herzog Wilhelm von Braunschweig und die Legitimisten. In: Braunschweigisches Jahrbuch. 30 (1949), S. 81–107

Lange 1979 = Lange, Karl: Braunschweig Reichsland? Die Alldeutschen und die Thronfolgefrage. In: Braunschweigisches Jahrbuch. 60 (1979), S. 109–141

LDK = Lexikon der Kunst. 5 Bde. Westberlin 1981 (= Nachdruck der Ausgabe Leipzig 1968–1978)

Leyser 1877 = Leyser, J.: Joachim Heinrich Campe. Ein Lebensbild aus dem Zeitalter der Aufklärung. 2 Bde. Braunschweig 1877

Liess 1979 = Liess, Reinhard: Das Vieweghaus am Braunschweiger Burgplatz. Ein Baudenkmal in Bedrängnis. Braunschweig 1979

Liess 1980 = Liess, Reinhard: Braunschweig. München 5. vollst. veränd. Aufl. 1980 (= Deutsche Lande, deutsche Kunst)

Lüdecke 1925 = Lüdecke, O.: Die Burg Dankwarderode und der Dom zu Braunschweig. In: Braunschweigisches Heimatfest vom 31.7.–3.8.1925, S. 45–51

Mauvillon 1794 = Mauvillon, Jakob de: Geschichte Ferdinands, Herzogs von Braunschweig-Lüneburg ... 2 Tle. Leipzig 1794

Mayer 1951 = Mayer, Heinrich: Bamberger Residenzen. Eine Kunstgeschichte der Alten Hofhaltung, des Schlosses Geyerswörth, der Neuen Hofhaltung und der Neuen Residenz zu Bamberg. München 1951 (= Bamberger Abhandlungen und Forschungen)

Mehlhorn 1979 = Mehlhorn, Dieter-Jürgen: Funktion und Bedeutung von Sichtbeziehungen zu baulichen Dominanten im Bild der deutschen Stadt. Ein Beitrag zur politischen Ikonographie des Städtebaus. Frankfurt/M. 1979

Meibeyer 1966 = Meibeyer, W.: Bevölkerungs- und sozialgeographische Differenzierungen der Stadt Braunschweig. In: Braunschweigisches Jahrbuch. 47 (1966), S. 123–157

Meier/Steinacker 1926 = Meier, Paul Jonas und Karl Steinacker: Die Bau- und Kunstdenkmäler der Stadt Braunschweig. Braunschweig 2. Aufl. 1926

Mertens 1978 = Mertens, Jürgen: Der Burgplatz am Ende des 16. Jahrhunderts. Braunschweig 1978 (= Arbeitsberichte aus dem Städtischen Museum Braunschweig, 28)

Meyer/Steinacker 1933 = Meyer, Herbert und Karl Steinacker: Das (!) Roland zu Braunschweig und der Löwenstein. In: Nachrichten der Gesellschaft der Wissenschaften zu Göttingen, phil.-hist. Klasse, Fachgruppe II, Nr. 15, 1933, S. 139–157

Mithoff 1860 = Archiv für Niedersachsens Kunstgeschichte. Eine Darstellung mittelalterlicher Kunstwerke in Niedersachsen und nächster Umgebung. Bearb. u. hrsg. von H. Wilh. H. Mithoff. 3 Abtlgn in 1 Bd. Hannover o. J. (1849–um 1860)

Mumford 1979 = Mumford, Lewis: Die Stadt. Geschichte und Ausblick. 2 Bde. München 1979 (= dtc 4326)

Niedersachsen 1969 = Niedersachsen und Bremen. Hrsg. von Kurt Brüning und Heinrich Schmidt. Stuttgart 3. verb. Aufl. 1969 (= Handbuch der Historischen Stätten Deutschlands, 2. Bd.)

Niese 1914 = Niese, Hans: Der Sturz Heinrichs des Löwen. In: Historische Zeitschrift. 112. Bd. (1914), H. 3, S. 548–561

Oncken 1935 = Oncken, Alste: Friedrich Gilly 1772–1800. Berlin 1935

Osterhausen 1978 = Osterhausen, Fritz von: Georg Christoph Sturm. Leben und Werk des Braunschweiger Hofarchitekten des 18. Jahrhunderts. München 1978 (= Kunstwissenschaftliche Studien, 50)

Ott 1966 = Ott, Brigitte: Zur Platzgestaltung im 19. Jahrhundert in Deutschland. Diss. Freiburg i. Br. 1966

Paetel 1976 = Paetel, Werner: Zur Entwicklung des bepflanzten Stadtplatzes in Deutschland vom Beginn des 19. Jarhunderts bis zum ersten Weltkrieg. Diss. Hannover 1976

Pfeifer 1880 = Pfeifer, Hans: Der ‚Palas' Heinrichs des Löwen in Braunschweig. In: Wochenblatt für Architekten und Ingenieure. 2. Jg. (1880), S. 123–125

Philippi 1960 = Philippi, Hans: Bismarck und die braunschweigische Thronfolgefrage. In: Niedersächsisches Jahrbuch für Landesgeschichte. 32 (1960), S. 261–371

Philippi 1966 = Philippi, Hans: Preußen und die braunschweigische Thronfolgefrage 1866–1913. Hildesheim 1966 (= Veröffentlichungen der Historischen Kommission für Niedersachsen. 25. Niedersachsen und Preußen H. 6)

Pockels 1809 = Pockels, Karl Friedrich: Carl Wilhelm Ferdinand, Herzog zu Braunschweig und Lüneburg. Ein biographisches Gemälde dieses Fürsten. Tübingen 1809

Quast 1973 = Quast, A.: Der Sankt-Blasius-Dom in Braunschweig. Seine Geschichte und seine Kunstwerke. o. O. 1973

Querfurth 1953 = Querfurth, Hans Jürgen: Die Unterwerfung der Stadt Braunschweig im Jahre 1671. Das Ende der Braunschweiger Stadtfreiheit. Braunschweig 1953 (= Braunschweiger Werkstücke, Bd. 16)

Rathaus 1982 = Das Rathaus im Kaiserreich. Kunstpolitische Aspekte einer Bauaufgabe des 19. Jahrhunderts. Hrsg. von Ekkehard Mai, J. Paul und Stefan Waetzold. Berlin 1982 (= Kunst, Kultur und Politik im Deutschen Kaiserreich, 4)

Rauterberg 1971 = Rauterberg, Klaus: Bauwesen und Bauten im Herzogtum Braunschweig zur Zeit Carl Wilhelm Ferdinands 1780–1806. Braunschweig 1971 (= Braunschweiger Werkstücke, Bd. 46)

RDK = Reallexikon zur deutschen Kunstgeschichte. Stuttgart Bd. 1 ff. 1937 ff.
Reichs-Gesetzblatt = Reichs-Gesetzblatt 1873. Nr. 901–979. Berlin 1873
Reinle 1977 = Reinle, Adolf: Zeichensprache der Architektur. Symbol, Darstellung und Brauch in der Baukunst des Mittelalters und der Neuzeit. Zürich/München 1977
Révész-Alexander 1953 = Révész-Alexander, Magda: Der Turm als Symbol und Erlebnis. Den Haag 1953
Ribbentrop 1789 = Ribbentrop, Philipp Christian: Beschreibung der Stadt Braunschweig. 2 Bde. Braunschweig 1789/1791
Riegel 1881 = Riegel, Hermann: Was soll aus der Heinrichsburg werden? In: Braunschweigische Anzeigen. Nr. 148/149 (1881), S. 1/2 und S. 1
Römer 1981 = Römer, Christof: Prinzregent Albrecht – Braunschweig und Preußen 1885–1906. Gesellschaftliche, politische und militärische Herrschaftsstrukturen eines Landesstaates im Kaiserreich. Braunschweig 1981 (= Veröffentlichungen des Braunschweigischen Landesmuseums, 28)
Römer 1982 = Römer, Christof: Der Braunschweiger Löwe. Welfisches Wappentier und Denkmal. Braunschweig 1982 (= Veröffentlichungen des Braunschweigischen Landesmuseums, 32)
Rosenberg 1935 = Rosenberg, Alfred: Der Mythus des 20. Jahrhunderts. Eine Wertung der seelisch-geistigen Gestaltenkämpfe unserer Zeit. München 63.–66. Aufl. 1935
Rothe 1940 = Rothe, Eva: Goslar als salische ⟨Residenz⟩. Diss. (Berlin) Königsbrück 1940
Sack 1847 = Sack, Karl Wilhelm: Die Befestigung der Stadt Braunschweig. Als Einleitung zu dem Manuscripte des Braunschweigischen Zeugherrn Zacharias Boiling über denselben Gegenstand zur Zeit des 30jährigen Krieges. In: Archiv des historischen Vereins für Niedersachsen (Vaterländisches Archiv F. 8). (1847), H. 2, S. 213–312
Sack 1866 = Sack, Karl Wilhelm: Der eherne Löwe auf dem Burgplatze zu Braunschweig und seine Jubelfeier nach 700 Jahren 1866. In: Braunschweigisches Magazin. (1866), 31./32. Stück, S. 313–326
Scheither 1672 = Scheither, Johann Bernhard: Novissima PRAXIS MILITARIS oder: Neu-Vermehrte/und Verstärckte Vestungs-Baw- und Krieges-Schuel/Bey Der allerletzten und gewaltsambsten Belagerung der vortrefflichsten weltberühmten Vestung Candia, Durch selbsteigene Erfahrung angemercket/und zu Beforderung des gemeinen Besten herausgegeben/durch J. B. Scheither. Braunschweig 1672
Schildt 1984 = Schildt, Gerhard: Wem gehört der Burglöwe zu Braunschweig? Braunschweig 1984 (= Arbeitsberichte aus dem Städtischen Museum Braunschweig, 46)
Schiller 1845 = Schiller, Karl Georg Wilhelm: Braunschweigs schöne Litteratur in den Jahren 1745 bis 1800. Wolfenbüttel 1845
Schiller 1852 = Schiller, Karl Georg Wilhelm: Die mittelalterliche Architektur Braunschweigs und seiner nächsten Umgebung. Braunschweig 1852
Schmidt 1790 = Schmidt, Friedrich Christian: Der bürgerliche Baumeister, oder Versuch eines Unterrichts für Baulustige. 4 Bde. Text und 4 Bde. Kupfer. Gotha 1790–1799
Schmidt 1821 = Schmidt, J. A. H.: Versuch einer historisch-topographischen Beschreibung der Stadt Braunschweig nach ihren Märkten ... Braunschweig 1821
Schröder/Assmann 1841 = Schröder, H. und W. Assmann (Hrsg.): Die Stadt Braunschweig. Ein historisch-topographisches Handbuch für Einheimische und Fremde. Braunschweig 1841
Schütte 1979 = Schütte, Ulrich: ‚Ordnung' und ‚Verzierung'. Untersuchungen zur deutschsprachigen Architekturtheorie des 18. Jahrhunderts. Diss. Heidelberg 1979

Schultz 1954 = Schultz, Hans-Adolf: Die südliche Umfassungsmauer der Burg Dankwarderode in neuer Sicht. In: Der Freundeskreis des Großen Waisenhauses Braunschweig. 4 (1954), H. 11, S. 1–5

Schultz 1959 = Schultz, Hans-Adolf: Burg Dankwarderode zu Braunschweig. Braunschweig 1959 (= Burgen und Schlösser des Braunschweigischen Landes, H. 1)

Schultz 1980 = Schultz, Hans-Adolf: Burgen und Schlösser des Braunschweiger Landes. Braunschweig 1980

Seeleke 1962 = Seeleke, Kurt: Der Wiederaufbau der Braunschweiger Altstadt. In: Bewahren und Gestalten. Festschrift zum 70. Geburtstag von G. Grundmann. Hrsg. von Joachim Gerhardt und Werner Gramberg. Hamburg 1962, S. 115–117

Siebenhüner 1954 = Siebenhüner, Herbert: Das Kapitol in Rom. Idee und Gestalt. München 1954 (= Italienische Forschungen, F. 3, Bd. 1)

Simon 1904 = Simon, Karl: Das Kaiserhaus in Goslar. In: Zeitschrift des Harzvereins. 37. Jg. (1904), H. 2, S. 183–191

Sipek 1979 = Sipek, Borek: Architektur als Vermittlung. Semiotische Untersuchungen der architektonischen Form als Beutungsträger. Diss. Delft 1979

Spies 1983 = Spies, Gerd: Das Gildehaus in Braunschweig – der Fachwerkbau des Patriziers F. Huneborstel. Braunschweig 1983

Spies 1985 = Spies, Gerd: Der Braunschweiger Löwe. In: Der Braunschweiger Löwe. Hrsg. von Gerd Spies. Braunschweig 1985 (= Braunschweiger Werkstücke, Reihe B. Bd. 6/der ganzen Reihe Bd. 62), S. 9–93

Spiess 1948 = Spiess, Werner: Ein Jahrhundert Braunschweiger Stadtchronik 1815–1914. Vom Ende der Revolutions- und Befreiungskriege bis zum Beginn der Weltkriege. Braunschweig 1948

Stern 1921 = Stern, Selma: Karl Wilhelm Ferdinand, Herzog zu Braunschweig und Lüneburg. Hildesheim/Leipzig 1921 (= Veröffentlichungen der Historischen Kommission Hannover ..., 3)

Stieglitz 1792–1798 = Stieglitz, Christian Ludwig: Encyklopädie der bürgerlichen Baukunst, in welcher alle Fächer dieser Kunst nach alphabetischer Ordnung abgehandelt sind. Ein Handbuch für Staatswirthe, Baumeister und Landwirthe. 5 Tle. Leipzig 1792–1798

Stieglitz 1805 = Stieglitz, Christian Ludwig: Zeichnungen aus der schönen Baukunst oder Darstellung idealischer und ausgeführter Gebäude mit ihren Grund- und Aufrissen auf 115 Kupfertafeln. (...) Leipzig 2. verb. Aufl. 1805

Streich 1984 = Streich, Gerhard: Burg und Kirche während des deutschen Mittelalters. Untersuchungen zur Sakraltopographie von Pfalzen, Burgen und Herrensitzen. 2 Tle. Sigmaringen 1984 (= Vorträge und Forschungen, Sonderband 29)

Sturm 1719 = Sturm, Leonhard Christoph: Durch einen großen Theil von Deutschland und den Niederlanden bis nach Paris gemachte Architektonische Reiseanmerkungen. Augsburg 1719

Sylvester 1880 = Sylvester, Rudolf: Die Burg Dankwarderode in Braunschweig. In: Baugewerks-Zeitung. 12 (1880), S. 153–154

Theobald 1976 = Theobald, Rainer: Carl Theodor Ottmer als Theaterarchitekt. Untersuchungen zur Entstehung und Wirkung von Theaterbauten in der Epoche des Biedermeier. Diss. Berlin 1976

Thöne 1963 = Thöne, Friedrich: Wolfenbüttel. Geist und Glanz einer alten Residenz. München 2. Aufl. 1963

Thomälen 1891 = Thomälen, G.: Verlagsbuchhandlung Friedrich Vieweg und Sohn in Braunschweig. o. O. (ca. 1891)

Tillmann 1957 = Tillmann, Curt: Lexikon der deutschen Burgen und Schlösser. Lieferung 1. Stuttgart 1957

Treitschke 1889 = Treitschke, Heinrich von: Aufruhr in Braunschweig 1830. In: Preußische Jahrbücher. 63 (1889), S. 315–345

Treue 1957 = Treue, Wilhelm: Das Verhältnis von Fürst, Staat und Unternehmer in der Zeit des Merkantilismus. In: Vierteljahrsschrift für Sozial- und Wirtschaftsgeschichte. 44 (1957), S. 26–66

Trieps 1910 = Trieps, August: Das Braunschweigische Regentschaftsgesetz vom 16. Februar 1879 in seiner staatsrechtlichen Bedeutung. Braunschweig 1910

Unger 1871 = Unger, Theodor: Das Kaiserhaus zu Goslar. In: Deutsche Bauzeitung. 5 (1871), S. 242–245, 250–252, 258–261, 267–269

Unger 1877 = Unger, Theodor: Goslar und sein Kaiserhaus. Ein Beitrag zur Geschichte architektonischer Restaurationen. In: Deutsche Bauzeitung. 11 (1877), S. 312–314, 322–324

Verhandlungen ... Landtag = Verhandlungen der Landes-Versammlung des Herzogthums Braunschweig. Protokolle. 1880 ff.

Verhandlungen StV = Verhandlungen der Stadtverordneten zu Braunschweig im Jahre ... 1881 ff.

Verlagskatalog 1911 = Verlagskatalog von Friedrich Vieweg & Sohn in Braunschweig. 1786–1911. Hrsg. aus Anlaß des Hundertfünfundzwanzigjährigen Bestehens der Firma. Braunschweig 1911

Vitruv 1981 = Vitruv. Zehn Bücher über Architektur. Übersetzt und mit Anmerkungen versehen von Curt Fensterbusch. Darmstadt 3. Aufl. 1981

Warnke 1976 = Warnke, Martin: Bau und Überbau. Soziologie der mittelalterlichen Architektur nach den Schriftquellen. Frankfurt am Main 1976

Wedemeyer 1986 = Wedemeyer, Bernd: Das ehemalige Residenzschloß zu Braunschweig. Eine Dokumentation über das Gebäude und seinen Abbruch im Jahre 1960. Braunschweig 1986

Wessely 1880 = Wessely, Joseph Eduard: Dankwarderode, Heinrichs des Löwen Burg in Braunschweig. In: Zeitschrift für Bildende Kunst. 15 (1880), S. 270–274

Westecker 1962 = Westecker, Wilhelm: Die Wiedergeburt der deutschen Städte. Düsseldorf/Wien 1962 (= Deutsche Städte, 1)

Winnekes 1984 = Winnekes, Katharina: Studien zur Kolonnade. Diss. Köln 1984

Winter 1883 = Winter, Ludwig: Die Burg Dankwarderode. Ergebnisse der im Auftrage des Stadtmagistrats angestellten baugeschichtlichen Untersuchungen. Braunschweig 1883

Wiswe 1979 = Wiswe, Mechthild: Dom und Burgplatz in Braunschweig im Bild der Vergangenheit. Braunschweig 1979

Wolff 1935 = Wolff, Heinz: Die Geschichte der Bastionärbefestigung Braunschweigs. Diss. Braunschweig 1935

Zimmermann 1885 = Zimmermann, Paul: Der jüngste Kampf um die Burg Dankwarderode zu Braunschweig. Wolfenbüttel 1885

Nachträge, die nicht mehr eingearbeitet werden konnten:

Arens, Fritz: Die Königspfalz Goslar und die Burg Dankwarderode in Braunschweig. In: Stadt im Wandel. Kat. Bd. 3 (Aufsätze) Stuttgart-Bad Cannstadt 1985 (= Landesausstellung Niedersachsen 1985), S. 117–149

Hammer-Schenk, Harold u. Dieter Lange: Alte Stadt – Moderne Zeiten. Kat. Braunschweig 1985

Niedersächsisches Landesverwaltungsamt – Institut für Denkmalpflege: Das Vieweg-Haus in Braunschweig. (Hameln) 1985 (= Arbeitshefte zur Denkmalpflege in Niedersachsen, 5)

Bildquellen

1 STA WF: 1 Alt 19, Bd 30, jetzt Kartenslg.
2 HAB WF: Kartenabt. 8.126
3 STA WF: K 522
4 STA WF: 242 N, K 151
5 STA WF: K 533
6 STA WF: K 540
7 STA WF: 75 Alt 21, Bl. 41
8 LM BS
9 STA WF: K 10832
10 STA WF: 242 N, K 153
11 STA WF: K 521
12 LM BS
13 Alte Postkarte
14 STA WF: 4 Alt 7, Nr. 273
15 Eigenes Foto
16 a, b STA WF: 242 N 1567
17 STA BS: H XI 83n 9
18 STA BS: H XI 83n 6
19 STA BS: H V 93, Bl. 271
20 STA BS: H V 93, Bl. 269
21 STA WF: in 238 N, 8
22 Claussen 1919
23 STA WF: K 819
24 STA WF: K 817
25 ehem. TU BS, jetzt STA WF
26 STA WF: K 11470
27 STA WF: VI Hs 15, Nr. 34, Bl. 13
28 Pfeifer 1880, S. 123
29 STA BS
30 STA BS
31 Vgl. Abb. 1
32 Winter 1883, Bl. VI
33 Winter 1883, Bl. VII
34 Vgl. Abb. 1
35 Hölscher 1927, Abb. 28
36 STA BS: H XI 74d: I 45
37 STA BS: H XI 74d: I 1
38 Foto: Graßhoff
39 STA BS: H XI 74d: I 46
40 STA BS: H XI 74d: I 61
41 STA BS: H XI 74d: I 49
42 STA BS: H XI 74d: I 49a
43 STA BS: H XI 74d: I 53
44 STA WF: K 19672
45 Flesche 1935, S. 140